触摸屏
组态控制技术

张　磊 ■ 主　编

单启兵　李春红　盛海军　余茂全 ■ 副主编

清華大学出版社

北　京

内容简介

现今触摸屏技术的应用越来越广泛，触摸屏组态控制方式正在逐渐取代传统的继电器控制系统。本书以国产MCGS嵌入版组态软件为例，介绍了MCGS触摸屏组态软件的构成及应用领域，其内容涵盖MCGS触摸屏组态控制技术的各个环节。同时，本书提供了不同难易程度的组态训练项目和工程案例，并融入全国职业技能竞赛和教育部“1+X”职业技能等级证书考核等内容，使教学环节更贴近应用实际和应用需求，使读者在项目训练时，提升对MCGS组态软件的理解和运用能力。

本书适合作为高职院校自动化、电子信息、机电类、机器人应用等专业的计算机控制课程的教材，也可作为相关的工程技术人员设计与应用的参考书。

图书在版编目(CIP)数据

触摸屏组态控制技术/张磊主编. —北京：清华大学出版社，2024.1
ISBN 978-7-302-65077-5

Ⅰ.①触…　Ⅱ.①张…　Ⅲ.①触摸屏—组态—自动控制　Ⅳ.①TP334.1

中国国家版本馆CIP数据核字(2024)第006412号

责任编辑：郭丽娜
封面设计：曹　来
责任校对：刘　静
责任印制：宋　林

出版发行：清华大学出版社
网　　址：https://www.tup.com.cn，https://www.wqxuetang.com
地　　址：北京清华大学学研大厦A座　　**邮　　编**：100084
社 总 机：010-83470000　　**邮　　购**：010-62786544
投稿与读者服务：010-62776969，c-service@tup.tsinghua.edu.cn
质量反馈：010-62772015，zhiliang@tup.tsinghua.edu.cn
课件下载：https://www.tup.com.cn，010-83470410
印 装 者：三河市铭诚印务有限公司
经　　销：全国新华书店
开　　本：185mm×260mm　　**印　　张**：14.75　　**字　　数**：333千字
版　　次：2024年1月第1版　　**印　　次**：2024年1月第1次印刷
定　　价：49.00元

产品编号：103932-01

前　言

制造业是国民经济的主体，是立国之本、兴国之器、强国之基。党的二十大报告中指出，"坚持把发展经济的着力点放在实体经济上，推进新型工业化，加强建设制造强国、质量强国、航天强国、交通强国、网络强国、数字中国，实施产业基础再造工程和重大技术装备攻关工程，支持专精特新企业发展，推动制造业高端化、智能化、绿色化发展。"智能化、自动化的制造业正在改变传统制造业。我国的制造业正努力实现中国制造向中国创造、中国速度向中国质量、中国产品向中国品牌的三大转变。智能制造离不开计算机的普及应用，计算机的普及推动着工业自动化水平的迅速提高。组态控制软件和触摸屏控制技术已成为自动化控制领域中的一个重要部分。随着生产过程自动化技术的发展，特别是在工业控制领域中，触摸屏技术的应用越来越广泛。触摸屏因其组态方便、硬件回路简单、兼容性强、组态画面直观、系统升级方便等优点，逐渐取代了传统电气回路控制方式，从而得到了飞速发展。

本书以国产MCGS嵌入版组态软件为例，分三篇详细阐述MCGS嵌入版组态软件的特点和应用。第一篇是基础知识，主要讲述组态相关的名称、MCGS嵌入版组态软件的特点和构成部分，主要包括主控窗口、设备窗口、用户窗口、实时数据库、运行策略、脚本程序和安全机制，从理论角度详细阐述了MCGS嵌入版组态软件的功能和特点，是后续章节项目的基础。第二篇是中级应用，包括五个项目案例。前两个项目案例实现MCGS嵌入版组态软件的安装和工程下载及与外围设备的连接，这是应用触摸屏时首先面临的问题。通过"点亮一盏灯"和"MCGS嵌入版组态软件动画工程示例"两个项目，介绍MCGS嵌入版组态软件基本对象的组态。"循环水控制系统"项目全面介绍了MCGS嵌入版组态软件的各个构成部分，让读者熟悉项目开发流程。第三篇是高级应用，详细讲述了四个项目案例，并结合全国职业技能竞赛和教育部"1+X"职业技能等级证书考核等项目，提升读者对触摸屏技术的应用能力。

本书由安徽水利水电职业技术学院张磊任主编，单启兵、李春红、盛海军、余茂全任副主编，张磊负责全书内容结构安排、工作协调及统稿工作。第一篇由余茂全编写；第二篇由张磊编写；第三篇的第8章、第9章由李春红编写，第10章由单启兵编写，第11章由盛海军编写。本书在编写过程中得到了MCGS深圳昆仑通态公司技术人员的大力支持，在此表示感谢。

由于编者水平有限，虽多次修改，但书中难免仍有不足之处，敬请读者批评、指正。

编者

2023年11月

目　录

第1篇　基础知识

第2篇　中级应用

第3篇　高级应用

第1篇　基础知识

第1章 绪 论

【知识目标】

(1) 了解组态软件的发展趋势。

(2) 理解人机界面的定义。

(3) 了解触摸屏的特点。

(4) 理解组态的概念。

【能力目标】

(1) 能够描述国内组态市场常用组态软件。

(2) 理解人机界面和组态的概念。

(3) 通过对国内组态软件市场的调研,认识和了解国内组态软件,学习国内组态软件开发者顽强拼搏、敢于奋进的勇气。

目前,我国的组态软件市场仍由国外的产品占主导,国内的组态软件走向国际市场还有很长的路要走,但是以 MCGS(monitor and control generated system,监视与控制通用系统)为代表的、拥有自主知识产权的组态软件正在崛起。本书以 MCGS 为对象,详细阐述该组态软件的使用。由于 MCGS 组态软件具有强大的功能、操作简单、易学易用,因此其国内外市场占有率逐年稳步提升,是国内组态行业的典范,也是中国制造的骄傲。

1. 组态软件

早期的组态软件大都运行在 DOS 环境下,具有简单的人机界面、图库和绘图工具箱等基本功能,但图形界面的可视化功能不是很强大。随着微软 Windows 操作系统的发展和普及,Windows 下的组态软件成为主流。如今,世界上有不少专业厂商生产和提供各种组态软件产品,市面上的组态软件产品种类繁多,各有所长,读者应根据实际工程需要加以选择。

组态软件又被称作组态监控系统软件,是数据采集与过程控制的专用软件,也指在自动控制系统监控层一级的软件平台和开发环境。这些软件实际上也是一种通过灵活的组态方式,为用户提供快速构建工业自动控制系统监控功能的、通用层级的工具。组态软件广泛应用于机械、汽车、石油、化工、造纸、水处理以及过程控制等诸多领域。

目前主流的组态软件有:深圳昆仑技创科技开发有限责任公司的 MCGS 软件、北京亚控科技发展有限公司的组态王软件、北京三维力控科技有限公司的力控软件、北京世纪佳诺科技有限公司的世纪星软件、美国 Wonderware 公司的 InTouch 软件、美国 GE 公司旗下 Intellution 公司的 iFIX 软件、德国西门子公司的 WinCC 软件等。

随着信息技术的不断发展和人们对控制系统要求的不断提高，组态软件也向着更高的层次和更广的范围发展，其发展趋势表现在以下三个方面。

(1) 集成化、定制化。从软件规模上看，现有的大多数监控组态软件的代码规模超过100万行，已经不属于小型软件的范畴了。其数据的加工与处理、数据管理、统计分析等功能越来越强。监控组态软件作为通用软件平台，具有很大的使用灵活性，但实际上很多用户需要“傻瓜”式的应用软件，即只需要很少的定制工作量即可完成工程应用。为了既照顾“通用”又兼顾“专用”，监控组态软件拓展了大量组件，用于完成特定的功能，如批次管理、事故追忆、温控曲线、协议转发组件、ODBCRouter、ADO曲线、专家报表、万能报表组件、事件管理、GPRS透明传输组件等。

(2) 功能向上、向下延伸。组态软件处于监控系统的中间位置，向上、向下均具有比较完整的接口，因此对上层和下层应用系统的渗透也是组态软件的一种发展趋势。向上具体表现为其管理功能日渐强大，在实时数据库及其管理系统的配合下，具有部分MIS、MES或调度功能，尤其以报警管理与检索、历史数据检索、操作日志管理、复杂报表等功能最为常见。向下具体表现为日益具备网络管理(或节点管理)功能、软PLC与嵌入式控制功能，以及同时具备OPC Server和OPC Client等功能。

(3) 监控、管理范围及应用领域扩大。只要同时涉及实时数据通信(无论是双向还是单向)、实时动态图形界面显示、必要的数据处理、历史数据存储及显示，就存在对组态软件的潜在需求。

2. 人机界面

人机界面(human machine interface，HMI)，又被称作人机接口。从广义上讲，HMI泛指计算机(包括PLC等控制器)与操作人员交换信息的设备。在控制领域，HMI一般特指操作人员与控制系统之间进行对话和相互作用的专用设备。人机界面是人与计算机之间传递、交换信息的媒介和对话接口，是计算机系统的重要组成部分。凡存在人机信息交流的领域都存在人机界面。

现在的人机界面大多使用液晶显示屏，小尺寸的人机界面只能显示数字和字符，大一些的可以显示点阵图。人机界面主要有文本显示器、操作员面板、触摸屏等类型。

3. 触摸屏

随着计算机技术的发展，20世纪90年代初出现了新型人机交互技术——触摸屏技术。这种技术不依赖键盘和鼠标操作，使用者只要用手指轻轻触碰屏幕上的图形或文字，就能实现对主机的操作。

触摸屏是一种最直观的人机交互设备，只要用手指触摸界面上的各种对象，计算机便会执行相应的操作。这使得人和机器的行为都变得简单、直接。因此，触摸屏已经成为人机界面的主流发展方向。

触摸屏是一种透明的绝对定位系统，当使用者用手指或其他物体触摸安装在显示器上的触摸屏时，被触摸位置的坐标会被触摸屏控制器检测到，并通过通信接口将触摸信息传送到控制器，从而得到输入的信息。

触摸屏的本质是传感器，它由触摸检测部件和触摸屏控制器组成。触摸检测部件安装在显示器屏幕前面，用于检测用户触摸的位置，检测到位置后，会将该信息传送给触摸屏控制器。触摸屏控制器的主要作用是从触摸点检测装置接收触摸信息,并将它转换成触点坐标发送给 CPU,同时能接收 CPU 发来的命令并加以执行。

根据传感器类型的不同,触摸屏大致分为红外线式、电阻式、电容式和表面声波式触摸屏 4 种。红外线式触摸屏价格低廉,但其外框易碎,容易产生光干扰,在曲面情况下失真;电阻式触摸屏定位准确,但价格颇高,且怕刮易损;电容式触摸屏设计构思合理,但其图像失真问题很难得到根本解决;表面声波式触摸屏解决了以往触摸屏的各种缺陷,图像清晰且不容易被损坏,适合各种场合,缺点是屏幕表面如果有水滴和尘土会使触摸屏变得迟钝,甚至不工作。

4. 组态

在工业自动化控制(简称工控)领域,组态(configuration)一词经常被提及,其含义是用户利用应用软件提供的工具、方法,通过"配置""设定"各个对象,完成工程中某一具体任务的过程。在这个过程中,用户通过类似"搭积木"的简单方式来实现需要的功能。有时,组态也被称为"二次开发",组态软件也被称为"二次开发平台"。

为了便于理解工控领域的组态概念,可以将其类比为计算机的组装。我们知道,要组装一台计算机,事先要准备好各种型号的主板、机箱、电源、CPU、显示器、硬盘等,然后将这些部件拼凑成自己需要的计算机。组态软件中的"部件"(即对象)要比组装计算机需要的部件多,而且组态软件中的每个"部件"都很灵活,各自具有不同的内部属性。用户通过选用不同种类、不同数量、不同属性的"部件",就能组建不同功能的模块。

本章要点总结

本章主要介绍了组态软件的发展趋势以及与组态相关的术语,包括组态软件、人机界面、触摸屏和组态。

知识能力拓展

1. 请做一个关于国内外组态软件的调研,完成表 1-1 所示的内容。

表 1-1 组态软件信息表

序号	组态软件名称	开发公司名称	所在地	软件首次发布时间	国内市场占有率/%
1					
2					
3					
4					
5					
6					
7					
8					
9					

课后习题

1. 什么是组态软件?
2. 简述组态软件的发展趋势。
3. 什么是触摸屏?
4. 什么是组态?

第2章　MCGS嵌入版组态软件的构成及应用

【知识目标】

(1) 理解MCGS嵌入版组态软件的构成及其关系。

(2) 理解MCGS嵌入版组态软件的运行策略。

(3) 掌握MCGS嵌入版组态软件的脚本程序。

(4) 理解MCGS嵌入版组态软件的安全策略。

【能力目标】

(1) 理解MCGS嵌入版组态软件组成部分之间的关系。

(2) 理解MCGS嵌入版组态软件的运行策略。

(3) 掌握MCGS嵌入版组态软件脚本程序构成。

(4) 理解MCGS嵌入版组态软件的安全策略。

(5) 认识MCGS嵌入版组态软件体现了知识产权保护的特点,同时软件组成部分之间有着紧密的联系,是个统一的整体。

本章主要介绍MCGS的基本功能和主要特点,并对软件系统的构成和各个组成部分的功能进行详细介绍,帮助用户认识MCGS嵌入版组态软件系统的总体结构框架,同时介绍本软件运行的硬件和软件需求。

2.1　MCGS嵌入版组态软件简介

MCGS嵌入版组态软件简介

MCGS嵌入版组态软件(下文简称MCGS嵌入版)是在MCGS通用版组态软件的基础上开发的,专门应用于嵌入式计算机监控系统的组态软件。MCGS嵌入版包括组态环境和运行环境两部分,它的组态环境是微软的各种32位Windows平台,运行环境则是实时多任务嵌入式操作系统Windows CE。MCGS嵌入版适用于应用系统对功能、可靠性、成本、体积、功耗等综合性能有严格要求的专用计算机系统,通过对现场数据的采集处理,以动画显示、报警处理、流程控制和报表输出等多种方式向用户提供解决实际工程问题的方案,在自动化领域有着广泛的应用。此外,MCGS嵌入版还带有一个模拟运行环境,用于对组态后的工程进行模拟测试,方便用户对组态过程的调试。

2.1.1 MCGS 嵌入版的主要功能

MCGS 嵌入版具有以下功能。

(1) 简单灵活的可视化操作界面。MCGS 嵌入版采用全中文、可视化、面向窗口的开发界面,符合中国人的使用习惯和要求。以窗口为单位,构造用户运行系统的图形界面,使得 MCGS 嵌入版的组态工作既简单直观,又灵活多变。

(2) 实时性强、有良好的并行处理性能。MCGS 嵌入版是真正的 32 位系统,充分利用了 32 位 Windows CE 操作平台的多任务、按优先级分时操作的功能,以线程为单位对在工程作业中实时性强的关键任务和实时性不强的非关键任务进行分时并行处理,使嵌入式 PC 广泛应用于工程测控领域成为可能。例如,MCGS 嵌入版在处理数据采集、设备驱动和异常处理等关键任务时,可在主机运行周期内插空进行打印数据一类的非关键任务,从而实现并行处理。

(3) 丰富、生动的多媒体画面。MCGS 嵌入版以图像、图符、报表、曲线等多种形式,为用户及时提供系统运行中的状态、品质及异常报警等相关信息;用大小变化、颜色改变、明暗闪烁、移动翻转等多种手段,增强画面的动态显示效果;对图元、图符对象定义相应的状态属性,实现动画效果。MCGS 嵌入版还为用户提供了丰富的动画构件,每个动画构件都对应一个特定的动画功能。

(4) 完善的安全机制。MCGS 嵌入版提供了良好的安全机制,可以为多个不同级别的用户设定不同的操作权限。此外,MCGS 嵌入版还提供了工程密码功能,以保护组态开发者的成果。

(5) 强大的网络功能。MCGS 嵌入版具有强大的网络通信功能,支持串口通信、Modem 串口通信、以太网 TCP/IP 通信,不仅可以方便快捷地实现远程数据传输,还可以与网络版相结合,通过 Web 浏览功能,在整个企业范围内浏览、监测所有生产信息,实现设备管理和企业管理的集成。

(6) 多样化的报警功能。MCGS 嵌入版提供了多种报警方式,具有丰富的报警类型,方便用户进行报警设置,并且系统能够实时显示报警信息,对报警数据进行应答,为工业现场安全可靠的生产运行提供有力的保障。

(7) 实时数据库为用户分步组态提供了极大方便。MCGS 嵌入版由主控窗口、设备窗口、用户窗口、实时数据库和运行策略五个部分构成。其中,实时数据库是一个数据处理中心,是系统各个部分及其各种功能性构件的公用数据区,是整个系统的核心。各个部件独立地向实时数据库输入信息,并接收输出数据,从而完成自己的差错控制。在生成用户应用系统时,每个部分均可分别进行组态配置,独立建造,互不干涉。

(8) 支持多种硬件设备,实现“设备无关”。MCGS 嵌入版针对外部设备的特征,设立设备工具箱,定义多种设备构件,建立系统与外部设备的连接关系,赋予外部设备相关属性,实现对外部设备的驱动和控制。用户在设备工具箱中可方便地选择各种设备构件。不同的设备对应不同的构件,所有设备构件均通过实时数据库建立连接,同时又能保持相互独立,即对某一构件的操作或改动,不影响其他构件和整个系统的结构。因此,MCGS 嵌入版是一个“与设备无关”的系统,用户不必担心因外部设备的局部改动影响整个系统。

（9）方便控制复杂的运行流程。MCGS 嵌入版开辟了“运行策略”窗口，用户可以选用系统提供的各种条件和功能的策略构件，用图形化方法和简单的类 Basic 语言构造多分支的应用程序，按照设定的条件和顺序操作外部设备，控制窗口的打开或关闭，与实时数据库进行数据交换，实现自由、精确地控制运行流程。同时，用户也可以创建新的策略构件，扩展系统的功能。

（10）良好的可维护性。MCGS 嵌入版系统由五大功能模块组成，主要的功能模块以构件的形式来构造，不同的构件有着不同的功能，且相互独立。三种基本类型的构件（设备构件、动画构件、策略构件）完成了 MCGS 嵌入版系统三大部分（设备驱动、动画显示和流程控制）的所有工作。

（11）用自建文件系统来管理数据存储，系统可靠性更高。由于 MCGS 嵌入版不再使用 Access 数据库来存储数据，而是使用自建的文件系统来管理数据存储，所以与 MCGS 通用版组态软件相比，MCGS 嵌入版的可靠性更高，在异常掉电的情况下也不会丢失数据。

（12）设立对象元件库，组态工作简单方便。对象元件库，实际上是分类存储各种组态对象的图库。组态时，可把制作完好的对象（包括图形对象、窗口对象、策略对象乃至位图文件等）以元件的形式存入对象元件库，也可把其中的对象取出，直接为当前的工程所用。随着工作的积累，对象元件库将日益扩大和丰富，这解决了组态结果的积累和重新利用的问题。组态工作将会变得越来越简单、方便。

总之，MCGS 嵌入版组态软件具有强大的功能，并且操作简单、易学易用，普通工程人员经过短时间的培训就能迅速掌握多数工程项目的设计和运行操作。同时，用户使用 MCGS 嵌入版组态软件能够避开复杂的嵌入版计算机软、硬件问题，从而将精力集中于解决工程问题本身，根据工程作业的需要和特点，组态配置出高性能、高可靠性和高度专业化的工业控制监控系统。

2.1.2　MCGS 嵌入版组态软件的主要特点

MCGS 嵌入版软件具有以下特点。

（1）容量小：整个系统的最低配置只需要极小的存储空间，可以方便地使用 DOC（disk on chip，芯片磁盘）等存储设备。

（2）速度快：时间控制精度高，可以方便地实现各种高速采集系统，满足实时控制系统的要求。

（3）成本低：使用嵌入式计算机，可大大降低设备的成本。

（4）真正嵌入：运行于嵌入式实时多任务操作系统上。

（5）稳定性高：无风扇，内置看门狗，重启时间短，可在各种恶劣环境下长时间稳定运行。

（6）功能强大：提供中断处理，定时扫描精度可达到毫秒级，提供对计算机串口、内存、端口的访问，并可以根据需要灵活组态。

（7）通信方便：内置串行通信功能、以太网通信功能、GPRS 通信功能、Web 浏览功能和 Modem 远程诊断功能，可以方便地与各种设备进行数据交换、进行远程采集和 Web 浏览。

（8）操作简便：MCGS 嵌入版采用的组态环境，继承了通用版组态软件与网络版组态软件简单易学的优点，组态操作既简单直观，又灵活多变。

(9) 支持多种设备:提供了所有常用的硬件设备的驱动。

(10) 有助于建造完整的解决方案:MCGS 嵌入版组态环境运行于具备良好人机界面的 Windows 操作系统上,具备与北京昆仑通态公司的通用版组态软件和网络版组态软件相同的组态环境界面,可有效地帮助用户建造从嵌入式设备、现场监控工作站到企业生产监控信息网在内的完整解决方案,并且有助于用户开发的项目在这三个版本间的平滑迁移。

2.1.3 MCGS 嵌入版组态软件的体系结构

MCGS 嵌入式体系结构分为组态环境、模拟运行环境和运行环境三部分。

MCGS 嵌入版组态软件的运行

组态环境和模拟运行环境相当于一套完整的工具软件,可以在 PC 上运行。用户可根据实际需要裁减其中的内容。它能够帮助用户设计和构造自己的组态工程并进行功能测试。

运行环境则是一个独立的运行系统,它按照组态工程中用户指定的方式进行各种处理,完成用户组态设计的目标和功能。运行环境本身没有任何意义,必须与组态工程一起作为一个整体,才能构成用户应用系统。一旦组态工作完成,并且将组态好的工程通过串口或以太网下载到下位机的运行环境中,组态工程就可以离开组态环境,独立地运行在下位机上,从而实现了控制系统的可靠性、实时性、确定性和安全性。

由 MCGS 嵌入版生成的用户应用系统,其结构由主控窗口、设备窗口、用户窗口、实时数据库和运行策略五个部分构成,如图 2-1 所示。这五个部分各自完成相应的功能,但又相互联系,构成整个组态软件。

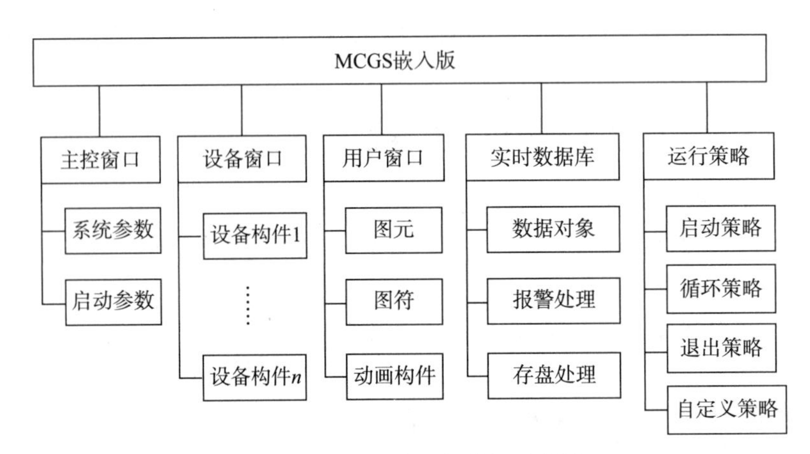

图 2-1 MCGS 嵌入版结构示意图

窗口是屏幕中的一块空间,是一个“容器”,直接供用户使用。在窗口内,用户可以放置不同的构件,创建图形对象并调整画面的布局,组态配置不同的参数以实现不同的功能。

在 MCGS 嵌入版中,每个应用系统只能有一个主控窗口和一个设备窗口,但可以有多个用户窗口和多个运行策略,实时数据库中也可以有多个数据对象。MCGS 嵌入版用主控窗口、设备窗口和用户窗口来构成一个应用系统的人机交互界面,组态配置各种不同类型和功能的对象或构件,同时可以对实时数据进行可视化处理。

2.2　MCGS 嵌入版组态软件的主控窗口

2.2.1　主控窗口概述

MCGS 嵌入版的主控窗口是组态工程的主窗口，是所有设备窗口和用户窗口的父窗口，相当于一个大的容器，可以放置一个设备窗口和多个用户窗口，负责这些窗口的管理和调度，并调度用户策略的运行。主控窗口是组态工程结构的主框架，展现了工程系统的总体外观，完成工程的系统属性设置，为整个工程运行提供可靠的支撑。就如同个人的发展规划，应以科学性、时代性和民族性的原则，规划文化基础、自主发展、社会参与三个方面的成长路径。

MCGS 嵌入版组态软件的主控窗口

在 MCGS 嵌入版中，主控窗口是作为一个独立的对象存在的，其强大的功能和复杂的操作都被封装在对象的内部，组态时只需对主控窗口的属性进行正确的设置即可。

2.2.2　主控窗口的属性设置

主控窗口的基本职责是调度与管理运行系统，反映应用工程的总体概貌，这决定了主控窗口的属性内容。主控窗口属性设置包括基本属性、启动属性、内存属性、系统参数和存盘参数。

进入 MCGS 嵌入版的工作台，选中主控窗口按钮，按工具条中的“属性”按钮，或执行“编辑”菜单中的“属性”命令，或右击“主控窗口”，在弹出的菜单中选择“属性”命令，弹出“主控窗口属性设置”界面，该界面包括五个属性设置选项卡，如图 2-2 所示。

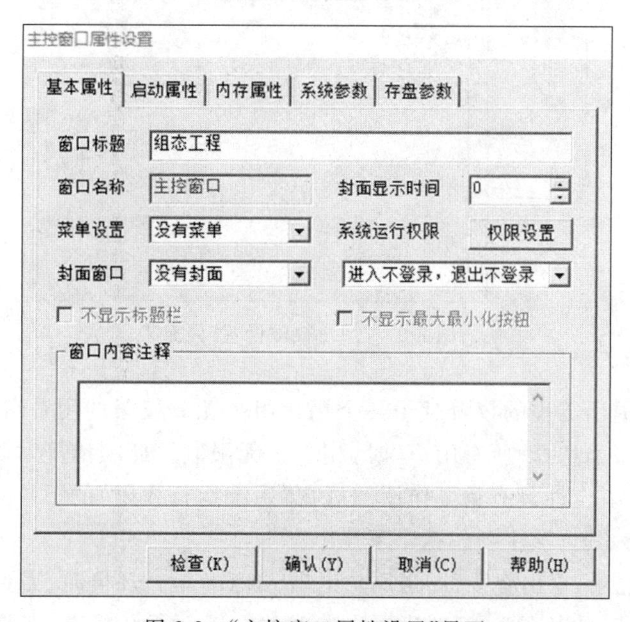

图 2-2　“主控窗口属性设置”界面

1. 主控窗口的基本属性

应用工程在运行时的总体概貌及外观，完全由主控窗口的基本属性决定。选择“基本属性”选项卡，进入基本属性设置窗口界面，在该界面中，可对下列属性进行设置。

(1) 窗口标题：用于设置工程运行窗口的标题。

(2) 窗口名称：主控窗口的名称，默认为“主控窗口”，并呈现灰色，不可更改。

(3) 菜单设置：用于设置工程是否有菜单。

(4) 封面窗口：用于确定工程运行时是否有封面，可在下拉菜单中选择相应的窗口作为封面窗口。

(5) 封面显示时间：设置封面持续显示的时间，以秒为单位。运行时，用鼠标单击窗口的任意位置，封面会自动消失。如果将封面时间设置为 0，封面将一直显示，直到用鼠标单击窗口的任意位置，封面才会消失。

(6) 系统运行权限：设置系统运行权限。单击“权限设置”按钮，进入“用户权限设置”界面，如图 2-3 所示。

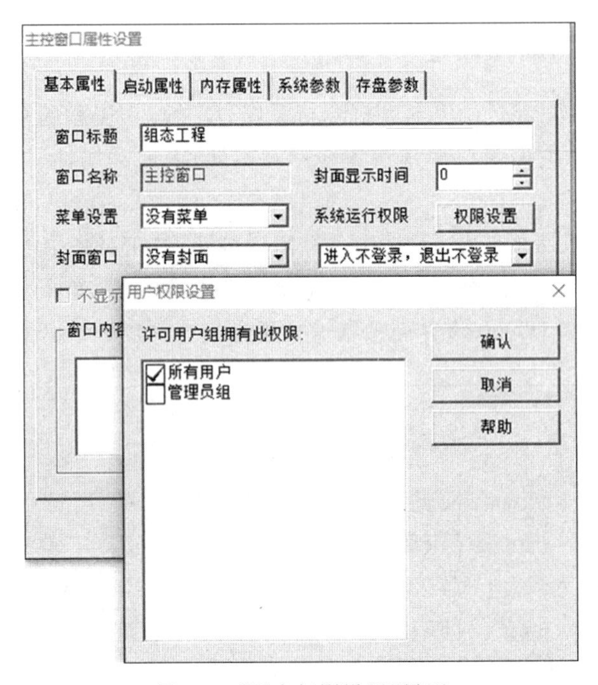

图 2-3 “用户权限设置”界面

可将进入或退出工程的权限赋予某个用户组。无此权限的用户组中的用户，不能进入或退出该工程。当选择“所有用户”时，相当于无限制。此项措施对防止无关人员的误操作、提高系统的安全性具有重要作用。可在“系统运行权限”的下拉菜单中选择进入或退出时是否登录。其选项主要包括以下几个。

① “进入不登录，退出登录”即当用户退出 MCGS 运行环境时，需要登录。

② “进入登录，退出不登录”即当用户进入 MCGS 运行环境时，需要登录，退出时不需要登录。

③“进入不登录,退出不登录”即进入或退出 MCGS 运行环境时,都不需要登录。

④“进入登录,退出登录”即进入或退出 MCGS 运行环境时,都需要登录。

(7) 窗口内容注释:起到说明和备忘的作用,不会对应用工程运行时的外观产生任何影响。

2. 主控窗口的启动属性

应用系统启动时,主控窗口应自动打开一些用户窗口,以即时显示某些图形动画,如反映工程特征的封面图形,主控窗口的这一特性被称为启动属性。

选择“启动属性”选项卡,进入“启动属性”设置界面,如图 2-4 所示。

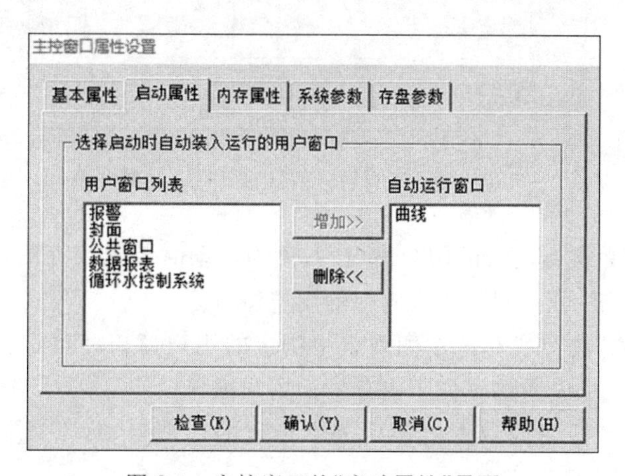

图 2-4 主控窗口的“启动属性”界面

图 2-4 的左侧为“用户窗口列表”,列出了所有定义的用户窗口名称;右侧为启动时自动打开的用户窗口列表,利用“增加”和“删除”按钮,可以调整自动运行的用户窗口。

按“增加”按钮或双击左侧列表内指定的用户窗口,可以把该窗口添加到右侧的“自动运行窗口”中,成为系统启动时自动运行的用户窗口。按“删除”按钮或双击右侧列表中指定的用户窗口,可以将该窗口从“自动运行窗口”列表中删除。

启动时,对于一次打开的窗口数量没有限制,但由于计算机内存的限制,一般只把最需要的窗口选为启动窗口,启动窗口过多,会影响系统的启动速度。

3. 主控窗口的内存属性

应用工程运行过程中,当需要打开一个用户窗口时,系统首先会将窗口的特征数据从磁盘调入内存,然后再执行窗口打开的指令,这样一个打开窗口的过程可能比较缓慢,满足不了工程的需要。为了加快用户窗口的打开速度,MCGS 嵌入版提供了一种直接从内存中打开窗口的机制,即把用户窗口装入内存,从而节省磁盘操作的开销时间。将主控窗口内的某些用户窗口定义为内存窗口,这样就改变了主控窗口的内存属性。

利用主控窗口的内存属性,可以设置运行过程中始终位于内存中的用户窗口,不管该窗口是处于打开状态,还是处于关闭状态。由于窗口存在于内存之中,打开时不需要从硬盘上读取,因而能提高打开窗口的速度。MCGS 嵌入版最多可允许选择将 20 个用户窗口在运行时装入内存。受计算机内存大小的限制,一般只把需要经常打开和关闭的用户窗口在运行时装入内存。预先装入内存的窗口过多,也会影响运行系统装载的速度。

单击“内存属性”选项卡，进入“内存属性”界面，如图 2-5 所示。

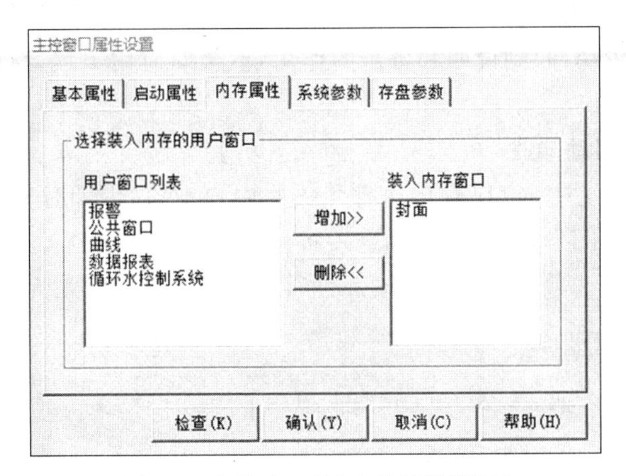

图 2-5　主控窗口的“内存属性”界面

图 2-5 的左侧为所有定义的用户窗口，右侧为启动时装入内存的用户窗口列表，利用“增加”和“删除”按钮，可以调整装入内存的用户窗口。

(1) 单击“增加”按钮或双击左侧列表中指定的用户窗口，可以将该窗口添加到右侧的“用户窗口列表”中，成为始终位于内存中的用户窗口。

(2) 单击“删除”按钮或双击右侧列表中指定的用户窗口，可以将该窗口从“装入内存”窗口列表中删除。

4. 主控窗口的系统参数

该项属性主要包括与动画显示有关的时间参数，例如动画画面刷新的时间周期，图形闪烁动作的周期时间等。选中“系统参数”选项卡，进入“系统参数”界面，如图 2-6 所示。

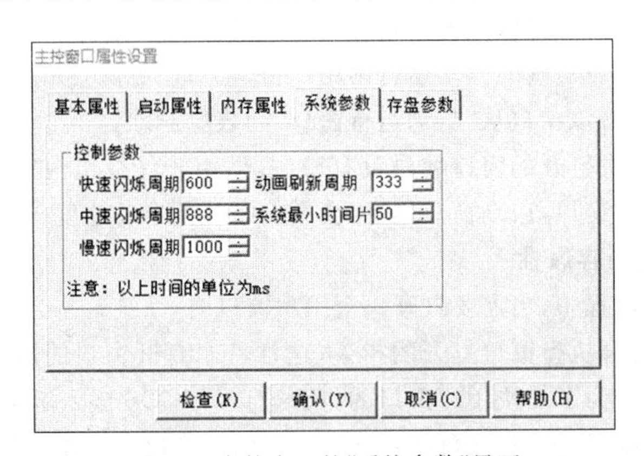

图 2-6　主控窗口的“系统参数”界面

系统最小时间片：运行时系统最小的调度时间，其值为 20～100ms，一般设置为 50ms。当设置的某个周期的值小于 50ms 时，该功能将被启动，默认该值的单位为“时间片”，如动画刷新周期为 1，则系统认为是 1 个时间片，即 50ms。此项功能是为了防止用户的误操作。

快速闪烁周期：其值为 100～1000ms。

中速闪烁周期：其值为 200～2000ms。

慢速闪烁周期：其值为 150～2000ms；超出这个范围，系统将强制转换。

MCGS 嵌入版中由系统定义的默认值能满足大多数应用工程的需求，除非有特殊需求，否则建议不要修改这些默认值。

5. 主控窗口的存盘参数

可以在该属性页中进行工程文件配置和特大数据存储设置，其界面如图 2-7 所示，通常情况下，不必对此部分进行设置，保留默认值即可。

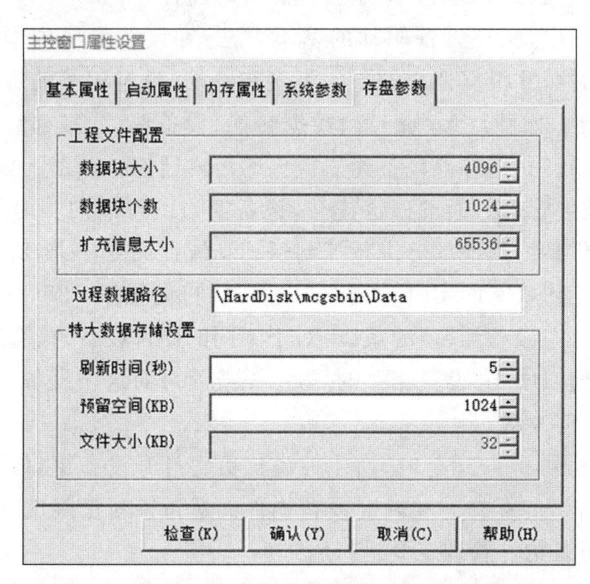

图 2-7　主控窗口的"存盘参数"界面

(1) 工程文件配置。数据块大小和数据块个数决定了存盘数据库文件的大小，存盘数据库文件的大小不可改变，指定大小为 8M。扩充信息大小：指外部存储文件的大小，该文件保存了外部存储变量的信息。

(2) 存储文件位置。系统默认的路径为\HardDisk\mcgsbin\Data。

(3) 特大数据存储设置。刷新时间是指向存储文件中写入新数据的时间周期。预留空间：直到存储空间大小为 0KB 时，以前的存储文件被自动删除，此部分不可设置。文件大小用于设置单个文件的大小(KB)。

2.2.3　主控窗口的菜单管理

当系统运行时，只有 1 个窗口显示在触摸屏的前面，其余的窗口是不可见的。当要打开其他某个窗口时，可通过翻页按钮打开或通过菜单管理的方法打开。MCGS 嵌入版的菜单管理是快捷调用窗口的方式。第 7 章会通过工程示例"循环水控制系统"详细介绍主控窗口中的菜单功能，这里不做详细介绍。通过菜单组态设置，形成的菜单如图 2-8 所示。

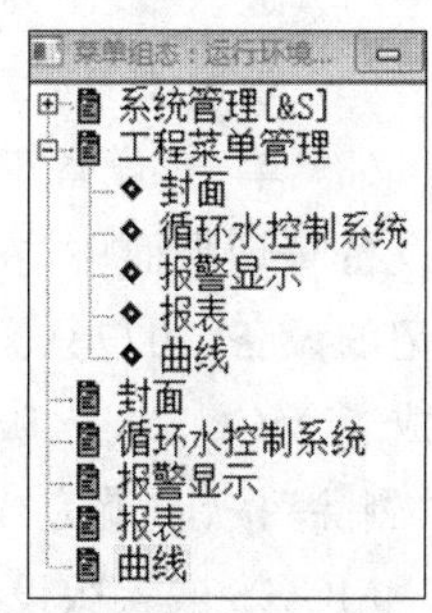

图 2-8　主控窗口的菜单管理界面

2.3 MCGS 嵌入版组态软件的设备窗口

2.3.1 设备窗口概述

MCGS 嵌入版组态软件的设备窗口

设备窗口是 MCGS 嵌入版系统的重要组成部分，在设备窗口中建立系统与外部硬件设备的连接关系，使系统能够从外部设备读取数据并控制外部设备的工作状态，实现对工业过程的实时监控。

在 MCGS 嵌入版中，实现设备驱动的基本方法：在设备窗口内配置不同类型的设备构件，并根据外部设备的类型和特征，设置相关的属性，将设备的操作方法，如硬件参数配置、数据转换、设备调试等，都封装在构件中，以对象的形式与外部设备建立数据的传输通道。在系统运行过程中，设备构件由设备窗口统一调度管理。通过通道连接，设备窗口既可以向实时数据库提供从外部设备采集到的数据，供系统其他部分进行控制运算和流程调度，又能从实时数据库查询控制参数，实现对设备工作状态的实时检测和对过程的自动控制。MCGS 嵌入版的这种结构形式使其成为一个“与设备无关”的系统，对于不同的硬件设备，只需定制相应的设备构件，将其放置到设备窗口中，并设置相关的属性，系统就可对这一设备进行操作，而不需要对整个系统结构做任何改动。

在 MCGS 嵌入版中，系统运行时，由主控窗口负责打开设备窗口，而设备窗口是不可见的，在后台独立运行，负责管理和调度设备构件的运行。对已经编好的设备驱动程序，MCGS 嵌入版使用设备构件管理工具进行管理。

通过设备窗口组态，完成触摸屏与外部硬件设备的连接，实现触摸屏与外部设备的信息交换。只有正确设置触摸屏和外部硬件的网络连接信息，才能保证两者的信息交换。

2.3.2 外部设备的添加

设备管理窗口提供了常用的设备驱动程序，方便用户快速找到适合自己的设备驱动程序，还可以完成所选设备在 Windows 中的登记和删除登记等工作。在初次使用设备或使用用户自己新添加的设备之前，必须按下面的方法完成设备驱动程序的登记工作，否则可能会出现不可预测的错误。

(1) 进入“设备窗口”界面，双击“设备窗口”按钮，打开“设备组态：设备窗口”界面。

(2) 单击工具栏中的“工具箱”按钮，打开设备工具箱。

(3) 单击“设备工具箱”中的“设备管理”按钮，打开“设备管理”界面，如图 2-9 所示。在设备管理界面中，左侧列出的是组态软件现在支持的所有设备，右侧列出的是所有已经登记的设备，用户只需在窗口左侧的列表框中选中需要使用的设备，单击“增加”按钮，就完成了 MCGS 嵌入版设备的登记工作。在窗口右侧的列表框中选中需要删除的设备，单击“删除”按钮，就完成了 MCGS 嵌入版设备的删除登记工作。

MCGS 嵌入版设备驱动程序在设备管理界面左边的列表框中列出了系统目前支持的所有设备(驱动程序在\MCGSE\Program\Drivers 安装目录下)，设备是按一定分类方法分类排列的，用户可以根据分类方法查找自己需要的设备。例如，用户要查找西门子 S7-

200PLC 模块的驱动程序,可以在安装目录\MCGSE\Program\Drivers 下先找到 PLC 目录,然后在该目录下找到西门子目录,就可以在该目录中找到 S7200PPI 驱动程序了。为了在众多的设备驱动中方便快速地找到所需要的设备驱动,系统对所有的设备驱动采用了一定的分类方法排列,如图 2-10 所示。

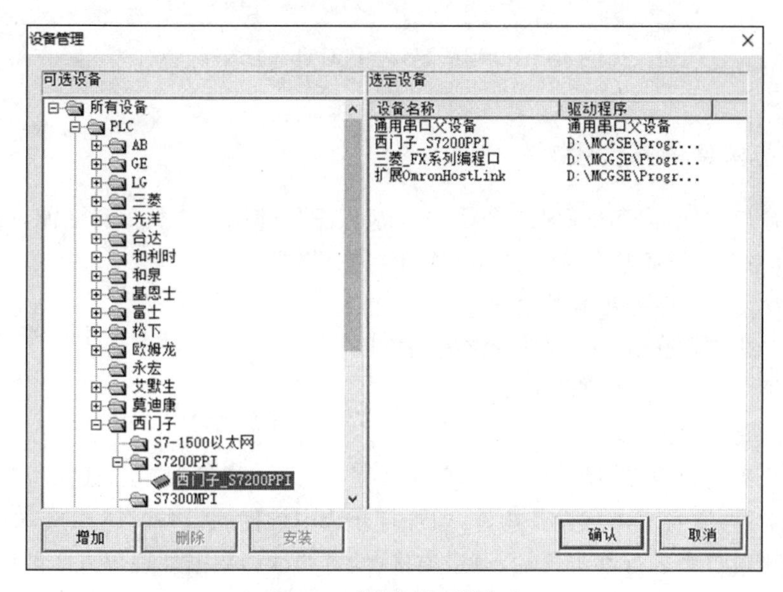

图 2-9 “设备管理”界面

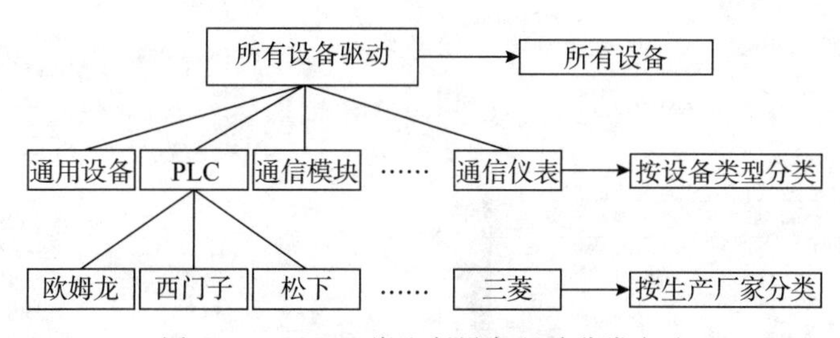

图 2-10 MCGS 嵌入版设备驱动分类方法

2.3.3 设备构件选择

设备构件是 MCGS 嵌入版系统对外部设备实施设备驱动的媒介,通过建立的数据通道,在实时数据库与测控对象之间实现数据交换,达到对外部设备的工作状态进行实时监测与控制的目的。MCGS 嵌入版系统内部设立了“设备工具箱”,工具箱内具有与常用硬件设备相匹配的设备构件。

这里以西门子 S7-200PLC 设备选择为例。由于西门子 S7-200PLC 采用 PPI 串行通信,因此 MCGS 触摸屏在与该款 PLC 设备进行通信连接时,要在“通用串口父设备”的下级目录中进行。采用设备驱动程序的登记方法,先将“设备管理”界面左边的“通用串口父设备”放在设备窗口中。在设备工具箱中选取西门子 S7-200PPI 设备并放在“通用串口父设备”的子集中,完成对西门子 S7-200PPI 设备的选择,如图 2-11 所示。

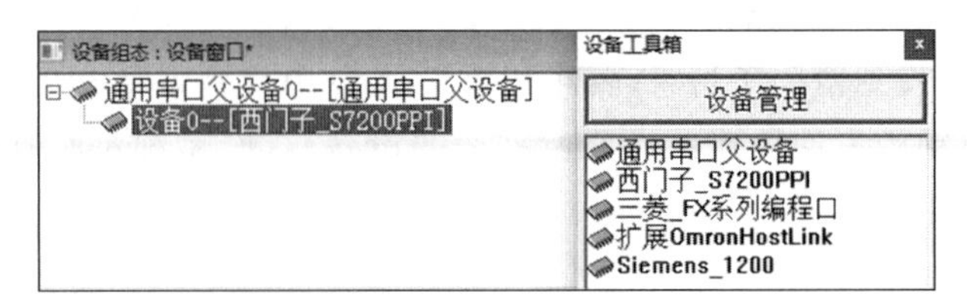

图 2-11　西门子 S7-200PLC 设备的选择

2.3.4　设备构件的属性设置

在设备窗口内配置了设备构件之后，接着应根据外部设备的类型和性能，设置设备构件的属性，其对应的设备构件应包括如下各项组态操作。

（1）设置设备构件的基本属性。

（2）建立设备通道和实时数据库之间的连接。

（3）设置设备通道数据处理内容。

（4）调试硬件设备。

在设备组态窗口内，选择设备构件，单击工具栏中的“属性”按钮，或执行“编辑”菜单中的“属性”命令，或者双击该设备构件，即可打开选中构件的设备编辑窗口，如图 2-12 所示。可以在该窗口中进行基本属性、通道连接、设备调试和数据处理等方面的设置。

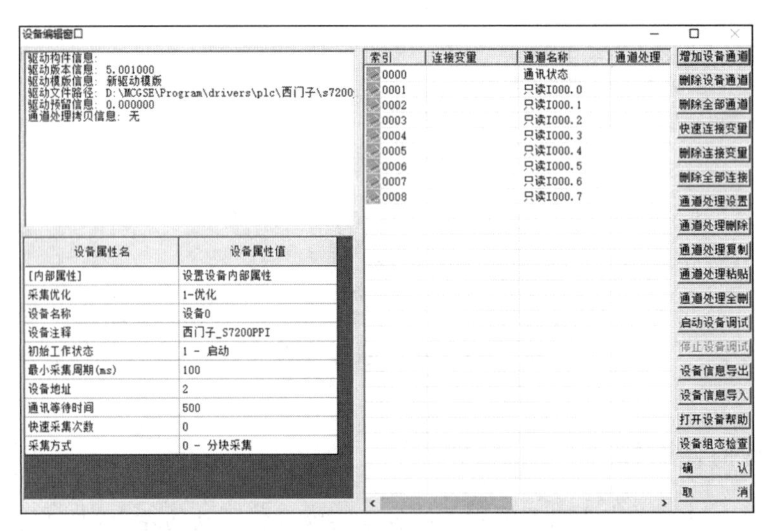

图 2-12　设备编辑窗口

2.4　MCGS 嵌入版组态软件的用户窗口

2.4.1　用户窗口概述

MCGS 嵌入版系统组态的一项重要工作就是用生动的图形界面、逼真的动画效果来描述实际工程问题，方便工程人员操作和实现工业自动化，体现 MCGS 嵌入版组态软件

“以人为本”的设计理念。在用户窗口中，工程项目中复杂逼真的动画效果，均是由多个简单的图形对象组合而成的。

MCGS 嵌入版组态软件的用户窗口

用户窗口是由用户来定义的、用来构成 MCGS 嵌入版图形界面的窗口。用户窗口是组成 MCGS 嵌入版图形界面的基本单位，所有图形界面都是由一个或多个用户窗口组合而成的，它的显示和关闭由各种功能构件(包括动画构件和策略构件)来控制。用户窗口相当于一个“容器”，用来放置图元、图符和动画构件等各种图形对象。用户通过对图形对象的组态设置，建立与实时数据库的连接，来完成图形界面的设计工作。

用户窗口内的图形对象是以“所见即所得”的方式来构造的，也就是说，组态时用户窗口内的图形对象是什么样的，运行时就是什么样的，同时打印出来的结果也不变。因此，用户窗口除了构成图形界面外，还可以作为报表中的一页来打印。把用户窗口视区的大小设置成对应纸张的大小，就可以打印出由各种复杂图形组成的报表。

1. 图形对象

图形对象在用户窗口中显示，是组成用户应用系统图形界面的最小单元。MCGS 嵌入版中的图形对象包括图元对象、图符对象和动画构件三种类型，不同类型的图形对象有不同的属性，能完成的功能也各不相同。图形对象可以从 MCGS 嵌入版提供的绘图工具箱和常用图符工具箱中选取，如图 2-13 所示。绘图工具箱中包含了常用的图元对象和动画构件，常用图符工具箱中包含了常用的图形。

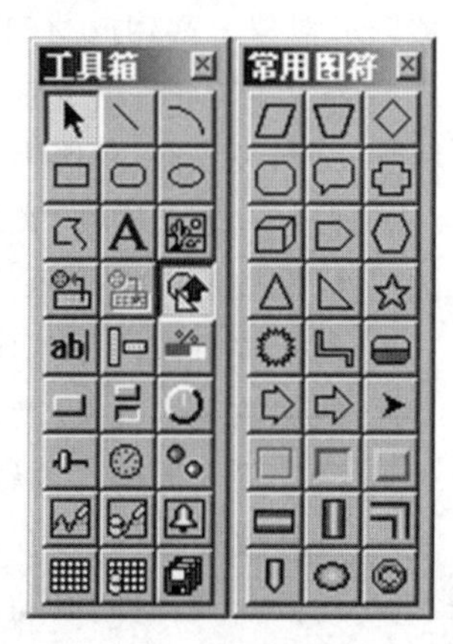

图 2-13　MCGS 嵌入版的工具箱和常用图符

2. 图元对象

图元是构成图形对象的最小单元。多种图元的组合可以构成新的、复杂的图形对象。MCGS 嵌入版为用户提供了下列八种图元对象：直线、弧线、矩形、圆角矩形、椭圆、折线或多边形、标签和位图。其中，折线或多边形图元对象是由多个线段或点组成的图形元素，当起点与终点的位置不相同时，该图元为一条折线；当起点与终点的位置相重合时，就构成了一个封闭的多边形。文本图元对象是由多个字符组成的一行字符串，该字符串显示在指定的矩形框内。MCGS 嵌入版把这样的字符串称为文本图元。位图图元对象是后缀为 .bmp 的图形文件中包含的图形对象。也可以是一个空白的位图图元。MCGS 嵌入版的图元是以向量图形的格式而存在的，根据需要可随意移动图元的位置和改变图元的大小(对于文本图元，只改变显示矩形框的大小，文本字体的大小并不改变。对于位图图元，不仅可以改变显示区域的大小，而且可以对位图轮廓进行缩放处理，但不会改变位图本身的实际大小)。

3. 图符对象

多个图元对象按照一定规则组合在一起所形成的图形对象称为图符对象。图符对象是作为一个整体而存在的，可以随意移动和改变大小。多个图元可构成一个图符，图元和图符又可构成新的图符；新的图符可以分解，还原成组成该图符的图元和图符。

MCGS 嵌入版系统内部提供了 27 种常用的图符对象，位于图符工具箱中，它们被称为系统图符对象，为快速构图和组态提供方便。系统图符是专用的，不能分解，以一个整体参与图形的制作。系统图符可以和其他图元、图符一起构成新的图符。MCGS 嵌入版提供的系统图符：平行四边形、等腰梯形、菱形、八边形、注释框、十字形、立方体、楔形、六边形、等腰三角形、直角三角形、五角星形、星形、弯曲管道、罐形、粗箭头、细箭头、三角箭头、凹槽平面、凹平面、凸平面、横管道、竖管道、管道接头、三维锥体、三维球体和三维圆环。

4. 动画构件

所谓动画构件，是指将工程监控作业中经常操作或观测用的一些功能性器件软件化，做成外观相似、功能相同的构件，存入 MCGS 嵌入版的“工具箱”，供用户在图形对象组态配置时选用，完成一个特定的动画功能。

动画构件本身是一个独立的实体，它比图元和图符包含有更多特性和功能，它不能和其他图形对象一起构成新的图符。MCGS 嵌入版目前提供了如下动画构件。

- 输入框构件：用于输入和显示数据。
- 流动块构件：实现模拟流动效果的动画显示。
- 百分比填充构件：实现按百分比控制颜色填充的动画效果。
- 标准按钮构件：接受用户的按键动作，执行不同的功能。
- 动画按钮构件：显示内容随按钮的动作变化。
- 旋钮输入构件：以旋钮的形式输入数据对象的值。
- 滑动输入器构件：以滑动块的形式输入数据对象的值。
- 旋转仪表构件：以旋转仪表的形式显示数据。
- 动画显示构件：以动画的方式切换显示选择的多幅画面。
- 实时曲线构件：显示数据对象的实时数据变化曲线。
- 历史曲线构件：显示历史数据的变化趋势曲线。
- 报警显示构件：显示数据对象实时产生的报警信息。
- 自由表格构件：以表格的形式显示数据对象的值。
- 历史表格构件：以表格的形式显示历史数据，可以用来制作历史数据报表。
- 存盘数据浏览构件：用表格形式浏览存盘数据。
- 组合框构件：以下拉列表的方式完成对大量数据的选择。

2.4.2 用户窗口的类型

在 MCGS 嵌入版工作台上的“用户窗口”选项卡中组态出来的窗口就是用户窗口。在 MCGS 嵌入版中，根据打开窗口的不同方法，用户窗口可分为标准窗口和子窗口两种类型。

1. 标准窗口

标准窗口是最常用的窗口，作为主要的显示画面，用来显示流程图、系统总貌以及各个操作画面等。可以使用动画构件或策略构件中的打开/关闭窗口或脚本程序中的 SetWindow 函数以及窗口的方法来打开和关闭标准窗口。

标准窗口有名字、位置、可见度等属性。

2. 子窗口

在组态环境中，子窗口和标准窗口按相同的方式组态。但不同的是，在运行时，子窗口不是用打开窗口的普通方法打开的，而是在某个已经打开的标准窗口中，使用 OpenSubWnd 方法打开，此时子窗口就显示在标准窗口内。也就是说，用某个标准窗口的 OpenSubWnd 方法打开的标准窗口就是子窗口。

2.4.3 创建用户窗口

在 MCGS 组态环境的“工作台”窗口内，选择“用户窗口”界面，单击“新建窗口”按钮，即可定义一个新的用户窗口，如图 2-14 所示。

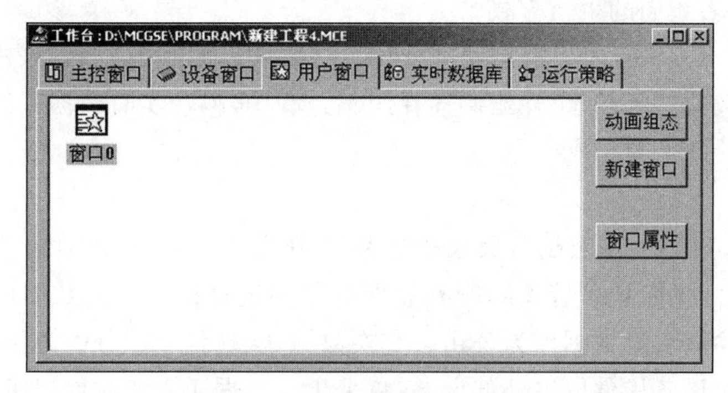

图 2-14　新建“用户窗口”界面

用户窗口的操作方式与 Windows 系统中文件窗口的操作方式一样，以大图标、小图标、列表、详细资料四种方式显示用户窗口，也可以剪切、复制、粘贴指定的用户窗口，并直接修改用户窗口的名称。

在 MCGS 嵌入版中，用户窗口作为独立的对象而存在，它包含的许多属性需要在组态时正确设置。单击选中的用户窗口，用下列方法之一打开“用户窗口”属性设置对话框：

(1) 选中需要设置属性的窗口，在用户窗口页中单击窗口属性按钮；

(2) 选中需要设置属性的窗口，右击，选择“属性”；

(3) 单击工具条中的“显示属性”按钮；

(4) 执行“编辑”菜单中的“属性”命令；

(5) 按快捷键 Alt+Enter；

(6) 进入窗口后，双击用户窗口的空白处。

在对话框弹出后，可以分别对用户窗口的“基本属性”“扩充属性”“启动脚本”“循环脚本”和“退出脚本”等属性进行设置。

2.5 MCGS 嵌入版组态软件的实时数据库

实时数据库相当于一个数据处理中心，同时也起到公用数据交换区的作用。MCGS 嵌入版使用自建文件系统中的实时数据库来管理所有实时数据。将从外部设备采集到的实时数据送入实时数据库，系统其他部分操作的数据也来自实时数据库。实时数据库自动完成对实时数据的报警处理和存盘处理，同时它还根据需要把有关信息以事件的方式发送给系统的其他部分，以便触发相关事件，进行实时处理。因此，实时数据库存储的单元，不仅是变量的数值，而且包括变量的特征参数（属性）及对该变量的操作方法（报警属性、报警处理和存盘处理等）。这种将数值、属性、方法封装在一起的数据被称作数据对象。实时数据库采用面向对象的技术，为其他部分提供服务，提供系统各个功能部件的数据共享。

MCGS 嵌入版组态软件的实时数据库

实时数据库是 MCGS 组态软件的核心，是应用系统的数据处理中心。MCGS 软件强大的功能建立在其存储和处理大量数据的基础上。大数据改变着 MCGS 组态软件的运行方式，同时影响着人们的生活方式。

本节将介绍 MCGS 嵌入版中数据对象和实时数据库的基本概念，从构成实时数据库的基本单元——数据对象着手，详细阐述在组态过程中，构造实时数据库的操作方法。

2.5.1 实时数据库概述

在 MCGS 嵌入版中，用数据对象来描述系统中的实时数据，用对象变量代替传统意义上的值变量，把数据库技术管理的所有数据对象的集合称为实时数据库。MCGS 嵌入版系统各个部分均以实时数据库为公用区交换数据，实现各个部分的协作。

设备窗口通过设备构件驱动外部设备，将采集的数据送入实时数据库；由用户窗口组成的图形对象，与实时数据库中的数据对象建立连接关系，以图形动画、曲线等形式实现数据的可视化；运行策略通过策略构件，对数据进行操作和处理。上述过程如图 2-15 所示。

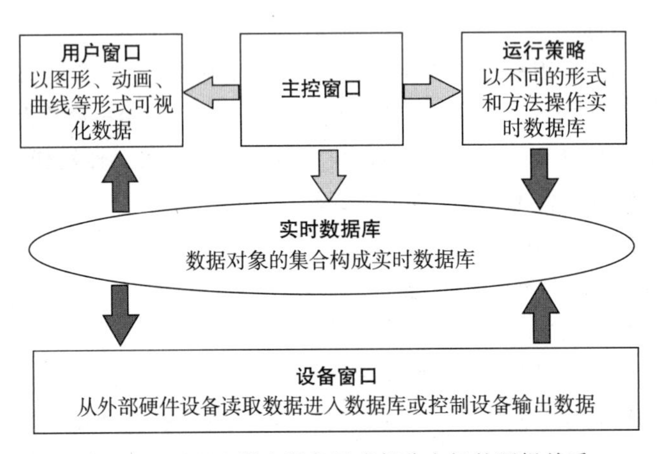

图 2-15 MCGS 嵌入版各组成部分之间的逻辑关系

2.5.2 数据对象的类型

MCGS 嵌入版中的数据不同于传统意义上的数据或变量，是以数据对象的形式进行操作与处理的。数据对象不仅包含了数据变量的数值特征，还将与数据相关的其他属性（如数据的状态、报警值等）以及对数据的操作方法（如存盘处理、报警处理等）封装在一起，作为一个整体，以对象的形式提供服务。这种把数值、属性和方法定义成一体的数据叫作数据对象。

在 MCGS 嵌入版中，用数据对象表示数据，可以将数据对象视作比传统变量具有更多功能的对象变量，可以像使用变量一样来使用数据对象，在大多数情况下只需使用数据对象的名称来直接操作数据对象。

在 MCGS 嵌入版中，数据对象有开关型、数值型、字符型、事件型和组对象五种类型。不同类型的数据对象，其属性不同，用途也不同。

1. 开关型数据对象

记录开关信号(0 或非 0)的数据对象叫作开关型数据对象，通常与外部设备的数字量输入/输出通道连接，用来表示某一设备当前所处的状态。开关型数据对象也用于表示 MCGS 嵌入版中某一对象的状态，如一个图形对象的可见度状态。

注意：开关型数据对象没有工程单位、最大值、最小值属性，没有报警值属性，只有状态报警属性。

2. 数值型数据对象

在 MCGS 嵌入版中，数值型数据对象的数值范围是：负数是从－3.402823E38 到－1.401298E－45，正数是从 1.401298E－45 到 3.402823E38。数值型数据对象除了存放数值及参与数值运算外，还提供报警信息，并能够与外部设备的模拟量输入/输出通道相连接。

数值型数据对象有最大值和最小值属性，其值不会超过设定的数值范围。当对象的值小于最小值或大于最大值时，对象的值分别取最小值或最大值。

数值型数据对象有报警限值属性，可同时设置下下限、下限、上限、上上限、下偏差、上偏差 6 种报警值，当对象的值超过设定的限值时，会触发报警；当对象的值回到所有的限值之内时，报警结束。

3. 字符型数据对象

字符型数据对象是存放文字信息的单元，用于描述外部对象的状态特征，其值为由多个字符组成的字符串，字符串长度最长可达 64KB。

注意：字符型数据对象没有工程单位、最大值和最小值属性，也没有报警属性。

4. 事件型数据对象

事件型数据对象用来记录和标识某种事件产生或状态改变的时间信息，如开关量的状态发生变化、用户有按键动作、有报警信息产生等。事件发生的信息可以直接从某种类型的外部设备获得，由内部对应的功能构件提供。

事件型数据对象是由 19 个字符组成的定长字符串，用来保存最近产生的时刻“年、月、日、时、分、秒”的数据信息。其中，“年”用 4 位数字表示，“月”“日”“时”“分”“秒”分别用 2 位数字表示，数据之间用逗号分隔。例如，“2022,08,02,13,40,12”，表示该事件产生于 2022 年 8 月 2 日 13 时 40 分 12 秒。当相应的事件没有发生时，该数据对象值的固定设置为“1970,01,01,08,00,00”。

注意：事件型数据对象没有工程单位、最大值和最小值属性，且没有报警限值属性，只有状态报警属性。不同于开关型数据对象，事件型数据对象对应的事件发生一次，其报警也发生一次，且报警的发生和结束是同时完成的。

5. 组对象

组对象是MCGS嵌入版引入的一种特殊类型的数据对象，类似于一般编程语言中的数组和结构体，用于把相关的多个数据对象集合在一起，作为一个整体来定义和处理。例如，在实际工程中，描述一个锅炉的工作状态时会用到温度、压力、流量、液面高度等多个物理量，为便于处理，将“锅炉”定义为一个组对象，用来表示“锅炉”这个实际的物理对象，其内部成员则由上述物理量对应的数据对象组成。这样，再对“锅炉”对象进行处理（如进行组态存盘、曲线显示、报警显示）时，只需指定组对象的名称“锅炉”，就包括了对其所有成员的处理。

组对象只是在组态时对某一类对象的整体表示方法，实际的操作则是针对每一个成员进行的。例如在报警显示动画构件中，指定要显示报警的数据对象为组对象“液位组”，则该构件显示组对象包含的各个数据对象在运行时产生的所有报警信息。

组对象是多个数据对象的集合，应包含两个以上的数据对象，但不能包含其他数据组对象。一个数据对象可以是多个不同组对象的成员。把一个对象的类型定义成组对象后，还必须定义组对象所包含的成员。如图2-16所示，在“数据对象属性设置”界面，有“组对象成员”选项卡，它专门用来定义组对象的成员。图2-16中左侧为所有数据对象列表，右侧为组对象成员列表。利用属性页中的“增加”按钮，可以把左侧指定的数据对象增加到组对象成员中；“删除”按钮则用于将右侧指定的组对象成员删除。

注意：组对象没有工程单位、最大值和最小值属性，组对象本身没有报警属性。

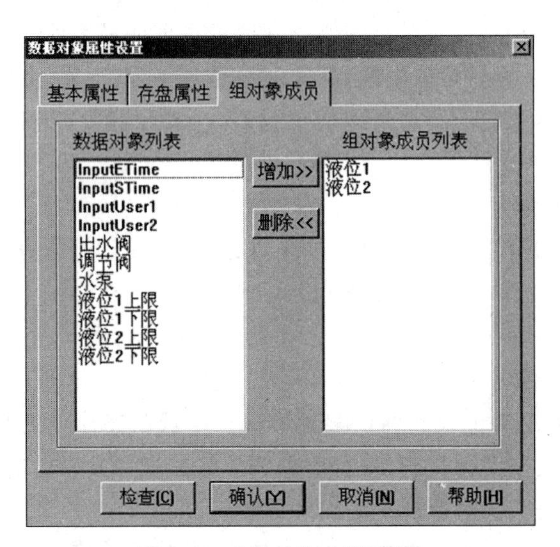

图2-16 “组对象成员”界面

2.5.3 数据对象的属性设置

定义数据对象之后，应根据实际需要设置数据对象的属性。在“生态环境工作台”窗口中，选择“实时数据库”标签，从“数据对象列表”中选中某一数据对象，单击“对象属性”按钮，或者双击数据对象，即可弹出如图2-17所示的“数据对象属性设置”界面，该对话框有三个标签页:基本属性、存盘属性和报警属性。

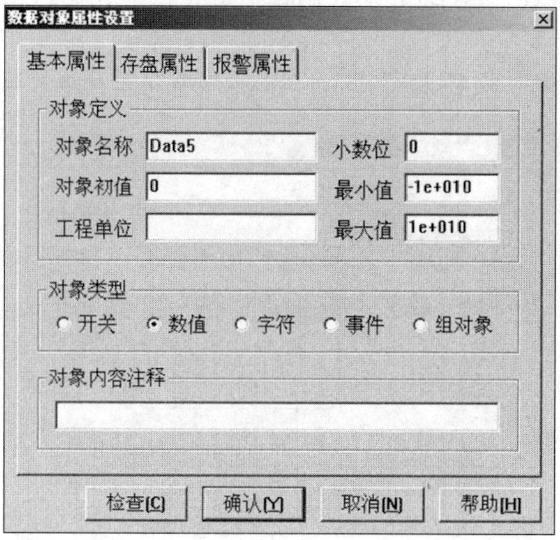

图 2-17 “数据对象属性设置”界面

1. 数据对象的基本属性

数据对象的基本属性中包含数据对象的名称、单位、初值、取值范围和类型等基本特征信息。

在“基本属性”窗口的“对象名称”一栏内输入代表对象名称的字符串,字符长度不得超过 32 位(汉字不得超过 16 位),对象名称的第一个字符不能为!、$ 或 0~9 的数字,字符串中间不能有空格。用户不指定对象的名称时,系统的默认值为 DataX,其中 X 为顺序索引代码(第一个定义的数据对象为 Data0)。

数据对象的类型必须正确设置。不同类型的数据对象,其属性内容不同,按所列栏目设置对象的初始值、最大值、最小值及工程单位等。在“对象内容注释”一栏中,输入证明对象情况的注释性文字。

MCGS 嵌入版实时数据库采用了“使用计数”的机制,描述数据库中的一个数据对象是否被 MCGS 嵌入版中的其他部分使用,也就是说,该对象是否与其他对象建立了连接关系。采用这种机制可以避免因对象属性的修改而导致已组态完好的其他部分出错。一个数据对象如果已被使用,则不能随意修改对象的名称和类型,此时可以执行“工具”菜单中的“数据对象替换”命令,对数据对象进行改名操作,同时把所有的连接部分也一次改正过来,避免出错。执行“工具”菜单中的“检查使用计数”命令,可以查阅对象被使用的情况,或更新使用计数。

2. 数据对象的存盘属性

在 MCGS 嵌入版中,普通的数据对象没有存盘属性,只有组对象才有存盘属性。

对于数据组对象,只能设置为按定时方式存盘。实时数据库按设定的时间间隔,定时存储数据组对象的所有成员在同一时刻的值。如果设定时间间隔为 0 秒,则实时数据库不进行自动存盘处理,只能用其他方式处理数据的存盘。例如,可以通过 MCGS 嵌入版中名为“数据对象操作”的策略构件来控制数据对象值的带有一定条件的存盘，也可以在脚本程序内用系统函数!SaveData 来控制数据对象值的存储，数据对象的存盘属性如图 2-18 所示。

注意：在 MCGS 嵌入版中，!SaveData 函数仅对数据组对象有效。

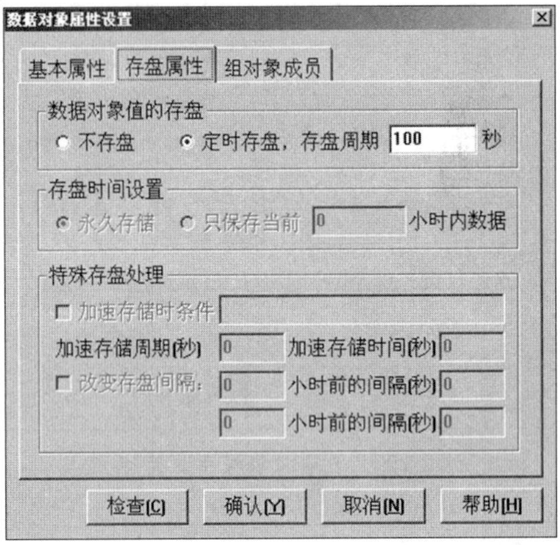

图 2-18　数据对象的存盘属性

3. 数据对象的报警属性

MCGS 嵌入版把报警处理作为数据对象的一个属性，封装在数据对象内部，由实时数据库判断是否有报警发生，并自动进行各种报警处理。如图 2-19 所示，用户应首先勾选“允许进行报警处理”选项，才能对报警参数进行设置。

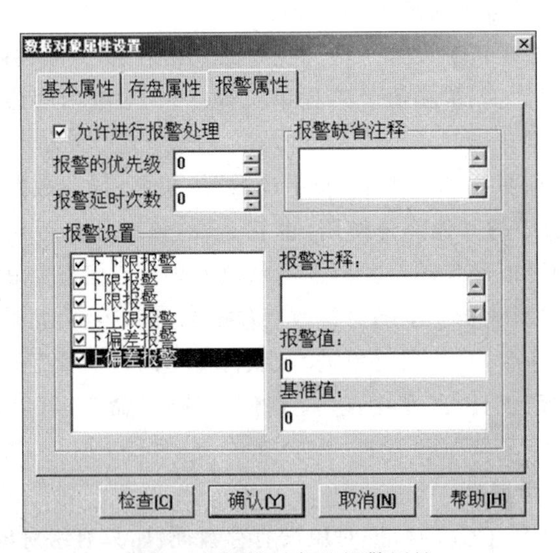

图 2-19　数据对象的报警属性

不同类型数据对象的报警属性设置各不相同。数值型数据对象最多可同时设置六种报警限值；开关型数据对象只有状态报警，按下的状态（“开”或“关”）为报警状态，另外一种状态即为正常状态，当对象的值变为相应的值（0 或 1）时，将触发报警；事件型数据对象不用设置报警状态，对应的事件发生一次，就有一次报警，且报警的发生和结束是同时的；字符型数据对象和数据组对象没有报警属性。数据对象的报警属性设置如图 2-19 所示。

4. 数据对象的浏览和查询

执行“查看”菜单中的“数据对象”命令，弹出如图 2-20 所示的“数据对象浏览”界面。

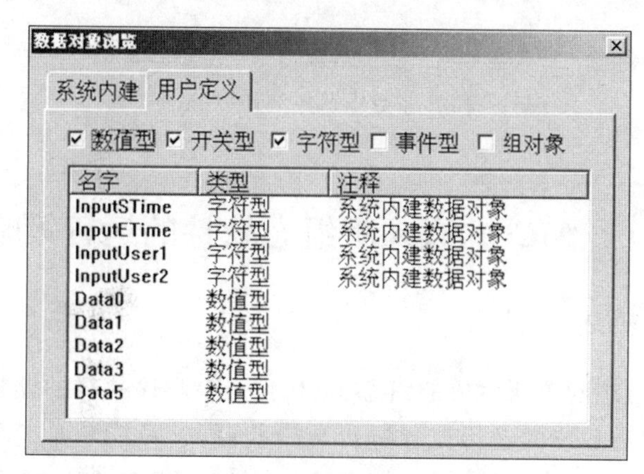

图 2-20 “数据对象浏览”界面

利用“数据对象浏览”界面可以方便地浏览实时数据库中不同类型的数据对象。该窗口包含两个选项卡：“系统内建”选项卡和“用户定义”选项卡。“系统内建”选项卡显示系统内部数据对象及系统函数；“用户定义”选项卡显示用户定义的数据对象。勾选界面上端的对象类型复选框，可以只显示指定类型的数据对象。

在 MCGS 嵌入版的组态过程中，为了能够准确地输入数据对象的名称，经常需要在已定义的数据对象列表中进行查询或确认。

在数据对象的许多属性设置窗口中，对象名称或表达式输入框的右端，都带有一个问号 ? 按钮，当单击该按钮时，会弹出如图 2-21 所示的窗口。该窗口会显示所有可供选择的数据对象的列表。双击列表中的指定数据对象后，该窗口将消失，对应的数据对象的名称会自动输入问号按钮左侧的输入框内。这样的查询方式可以快速建立数据对象的名称，避免人工输入可能产生的错误。

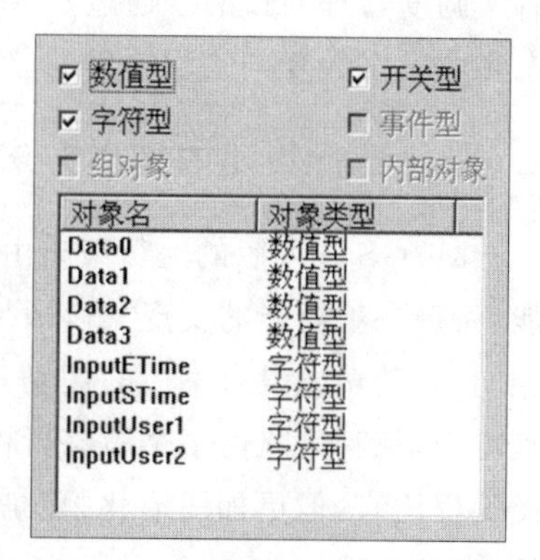

图 2-21 数据对象列表窗口

为了方便用户对数据变量的统计，MCGS 嵌入版提供了计数检查功能。通过使用计数检查，用户可清楚地掌握各种类型数据变量的数量及使用情况。

具体操作方法极其简单，只需单击工具栏中“工具”菜单中的“使用计数检查”选项即可弹出如图 2-22 所示的对话框。

同时，该选项也有组态检查的功能。

数据对象统计

MCGS点数信息

总计变量数：9
开关量个数：0
数值量个数：4
字符量个数：4
组对象个数：1
当前使用数：4

确定(Y)

图 2-22 “数据对象统计”对话框

2.6 MCGS 嵌入版组态软件的运行策略

2.6.1 运行策略概述

MCGS 嵌入版组态配置所生成的组态工程，是一个顺序执行的监控系统，组态工程不能对系统的运行流程进行自由控制，这只能满足简单工程项目的需要。对于复杂的工程，监控系统必须设计成多分支、多层循环嵌套式结构，按照预定的条件，对系统的运行流程及设备的运行状态进行有针对性的选择和精确的控制。

MCGS 嵌入版组态软件的运行策略

MCGS 嵌入版的运行策略，是用户为实现对系统运行流程自由控制所组态生成的一系列功能块的总称。MCGS 嵌入版为用户提供了进行策略组态的专用窗口和工具箱。运行策略的建立，使系统能够按照设定的顺序和条件，操作实时数据库，控制用户窗口的打开、关闭以及设备构件的工作状态，从而实现对系统工作过程精确控制及有序调度管理的目的。通过对 MCGS 嵌入版组态软件运行策略的组态，用户可以自行组态完成大多数复杂工程项目的监控软件，而不需要完成烦琐的编程工作。

2.6.2 运行策略的构造方法

MCGS 嵌入版的运行策略由八种类型的策略组成，每种策略都可完成一项特定的功能，而每一项功能的实现又以满足指定的条件为前提(八种类型的策略除了启动方式各不相同外，其功能没有本质的区别)。每一个“条件—功能”实体构成策略中的一行，被称为策略行，每种策略由多个策略行构成。运行策略的这种结构形式类似于 PLC 系统的梯形图编程语言，但更加图形化、更加面向对象化，所包含的功能比较复杂，实现过程则相当简单。

策略行中的条件部分和功能部分以独立的形式存在，策略行中的条件部分为策略条件部件，功能部分为策略构件。MCGS 嵌入版提供了“策略工具箱”，用户只需从工具箱中选用标准构件，配置到“策略组态”窗口内，即可创建用户所需的策略块。

2.6.3 运行策略的类型

根据运行策略的不同作用和功能，MCGS 嵌入版把运行策略分为启动策略、退出策略、循环策略、报警策略、事件策略、热键策略、用户策略及中断策略八种。每种策略都由一系列功能模块组成。MCGS 嵌入版运行策略窗口中的"启动策略""退出策略"和"循环策略"为系统固有的三个策略块，其余的则由用户根据需要自行定义，每个策略都有自己的专用名称，MCGS 嵌入版系统的各个部分通过策略的名称对策略进行调用和处理。

1. 启动策略

启动策略为系统固有策略，在 MCGS 嵌入版系统开始运行时自动被调用一次。"启动策略属性"设置界面如图 2-23 所示。

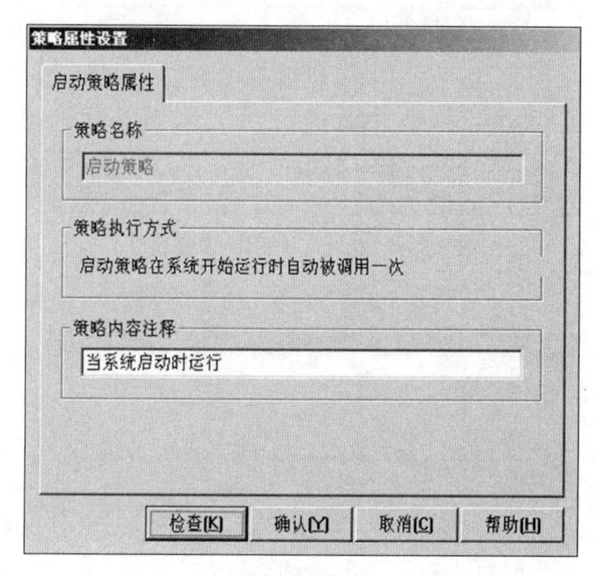

图 2-23 "启动策略属性"设置界面

(1) 策略名称：启动策略的名字，由于系统必须有一个启动策略，所以此名字不能改变。

(2) 策略内容注释：为策略添加文字说明。当系统启动时运行。

2. 退出策略

退出策略为系统固有策略，在退出 MCGS 嵌入版系统时自动被调用一次。"退出策略属性"设置界面如图 2-24 所示。

(1) 策略名称：退出策略的名字，由于系统必须有一个退出策略，所以此名字不能改变。

(2) 策略内容注释：为策略添加文字说明。在系统退出前运行。

3. 循环策略

循环策略为系统固有策略，也可以由用户在组态时创建，在 MCGS 嵌入版系统运行时按照设定的时间循环运行。在一个应用系统中，用户可以定义多个循环策略。"循环策略属性"设置界面如图 2-25 所示。

(1) 策略名称：循环策略的名称，一个应用系统必须有一个循环策略。

(2) 策略执行方式：按设定的时间间隔循环执行，直接用毫秒(ms)来设置循环时间。

默认时间为60000ms,进行根据项目需要可以调整。

(3) 策略内容注释:为策略添加文字说明。按照设定的时间循环进行。

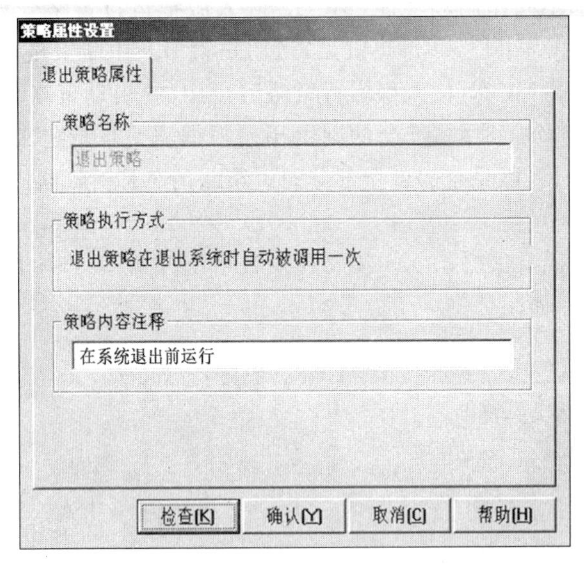

图 2-24 “退出策略属性”设置界面

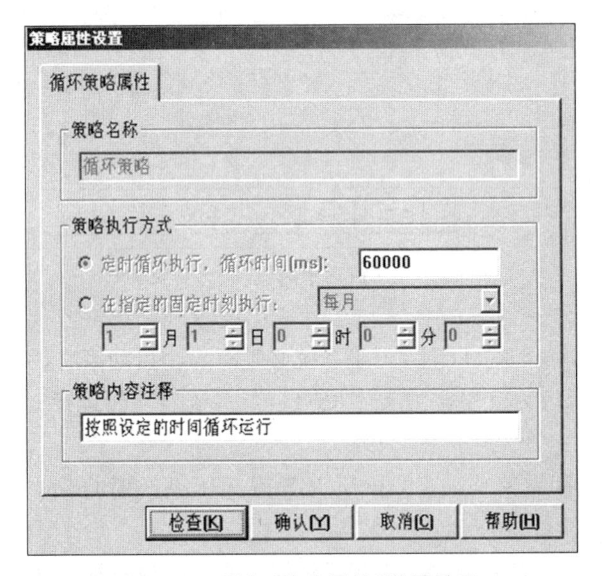

图 2-25 “循环策略属性”设置界面

4. 报警策略

报警策略由用户在组态时创建,当指定数据对象的某种报警状态产生时,报警策略被系统自动调用一次。“报警策略属性”设置界面如图 2-26 所示。

(1) 策略名称:报警策略的名称。

(2) 策略执行方式有以下三种。

① 对应数据对象:用于与实时数据库的数据对象进行连接。

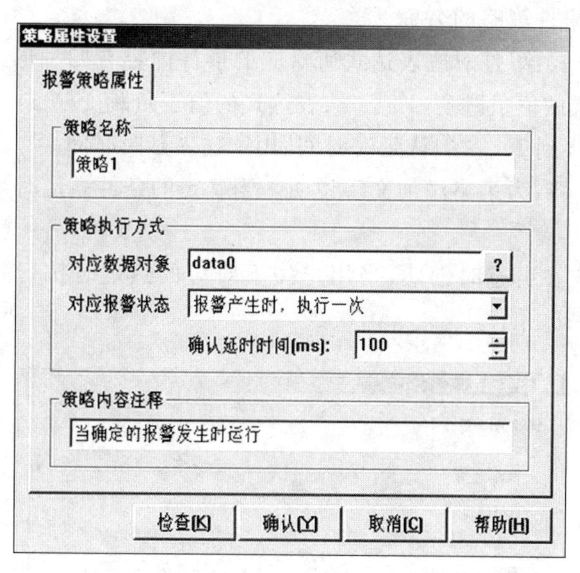

图 2-26　“报警策略属性”设置界面

② 对应报警状态：对应的报警状态有三种——报警发生时执行一次，报警结束时执行一次，报警应答时执行一次。

③ 确认延时时间：当报警发生时，延时一定时间后，再检查数据对象是否还处于报警状态，如是，则条件成立，报警策略被系统自动调用一次。

(3) 策略内容注释：为策略添加文字说明。当确定的报警发生时运行。

5. 事件策略

事件策略由用户在组态时创建，当对应表达式的某种事件状态产生时，事件策略被系统自动调用一次。“事件策略属性”设置界面如图 2-27 所示。

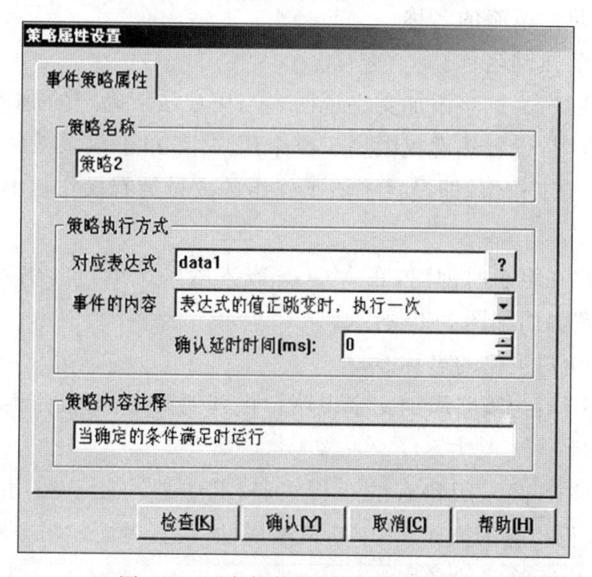

图 2-27　“事件策略属性”设置界面

(1) 策略名称：事件策略的名称。

(2) 策略执行方式：事件对应表达式所对应的事件内容有四种形式，即表达式的值正跳变(0 到 1)、表达式的值负跳变(1 到 0)、表达式的值正负跳变(0 到 1 再到 0)、表达式的值负正跳变(1 到 0 再到 1)。“确认延时时间”用于输入延时时间。

(3) 策略内容注释：为策略添加文字说明。当确定的条件满足时运行。

6. 热键策略

热键策略由用户在组态时创建，当用户按下对应的热键时执行一次。“热键策略属性”设置界面如图 2-28 所示。

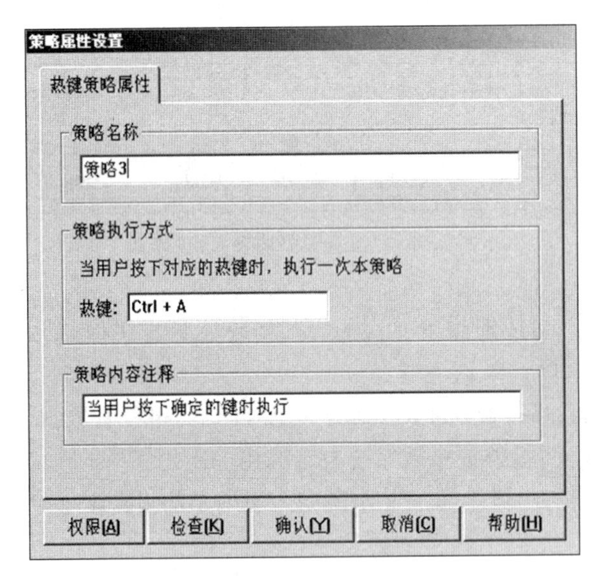

图 2-28 “热键策略属性”设置界面

(1) 策略名称：热键策略的名称。

(2) 热键：对应的热键名称。

(3) 策略内容注释：为策略添加文字说明。当用户按下确定的键时执行。

(4) 热键策略权限：设置热键权限属于哪个用户组，单击权限按钮将弹出权限设置对话框，选择列表框中的工作组，即设置了该工作组的成员拥有操作热键的权限。

7. 用户策略

用户策略由用户在组态时创建，在 MCGS 嵌入版系统运行时供系统其他部分调用。“用户策略属性”设置界面如图 2-29 所示。

(1) 策略名称：用户策略的名称。

(2) 策略内容注释：为策略添加文字说明。供其他策略、按钮和菜单等使用。

8. 中断策略

中断策略是 MCGS 嵌入版特有的运行策略，其主要功能是在用户设定的中断发生时，调用该策略以执行相应的操作。“中断策略属性”设置界面如图 2-30 所示。

(1) 策略名称：中断策略的名称。

(2) 策略挂接中断号：选择相应的中断号(1～15)。

(3) 策略内容注释:为策略添加文字说明。当确定的中断发生时运行。

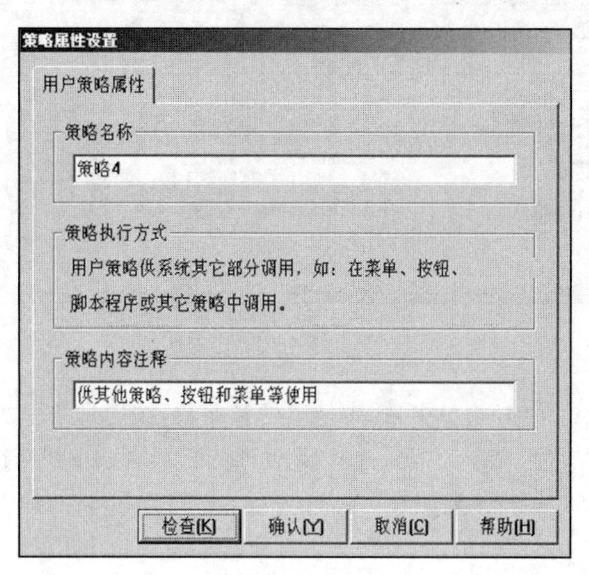

图 2-29 “用户策略属性”设置界面

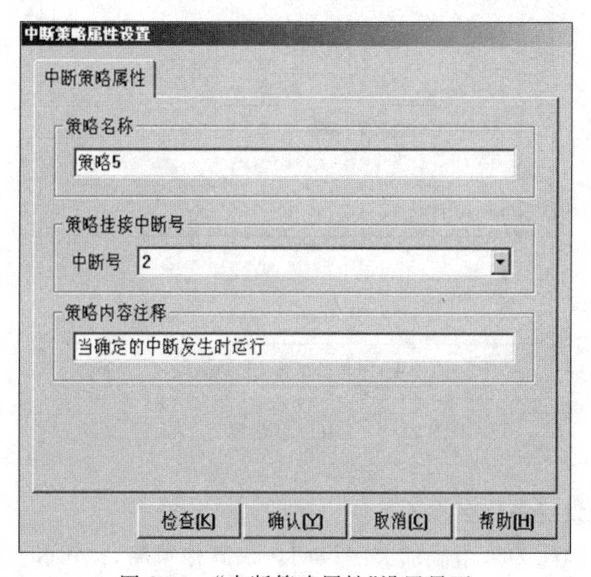

图 2-30 “中断策略属性”设置界面

2.6.4 运行策略的创建

在工作台“运行策略”窗口中,单击“新建策略”按钮,即可新建一个用户策略块(窗口中会增加一个策略块按钮),默认名称定义为“策略×”(×为区别各个策略块的数字代码)。在未做任何组态配置之前,运行策略窗口包括三个系统固有的策略块,新建的策略块只是一个空的结构框架,具体内容须由用户设置。“运行策略”界面如图 2-31 所示。

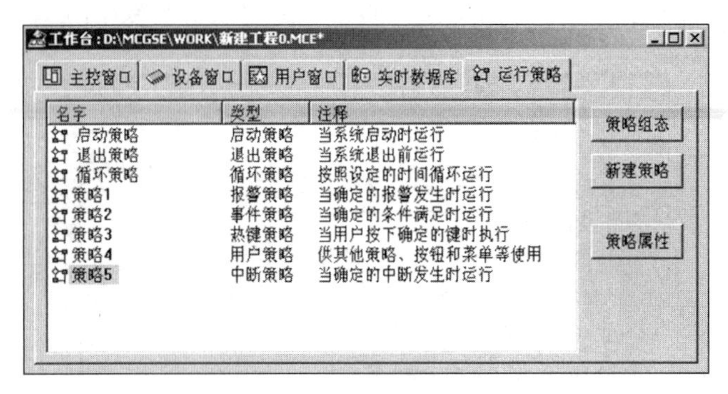

图 2-31 “运行策略”界面

在工作台的“运行策略”窗口中，选中指定的策略块，按工具条中的“属性”按钮，执行“编辑”菜单中的“属性”命令，右击，选择“属性”命令，或者按下快捷键 Alt+Enter，即可弹出如图 2-32 所示的“用户策略属性”界面。

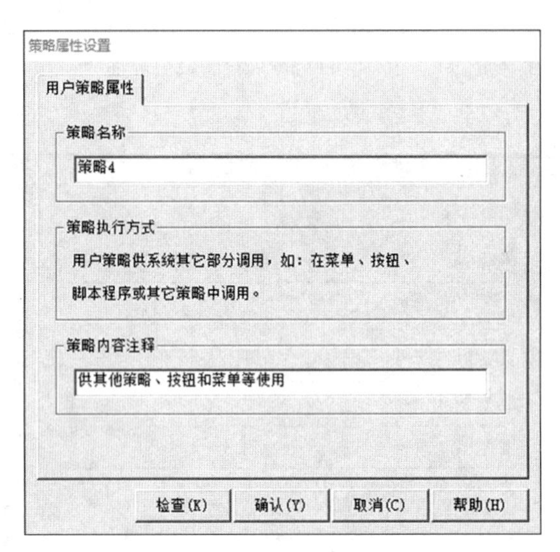

图 2-32 “用户策略属性”界面

(1) 策略名称：设置策略名称。

(2) 策略内容注释：为策略添加文字说明。供其他策略、按钮和菜单等使用。

系统固有的三个策略块，其名称是专用的，不能修改，也不能被系统其他部分调用，只能在运行策略中使用。对于循环策略块，还需要设置循环时间或设置策略的运行时刻。

2.7 MCGS 嵌入版组态软件的脚本程序

2.7.1 脚本程序简介

脚本程序是组态软件中的一种内置编程语言。组态软件引入脚本程序功能，提升了组态软件处理复杂组态问题的能力，使得组态软件更加具有生命力——这就是语言的力量。中华文化上下五千年，生生不息，离不开我们的语言，这也是每一位炎黄子孙引以为豪的瑰宝。触摸屏通过使用脚本语言，能够增强系统的灵活性，解决常规组态方法难以解决的问题。MCGS嵌入版脚本程序被封装在脚本程序功能构件中，由独立的线程运行和处理。

脚本程序及其语言要素和基本语句

在MCGS嵌入版中，脚本语言是一种语法类似于Basic的编程语言。脚本程序可以应用在运行策略中，把整个脚本程序作为一个策略功能块执行，也可以在动画界面的事件中执行。

脚本程序编辑环境是用户编写脚本语句的地方，主要由脚本程序编辑框、编辑功能按钮、脚本语句和表达式、MCGS嵌入版操作对象列表和函数列表四个部分构成。

（1）脚本程序编辑框用于编写脚本程序和脚本注释，用户必须遵照MCGS嵌入版规定的语法结构和书写规范书写脚本程序，否则无法通过语法检查。

（2）编辑功能按钮提供了文本编辑的基本操作，用户使用这些操作可以方便操作和提高编辑速度。

（3）脚本语句和表达式列出了MCGS嵌入版使用的三种语句的书写形式和MCGS嵌入版允许的表达式类型。单击要选用的语句和表达式符号按钮，在脚本编辑处光标所在的位置填上语句或表达式的标准格式。例如，单击 IF~THEN 按钮，则MCGS嵌入版自动提供一个IF-THEN结构，并将输入光标停留在合适的位置。

（4）MCGS嵌入版操作对象列表和函数列表，以树状结构列出工程中所有的窗口、策略、设备、变量，以及系统支持的各种方法、属性和函数，以供用户快速查找和使用。

2.7.2 脚本程序语言要素

在MCGS嵌入版中，脚本程序使用的语言非常类似于普通的Basic语言，本节将对脚本程序的语言要素进行详细说明。

1. 脚本程序数据类型

（1）MCGS嵌入版脚本语言使用的数据类型只有三种。

（2）开关型：表示开或者关的数据类型，通常0表示关，非0表示开，也可以作为整数使用。

（3）数值型：值为－38～38。

（4）字符型：由最多512个字符组成的字符串。

2. 脚本程序的变量、常量及系统函数

（1）变量：在脚本程序中，用户不能定义子程序和子函数，其中，数据对象可以被视作脚本程序中的全局变量，可供所有程序段使用。可以用数据对象的名称来读写数据对象的值，也可以对数据对象的属性进行操作。

开关型、数值型、字符型三种数据对象分别对应脚本程序中的三种数据类型。在脚本程序中，不能对组对象和事件型数据对象进行读写操作，但可以对组对象进行存盘处理。

（2）常量包括以下四种类型。

① 开关型常量：0或非0的整数，通常0表示关，非0表示开。

② 数值型常量：带小数点或不带小数点的数值，如15.23或100。

③ 字符型常量：双引号内的字符串，如“OK”“正常”。

④ 系统变量：MCGS 嵌入版系统定义的内部数据对象作为系统内部变量，在脚本程序中可自由使用，在使用系统变量时，变量的前面必须加 $ 符号，如 $Date。

(3) 系统函数：MCGS 嵌入版系统定义的内部函数，在脚本程序中可自由使用，在使用系统函数时，函数的前面必须加“!”符号，如!abs()。

(4) 表达式：由数据对象(包括设计者在实时数据库中定义的数据对象、系统内部数据对象和系统函数)、括号和各种运算符组成的运算式被称为表达式，表达式的计算结果被称为表达式的值。

当表达式中包含逻辑运算符或比较运算符时，表达式的值只可能为 0(条件不成立，假)或非 0(条件成立，真)，这类表达式被称为逻辑表达式；当表达式中只包含算术运算符，表达式的运算结果为具体的数值时，这类表达式被称为算术表达式；常量或数据对象是狭义的表达式，这些单个量的值即为表达式的值。表达式值的类型即为表达式的类型，必须是开关型、数值型、字符型三种类型中的一种。

表达式是构成脚本程序的最基本元素，在 MCGS 嵌入版的组态过程中，也常常需要通过表达式来建立实时数据库对象与其他对象的连接关系，正确输入和构造表达式是 MCGS 嵌入版的一项重要内容。

3. 脚本程序的运算符

(1) 算术运算符：∧(乘方)、*(乘法)、/(除法)、\(整除)、+(加法)、-(减法)、Mod(取模运算)。

(2) 逻辑运算符：AND(逻辑与)、NOT(逻辑非)、OR(逻辑或)、XOR(逻辑异或)。

(3) 比较运算符：＞(大于)、＞＝(大于或等于)、＝(等于)、＜＝(小于或等于)、＜(小于)、＜＞(不等于)。

(4) 运算符的优先级：各个运算符按照优先级从高到低的顺序排列如下：( )、∧、*、/、\、Mod、+、-、＜、＞、＜＝、＞＝、＝、＜＞、NOT、AND、OR、XOR。

2.7.3 脚本程序基本语句

由于 MCGS 嵌入版的脚本程序是用来实现某些多分支流程的控制及操作处理的，因此其中包括几种最简单的语句：赋值语句、条件语句、退出语句和注释语句。同时，为了实现一些高级的循环和遍历功能，还提供了循环语句。所有脚本程序都可由这 5 种语句组成，当需要在一个程序行中包含多条语句时，各条语句之间须用“:”分开，程序行也可以是没有任何语句的空行。大多数情况下，一个程序行只包含一条语句，也可以根据需要在赋值程序行的一行中放置多条语句。

1. 脚本程序的赋值语句

赋值语句的形式为

数据对象＝表达式。

赋值号用＝表示，是指把赋值号右侧表达式的运算值赋给左侧的数据对象。赋值号左侧必须是能够读写的数据对象，如开关型数据、数值型数据以及能进行写操作的内部数据对象，而组对象、事件型数据对象、只读的内部数据对象、系统函数以及常量，均不能出现在赋值号的左侧,因为不能对这些对象进行写操作。

赋值号的右侧为表达式,表达式的类型必须与左侧数据对象值的类型一致,否则系统会提示"赋值语句类型不匹配"的错误信息。

2. 脚本程序的条件语句

条件语句有如下三种形式。

```
(1) IF 表达式 THEN 赋值语句或退出语句
(2) IF 表达式 THEN
      语句
    ENDIF
(3) IF 表达式 THEN
      语句
    ELSE
      语句
    ENDIF
```

条件语句中的四个关键字 IF、THEN、ELSE、ENDIF 不区分大小写。如果拼写不正确,检查程序会提示出错信息。

条件语句允许多级嵌套,即条件语句中可以包含新的条件语句,MCGS 脚本程序的条件语句最多可以有 8 级嵌套,为编写具有多分支流程的控制程序提供了方便。

3. 脚本程序的循环语句

循环语句为 While 和 EndWhile,其结构为

```
While 条件表达式
...
EndWhile
```

当条件表达式成立时(非 0),循环执行 While 和 EndWhile 之间的语句,直到条件表达式不成立(为 0)时退出。

4. 脚本程序的退出语句

退出语句为 Exit,用于中断脚本程序的运行,停止执行其后面的语句。一般在条件语句中使用退出语句,以便在某种条件下,终止并退出脚本程序的执行。

5. 脚本程序的注释语句

以单引号"'"开头的语句叫作注释语句,注释语句在脚本程序中只起到注释说明的作用,在实际运行时,系统不对注释语句做任何处理。

2.8 组态软件的安全机制

2.8.1 MCGS 嵌入版组态软件安全机制

在工业过程控制中,应该避免出现由于现场人为误操作引发的故障或事故,因为某些误操作的后果有可能是致命性的。为了防止这类事故的发生,MCGS 嵌入版提供了一套完善的安全机制,严格限制各类操作的权限,使不具备操作资格的人员无法进行操作,从

而避免现场操作的任意性和无序状态，防止误操作干扰系统的正常运行，甚至导致系统瘫痪，造成不必要的损失。

MCGS嵌入版引入了安全管理功能，实现了系统对用户的管理，提升了系统运行的安全性，同时能够保护开发人员的劳动成果。安全对个人、企业、国家都是至关重要的，应时刻保持安全意识。

MCGS嵌入版提供了一套完善的安全机制，用户能够自由组态控制按钮和退出系统的操作权限，只允许有操作权限的操作员对某些功能进行操作。MCGS嵌入版还提供了工程密码功能，来保护使用MCGS嵌入版开发所得的成果，开发者可利用这些功能保护自己的合法权益。

MCGS嵌入版系统的操作权限机制和Windows NT类似，采用用户组和用户的概念进行操作权限的控制。可以在MCGS嵌入版中定义多个用户组，每个用户组可以包含多个用户，同一个用户可以隶属于多个用户组。操作权限的分配是以用户组为单位进行的，即只有用户组有操作某项功能的权限，而某个用户能否对这项功能进行操作，取决于该用户所在的用户组是否具备对应的操作权限。

MCGS嵌入版系统按用户组来分配操作权限的机制，使用户能方便地建立各种多层次的安全机制。例如，实际应用中的安全机制一般涉及操作员组、技术员组、负责人组的划分。操作员组的成员一般只能进行简单的日常操作；技术员组负责工艺、参数等功能的设置；负责人组能对重要的数据进行统计分析。各组的权限各自独立，但某用户可能因工作需要，要能进行所有操作，这时只需将该用户同时设为隶属于三个用户组即可。

2.8.2 定义用户和用户组

在MCGS嵌入版组态环境中，选择“工具”菜单中的“用户权限管理”菜单项，弹出如图2-33所示的“用户管理器”窗口。

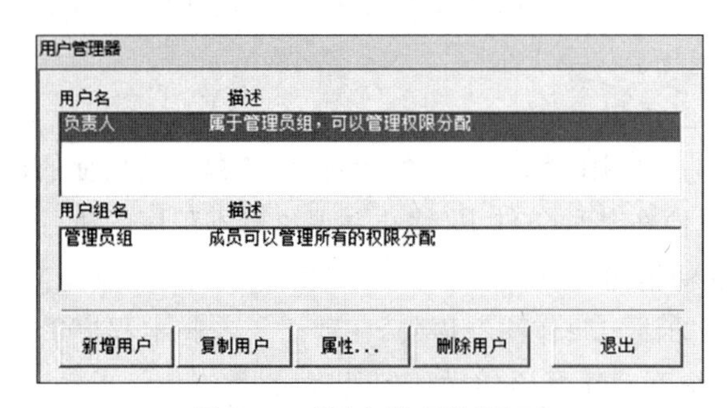

图2-33 “用户管理器”界面

在MCGS嵌入版中，有一个固定的名为“管理员组”的用户组和一个名为“负责人”的用户，它们的名称不能修改。管理员组中的用户有权在运行时管理所有权限分配工作，管理员组的这些特性是由MCGS嵌入版系统决定的，其他所有用户组都没有这些权限。

“用户管理器”界面上半部分为已建用户的用户名列表，下半部分为已建用户组的名称列表。当单击用户名列表时，对话框底部显示的按钮是“新增用户”“复制用户”“删除用户”等对用户进行操作的按钮；当单击用户组列表时，在对话框底部显示的按钮是“新增用户组”“删除用户组”等对用户组进行操作的按钮。单击“新增用户”按钮，则弹出“用户属性设置”对话框，在该对话框中，用户对应的密码需要输入两遍，用户隶属的用户组在下面的列表框中选择。当在“用户管理器”界面中单击“属性...”按钮时，会弹出同样的界面，可以修改用户密码和所属的用户组，但不能修改用户名。

单击“新增用户组”按钮可以添加新的用户组，当选中一个用户组时，会出现“用户组属性设置”界面，如图 2-34 所示。在该窗口中可以选中该用户组包含的用户。

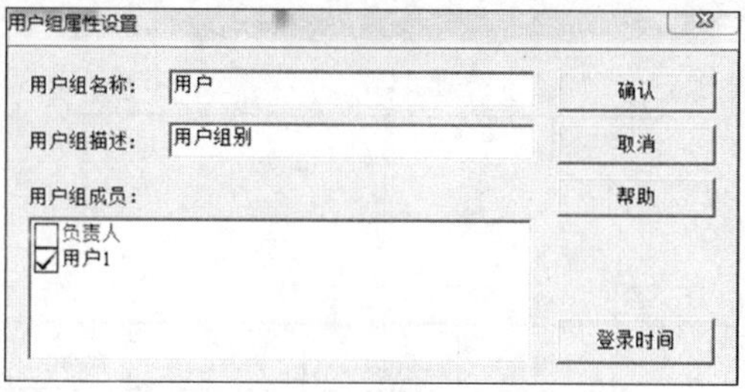

图 2-34 “用户组属性设置”界面

单击“新增用户”按钮，可以添加新的用户名，当选中一个用户时，会出现“用户属性设置”界面，如图 2-35 所示。在该窗口中可以选择该用户隶属于哪个用户组。

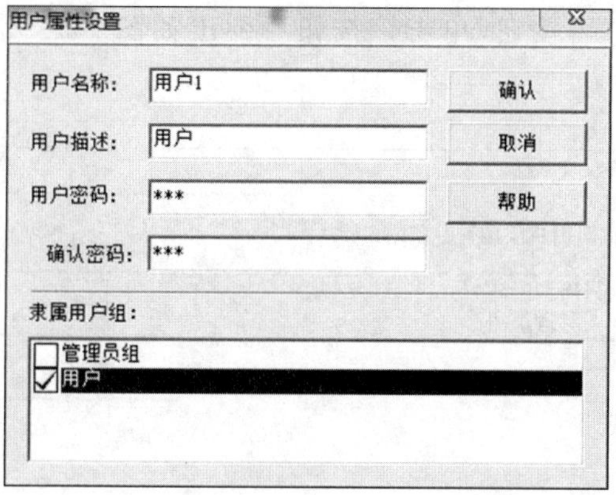

图 2-35 “用户属性设置”界面

2.8.3 系统权限管理

为了保证工程安全，让工程系统稳定可靠地工作，防止与工程系统无关的人员进入或退出工程系统，MCGS 嵌入版系统提供了对工程运行时进入和退出工程的权限管理。打开 MCGS 嵌入版组态环境，在主控窗口中单击“系统属性”按钮，进入“主控窗口属性设置”窗口，选择“基本属性”选项卡，如图 2-36 所示。

单击“权限设置”按钮，设置工程系统的运行权限，同时设置系统进入和退出时是否需要用户登录，共有四种组合：“进入不登录，退出登录”“进入登录，退出不登录”“进入不登录，退出不登录”“进入登录，退出登录”。通常情况下，退出 MCGS 嵌入版系统时，系统会弹出该界面。

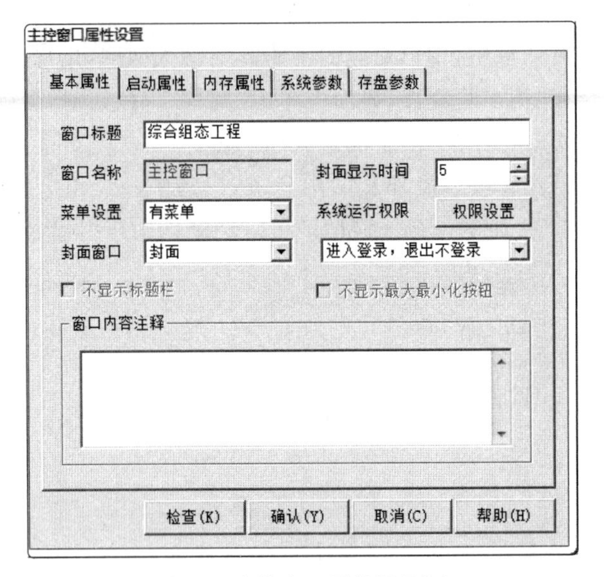

图 2-36 “主控窗口属性设置”窗口

1. 操作权限设置

当 MCGS 嵌入版对应的动画功能可以设置操作权限时，在“主控窗口属性设置”窗口中都有对应的“权限设置”按钮，单击该按钮后弹出如图 2-37 所示的“用户权限设置”窗口。

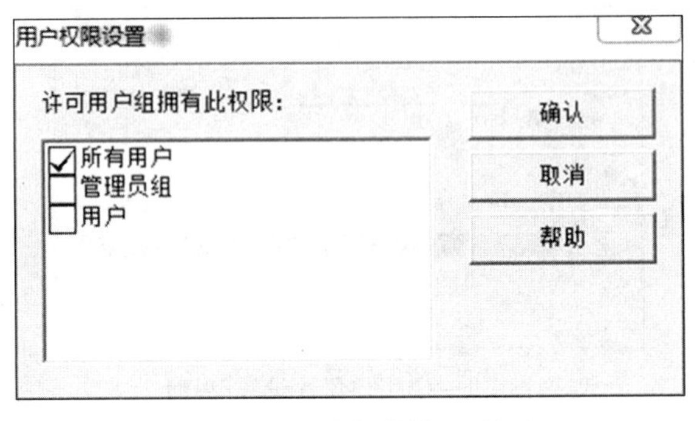

图 2-37 “用户权限设置”界面

作为默认设置，能对某项功能进行操作的是所有用户。如果不进行权限设置，则权限机制不起作用，所有用户都能对其进行操作。在用户权限设置窗口中，勾选对应的用户组，则该组内的所有用户都能对该项功能进行操作。

2. 运行时改变操作权限设置

MCGS 嵌入版组态软件的用户操作权限在运行时才体现出来。某个用户在进行操作之前先要进行登录，登录成功后该用户才能进行相应的操作；完成操作后退出登录，使操作权限失效。用户登录、退出登录和运行时，修改用户密码和用户管理等功能都需要在组态环境中进行一定的组态工作。在脚本程序的使用中，MCGS 嵌入版提供的四个内部函数可以完成上述工作。

(1) 进入登录函数!LogOn():在脚本程序中执行该函数,弹出MCGS嵌入版“用户登录”界面,如图2-38所示。从用户名下拉列表框中选取要登录的用户名,在密码输入框中输入对应的密码,然后按回车键或单击“确定”按钮。如输入正确,则登录成功;否则,会弹出对应的提示信息。单击“取消”按钮则停止登录。

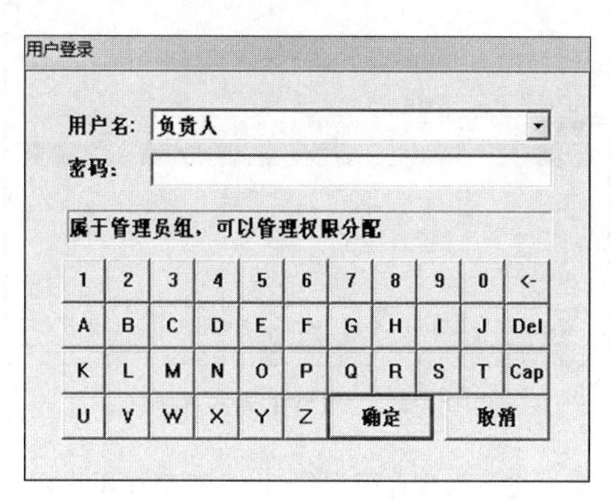

图2-38 “用户登录”界面

(2) 退出登录函数!LogOff():在脚本程序中执行该函数,则弹出“用户退出登录”对话框,需要输入用户名和密码,两者都正确才能成功退出。

(3) 修改密码函数!ChangePassword():在脚本程序中执行该函数,则弹出“改变用户密码”对话框,如图2-39所示。先输入旧密码,再输入两遍新密码,单击“确定”按钮即可完成当前登录用户的密码修改工作。

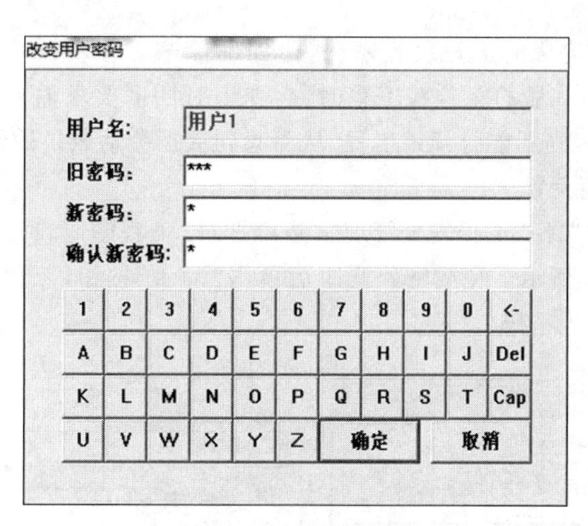

图2-39 用户密码修改界面

(4) 用户管理函数!Editusers():在脚本程序中执行该函数,弹出“用户管理器”界面,允许在运行时增加、删除用户或修改用户的密码和用户隶属的用户组。

注意:只有在当前登录的用户属于管理员组时,该功能才有效。运行时不能增加、删除或修改用户组的属性。“用户管理器”窗口如图2-40所示。

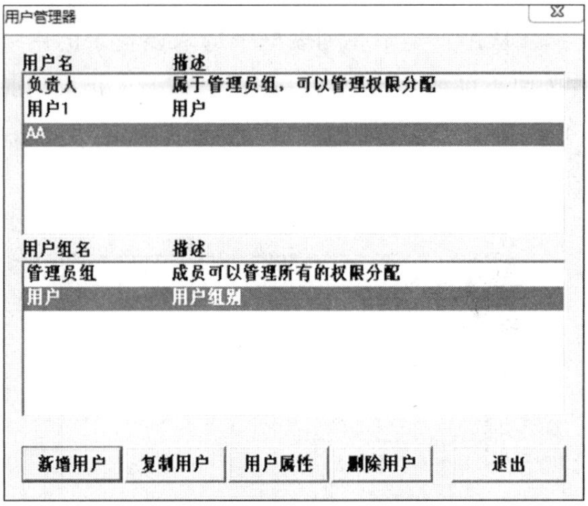

图 2-40 “用户管理器”界面

在实际工程中，当需要进行操作权限控制时，一般都在用户窗口中增加四个按钮：登录用户、退出登录、修改密码、用户管理。在每个按钮属性窗口的“脚本程序”编辑窗口中分别输入函数，运行时就可以通过这些按钮来进行登录等工作了。

2.8.4 工程安全管理

使用 MCGS 嵌入版组态软件“工具”菜单中“工程安全管理”菜单项的功能，可以实现对工程项目进行各种保护的功能。该菜单项包含工程密码设置。

1. 工程密码

给正在组态或已完成的工程设置密码，比如确保该工程不被其他人打开、使用或修改。当使用 MCGS 嵌入版打开这些工程时，会弹出对话框要求输入工程密码，如图 2-41 所示。如密码不正确，则不能打开该工程，从而起到保护劳动成果的作用。

2. 工程密码属性设置

在“工具”菜单中选择“工程安全管理”，然后选择“工程密码设置”，会弹出“修改工程密码”界面，如图 2-42 所示。完成密码修改后单击“确认”按钮，工程加密即可生效，下次打开该工程时需要输入密码。

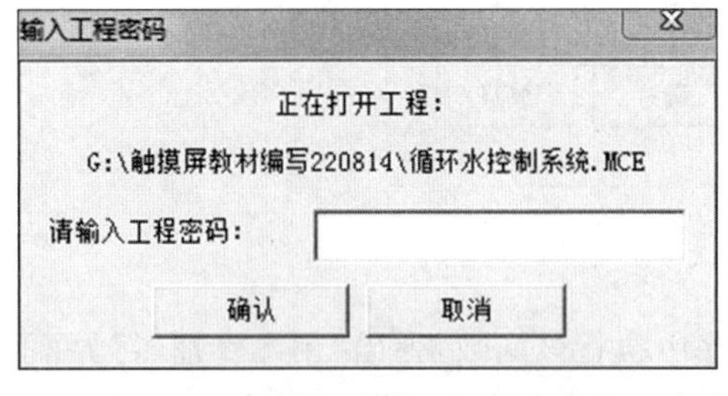

图 2-41 “输入工程密码”界面

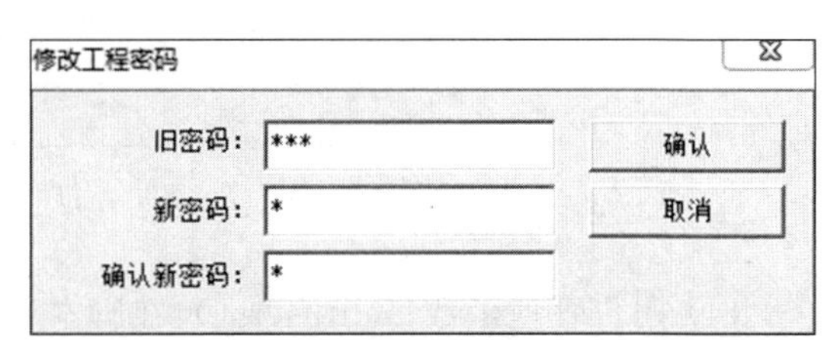

图 2-42 “修改工程密码”界面

本章要点总结

本章主要从主控窗口、设备窗口、用户窗口、实时数据库、运行策略、脚本程序和安全机制等方面详细介绍 MCGS 嵌入版的构成和各自功能。主控窗口主要实现项目的菜单设计、工程属性设置；设备窗口实现工程设备的添加、连接设备变量和注册设备驱动等功能；用户窗口用来创建动画显示、设置报警等功能窗口，从而实现人机交互界面；实时数据库用来定义数据和变量；运行策略采用脚本程序编写控制流程；安全机制功能保证项目的安全运行和用户的劳动成果。

知识能力拓展

针对深圳昆仑通态科技有限公司触摸屏产品做一个调研，完成但不限于表 2-1 和表 2-2 所示内容。

表 2-1　深圳昆仑通态科技有限公司产品型号及参考价格一览表

序号	1	2	3	4	5	6	7	8	备注
触摸屏型号									
参考价格									

表 2-2　深圳昆仑通态科技有限公司触摸屏参数一览表

项　目		参　数	项　目		参　数
产品特性	液晶屏		外部接口	串行接口	
	背光类型			USB 接口	
	显示颜色			以太网口	
	分辨率		环境条件	工作温度	
	显示高度			工作湿度	
	触摸屏类型			存储温度	
	输入电压			存储湿度	
	额定功率		产品规格	机壳材料	
	处理器			外壳颜色	
	内存			外观尺寸/mm	
	系统存储			机柜开孔/mm	
	组态软件		产品认证	产品认证	
无线扩展	Wi-Fi 接口			防护等级	
	4G 接口			电磁兼容	

课后习题

1. MCGS 嵌入版有哪些特点？
2. MCGS 嵌入版由哪些部分构成？每个部分主要完成什么功能？
3. 编写脚本程序应该注意哪些事项？
4. MCGS 嵌入版有哪些安全管理措施？
5. MCGS 嵌入版有哪些动画构件？

第2篇　中级应用

第 3 章 MCGS 嵌入版组态软件安装与工程下载

【知识目标】

(1) 了解 MCGS 嵌入版组态软件的特点。

(2) 了解 MCGS 嵌入版组态软件的安装要求。

(3) 掌握 MCGS 嵌入版组态软件的构成。

(4) 掌握 MCGS 嵌入版组态软件的下载配置。

【能力目标】

(1) 能够在计算机上正确安装 MCGS 嵌入版组态软件。

(2) 会配置 MCGS 嵌入版的下载参数。

(3) 会撰写 MCGS 嵌入版组态软件的安装与工程下载设计总结报告。

(4) 通过 MCGS 嵌入版组态软件的特点,学习技术开发人员的工匠精神——敬业、精益、专注、创新,实现设备国产化,提升学生对我国制造业的信心和爱国情怀,培养学生民族自豪感。

项目概述

1. 项目描述

要完成 MCGS 触摸屏工程的开发,首先需要在计算机上正确安装 MCGS 嵌入版组态软件。MCGS 嵌入版组态软件安装完成后,根据工程需求,在软件平台上进行项目的开发。项目组态完成后,正确配置下载参数才能将项目下载至触摸屏或者 MCGS 嵌入版组态软件模拟运行环境。

MCGS 嵌入版组态工程步骤

2. 项目目标

完成 MCGS 嵌入版组态软件在计算机上的安装和下载参数配置。

在计算机上正确安装 MCGS 嵌入版组态软件后,桌面会出现如图 3-1 所示的快捷方式。根据项目下载实际需求,正确配置下载参数,"下载配置"界面如图 3-2 所示。

图 3-1 MCGS 嵌入版组态软件快捷方式

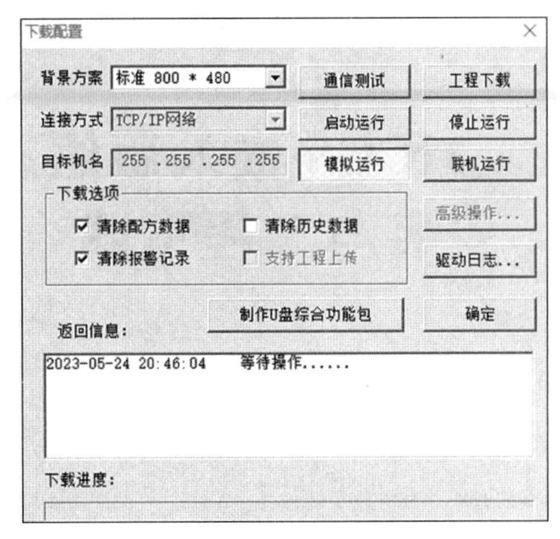

图 3-2 “下载配置”界面

3. 项目设备

能够正常工作的计算机 1 台。

项目实施

1. MCGS 嵌入版组态软件的安装

MCGS 嵌入版组态软件是专为微软 Windows 系统设计的 32 位和 64 位应用软件，可以运行于 Windows XP 或 Windows 7 及以上版本的操作系统中，其模拟环境同样运行在 Windows XP 或 Windows 7 及以上版本的操作系统中。MCGS 嵌入版组态软件的运行环境需要运行在 Windows CE 嵌入式实时多任务操作系统的触摸屏上。MCGS 嵌入版组态软件的具体安装步骤如下。

(1) 启动 Windows 操作系统，在相应的存储空间内找到安装源程序。

(2) 双击应用程序 Setup，将出现 MCGS 嵌入版组态软件版本界面，之后出现组态软件欢迎界面，如图 3-3 所示。

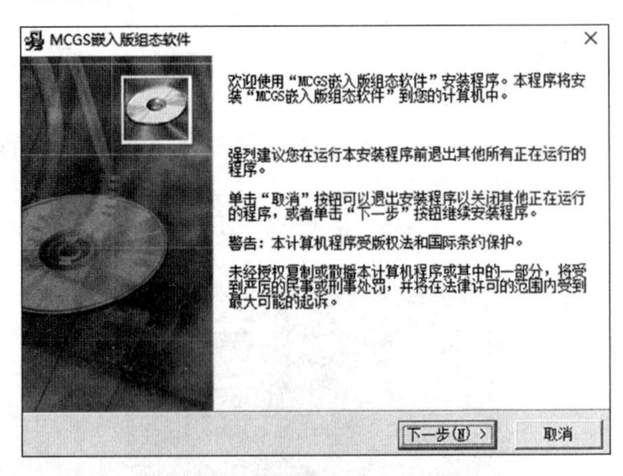

图 3-3 MCGS 嵌入版组态软件版本界面

(3) 单击“下一步”按钮，安装程序将显示“自述文件”安装界面，用户可以了解安装的组态软件的版本号、发布日期、查看帮助等信息，如图 3-4 所示。

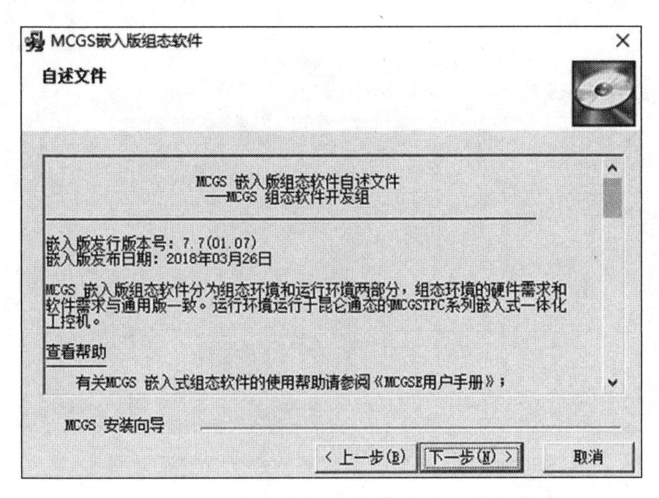

图 3-4 MCGS 嵌入版组态软件自述文件安装界面

(4) 单击“下一步”按钮，系统会提示用户指定安装路径，如果用户没有指定，系统将使用默认安装路径 D:\MCGSE，建议使用默认安装目录，如图 3-5 所示。

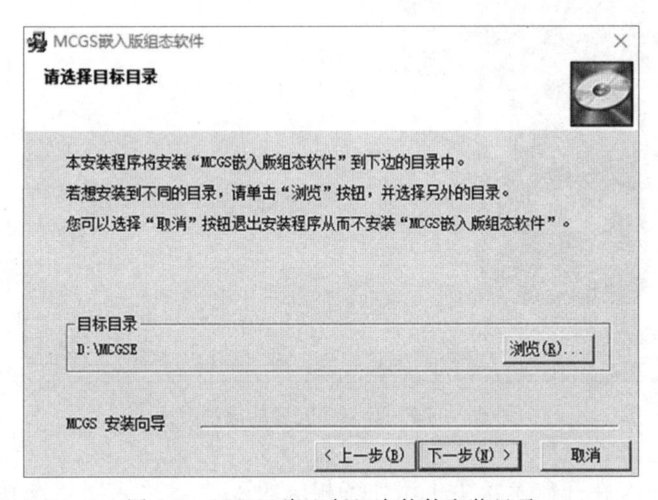

图 3-5 MCGS 嵌入版组态软件安装目录

(5) 单击“下一步”按钮，进入准备安装软件界面，如图 3-6 所示。

(6) 单击“下一步”按钮，软件进入安装过程，这个过程将会持续数分钟。

(7) 在安装过程中，系统会提示安装驱动程序，单击“下一步”按钮，驱动程序将开始安装。驱动程序安装完成后，弹出安装成功对话框，单击“完成”按钮，结束软件安装，如图 3-7 所示。

安装完成后，Windows 操作系统的桌面上会增加如图 3-1 所示的两个图标，分别用于启动 MCGS 嵌入版组态环境和模拟运行环境。

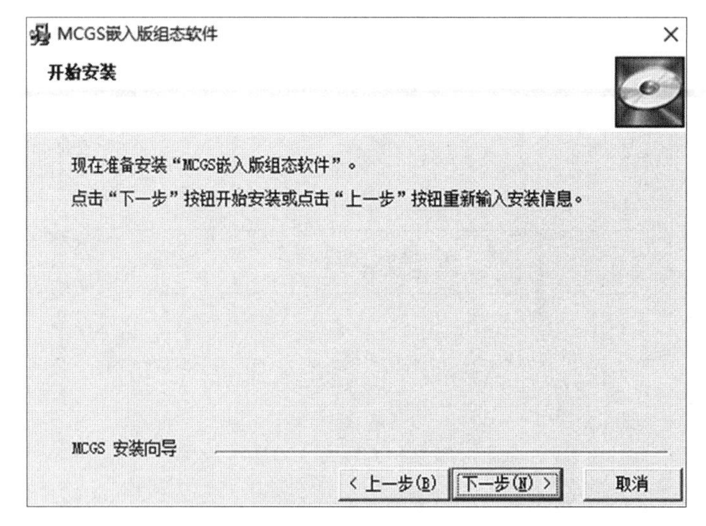

图 3-6　MCGS 嵌入版组态软件准备安装界面

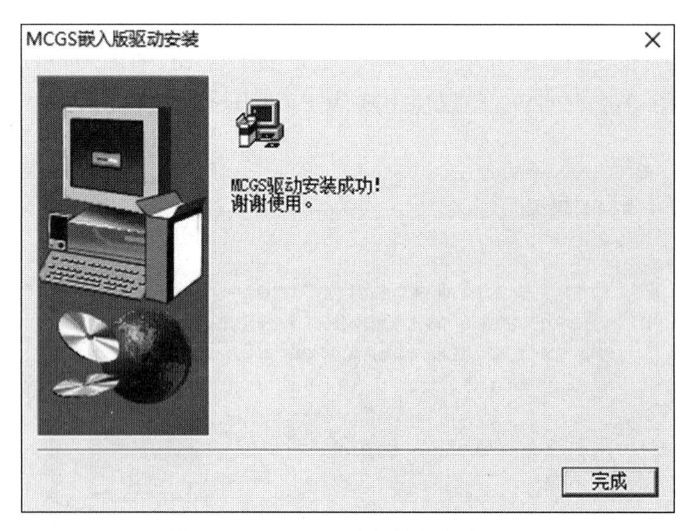

图 3-7　MCGS 驱动安装的成功界面

同时，Windows 在开始菜单中也添加了相应的 MCGS 嵌入版组态软件程序组，此程序组包括五项内容：MCGSE 组态环境、MCGSE 模拟环境、MCGSE 自述文件、MCGSE 电子文档以及卸载 MCGS 嵌入版。MCGSE 组态环境是嵌入版的组态环境；MCGSE 模拟环境是嵌入版的模拟运行环境；MCGSE 自述文件描述了软件发行时的最新信息；MCGSE 电子文档则包含了有关 MCGS 嵌入版组态软件的最新帮助信息。

安装完成后，在用户指定的安装目录下(默认目录 D:\MCGSE)，会出现三个子文件夹：Program、Samples、Work。在 Program 子文件夹中，可以看到 CEEMU. exe 和 McgsSetE. exe 两个应用程序，以及 MCGSECE. X86、MCGSCE、ARMV4 文件。其中，McgsSetE. exe 是运行嵌入版组态环境的应用程序，CEEMU. exe 是运行模拟运行环境的应用程序，MCGSECE. X86、MCGSCE 和 ARMV4 是嵌入版运行环境的执行程序，分别对应

x86类型的CPU和ARM类型的CPU,通过组态环境中下载对话框的高级功能下载到下位机中运行,是下位机中实际运行环境的应用程序。Samples文件夹中存放的是样例工程,用户组态的工程将默认保存在Work文件夹中。

相比国外的组态软件,MCGS嵌入版组态软件安装过程简单,安装持续时间短;软件占用存储空间小,运行速度快,功能强大。这是国产组态软件的骄傲,这也是我国当前制造业水平的一个缩影。

2. MCGS嵌入版组态软件的下载

MCGS嵌入版组态软件包括组态环境、运行环境、模拟运行环境三部分。文件McgsSetE.exe对应于组态环境,文件McgsCE.exe对应于运行环境,文件CEEMU.exe对应于模拟运行环境。组态环境和模拟运行环境安装在用户计算机中;运行环境安装在下位机触摸屏中。组态环境是用户组态工程的平台。模拟运行环境可以在PC上模拟工程的运行情况,用户可以不必连接下位机,对工程进行检查。运行环境是下位机真正的运行环境。

MCGS组态环境的进入方法:双击桌面上的"MCGSE组态环境"快捷图标,进入MCGS嵌入版的组态环境界面,如图3-8所示。图中显示的是组态软件自带的演示工程。当组态好一个工程后,可以在上位机的模拟运行环境中试运行,以检查该工程是否符合组态要求。也可以将工程下载到触摸屏中,在实际环境中运行。下载新工程到触摸屏时,如果新工程与旧工程不同,将不会删除磁盘中的存盘数据;如果是相同的工程,但同名组对象结构不同,则会删除改组对象的存盘数据。

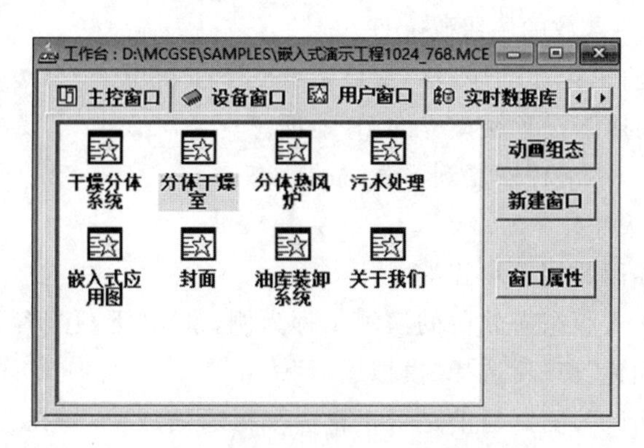

图3-8　MCGS嵌入版的组态环境界面

在组态环境下选择工具菜单中的"下载配置",将弹出"下载配置"界面,如图3-2所示。

1)"下载配置"界面的说明

"背景方案"用于设置模拟运行环境屏幕的分辨率。用户可根据需要选择。这里有八个选项可供选择,分别为"标准320×240""标准640×480""标准800×600""标准1024×768""晴空320×240""晴空640×480""晴空800×600"和"晴空1024×768"。系统会根据选择的触摸屏型号来确定运行环境屏幕的分辨率大小。

"连接方式"用于设置计算机与触摸屏的连接方式,包括两个选项:"TCP/IP网络"指通过TCP/IP网络连接,下方显示目标机名输入框,用于指定触摸屏下位机的IP地址;

“USB通信”指通过串口通信电缆连接。

下面简要介绍功能按钮。

(1) 通信测试:用于测试通信情况。

(2) 工程下载:用于将工程下载到模拟运行环境或下位机的运行环境中。

(3) 启动运行:启动嵌入式系统中的工程运行。

(4) 停止运行:停止嵌入式系统中的工程运行。

(5) 模拟运行:工程在模拟运行环境下运行。

(6) 联机运行:工程在实际的触摸屏中运行。

(7) 高级操作:在联机运行状态下单击“高级操作”按钮,将弹出如图3-9所示的界面。

图3-9 下载配置的“高级操作”界面

① 获取序列号:获取TPC的运行序列号,每一台TPC都有一个唯一的序列号,以及一个标明运行环境可用点数的注册码文件。

② 下载注册码:将已存在的注册码文件下载到下位机中。

③ 设置IP地址:用于设置触摸屏的IP地址。

④ 复位工程:用于将工程恢复到下载时的状态。

⑤ 退出:退出高级操作。

2)“下载配置”界面的相关步骤

下面以MCGS嵌入版组态软件的演示工程为例,说明“下载配置”界面的操作步骤。

(1) 打开“下载配置”窗口,选择“模拟运行”。

(2) 单击“通信测试”,测试通信是否正常。如果通信成功,将在“返回信息”框中显示“通信测试正常”,同时弹出“模拟运行环境”窗口。此窗口打开后,将以最小化形式,在任务栏中显示。如果通信失败,将在“返回信息”框中显示“通信测试失败”。

(3) 单击“工程下载”,将工程下载到模拟运行环境中。如果工程正常下载,将提示“工程下载成功!”。

(4) 单击“启动运行”,模拟运行环境启动,模拟环境最大化显示,即可看到工程正在运行,如图3-10所示。

(5) 单击“下载配置”界面中的“停止运行”按钮,或者单击“模拟运行环境”窗口中的“停止”按钮,工程将停止运行;单击“模拟运行环境”窗口中的“关闭”按钮,关闭窗口。

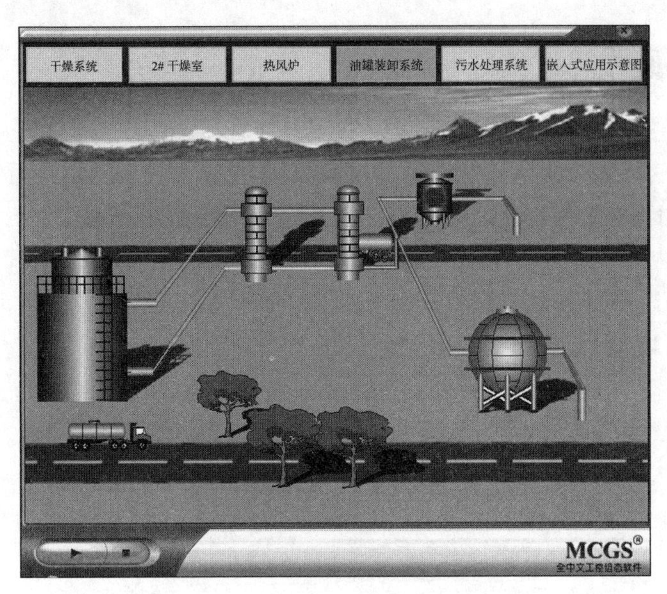

图 3-10　模拟运行环境界面

本章要点总结及评价

1. 本章要点总结

本章主要介绍了 MCGS 嵌入版组态软件的具体安装步骤，以及软件安装后，出现在指定安装目录下的三个文件夹的作用。本章还介绍了 MCGS 嵌入版组态软件下载配置对话框的参数，并实现了演示工程的下载和运行。

本章内容完成后，需要撰写 MCGS 嵌入版组态软件安装与工程下载项目总结报告。撰写项目总结报告是工程技术人员在项目开发过程中必须具备的能力。项目总结报告应包括摘要、目录、正文、附录等。其中，正文部分一般包括总体设计思路、硬件需求、程序设计思路、仿真结果、系统综合运行结果、调试及结果分析等。

2. 本章知识学习效果评价

本章的评价指标及评价内容在评价体系中所占分值、自评、互评及教师评价在本章考核成绩中的比例如表 3-1 所示。

表 3-1　考核评价体系表

序号	评价指标	评 价 内 容	分值	自评（30%）	互评（30%）	教师评价（40%）
1	理论知识	掌握 MCGS 嵌入版组态软件的安装要求	10			
2		掌握 MCGS 嵌入版组态软件的组成部分	10			
3	项目实施	能实现 MCGS 嵌入版组态软件的安装	25			
4		能实现项目的下载	25			
5	答辩汇报	撰写项目总结报告，对项目所涵盖的知识点比较熟悉	30			

知识能力拓展

1. 应用软件安装在计算机上以后，尝试卸载已经安装的 MCGS 嵌入版组态软件。

2. 在做组态项目开发时，开发人员需要反复将项目下载至模拟运行环境中，进行项目的调试。当项目调试到满足要求后，需要将项目下载至触摸屏中。这时，需要在下载配置界面设置计算机与触摸屏的连接方式，选择“TCP/IP 网络”或者“USB 通信”。若选择“TCP/IP 网络”，下载配置界面如图 3-11 所示。“目标机名”为触摸屏的 IP 地址，需要根据触摸屏的实际 IP 地址进行设置，否则项目将下载失败。

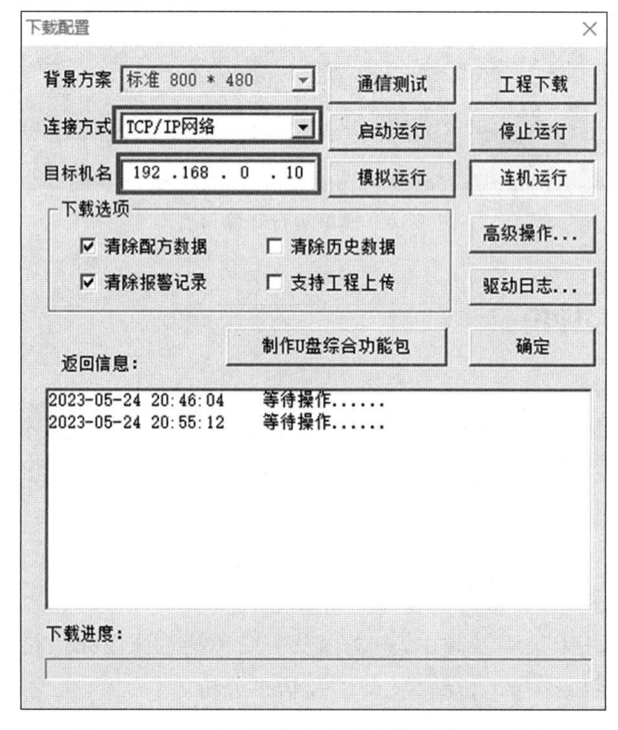

图 3-11 TCP/IP 网络方式对应的下载配置界面

课后习题

1. 简述 MCGS 嵌入版组态软件的安装步骤。

2. 简述 MCGS 嵌入版组态软件的下载配置对话框操作步骤。

第4章　MCGS触摸屏与外围设备的连接

【知识目标】

（1）掌握MCGS触摸屏设备窗口组态。

（2）掌握博图软件工程建立。

【能力目标】

（1）能够实现触摸屏、计算机和西门子PLC三者的以太网通信。

（2）能够实现触摸屏和外围端子同时对指示灯的控制。

（3）会撰写MCGS触摸屏与西门子PLC设备连接设计总结报告。

（4）通过实现计算机、触摸屏和PLC三者的组网通信，知悉21世纪是万物互联的时代，需要强大的网络技术进行支撑。目前，我国在5G通信领域全球领先，这为物物互联提供了可能。认识到通信的重要性，以及建立网络强国的重要性。

项目概述

1. 项目描述

在自动化控制领域，触摸屏与PLC配合应用较为常见，需要进行触摸屏和PLC物理连接和通信。不同型号的触摸屏和PLC支持的通信方式有所不同。该项目选用的触摸屏和PLC能够同时支持以太网通信，只需用一根网线便能轻松实现通信。

2. 项目目标

正确配置计算机、触摸屏和PLC的IP地址，实现三者的以太网通信。分别在组态软件和博图软件中建立工程，实现外围端子和触摸屏能够同时控制输出线圈。触摸屏组态界面如图4-1所示。在博图软件中编写的程序如图4-2所示。

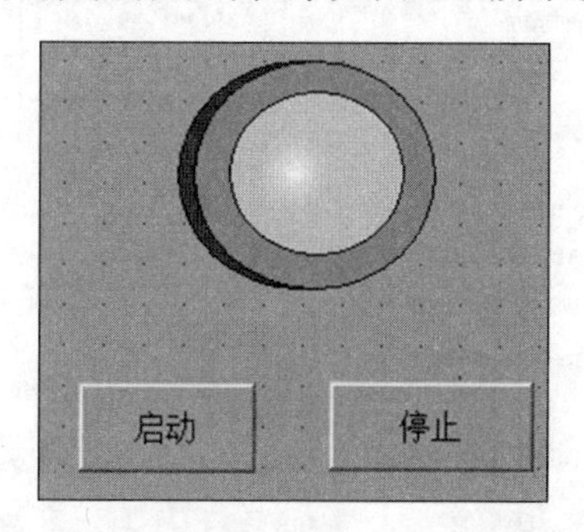

图4-1　MCGS触摸屏组态界面

%I0.0 "Ta g_1"
%I0.1 "Ta g_2"
%M0.1 "Ta g_4"
%Q0.0 "Ta g_3"
%M0.0 "Ta g_5"
%Q0.0 "Ta g_3"

图 4-2 在博图软件中控制程序

3. 项目设备

安装有博图软件和 MCGS 嵌入版组态软件的计算机一台、MCGS 触摸屏一个、西门子 PLC 设备一个、三根网线。

项目实施

触摸屏与西门子 PLC 设备的连接驱动构件，供 MCGS 嵌入版组态软件读写西门子 PLC 设备的各种寄存器中的数据，或将数据写入其中使用。下面以西门子 PLC1200 为例来说明触摸屏与 PLC 的连接过程。

(1) 设备连线。使用网线将计算机、PLC 和触摸屏三者连接起来，并将 PLC 和触摸屏设备连接到电源上，同时给 PLC 的 I0.0、I0.1 端口供电。

(2) 设置计算机的 IP 地址。选择“控制面板”→“网络和 Internet”→“以太网状态”命令，单击“属性”按钮，打开“Internet 协议版本 4(TCP/IPv4)属性”对话框，将 IP 地址设置为 192.168.0.10，将子网掩码设置为 255.255.255.0，如图 4-3 所示。

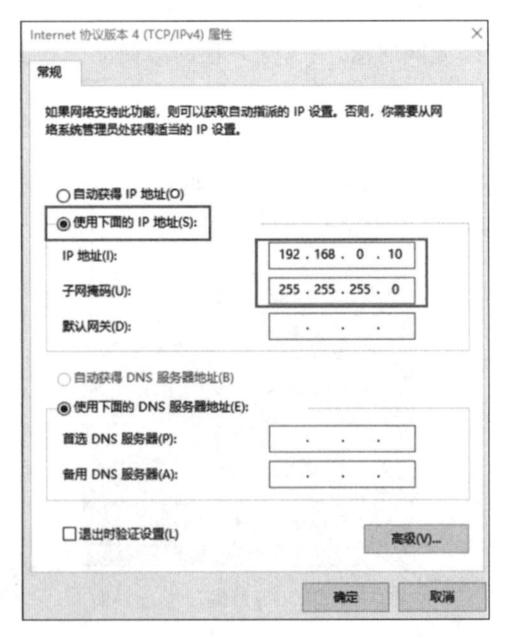

图 4-3 “Internet 协议版本 4(TCP/IPv4)属性”对话框

(3) PLC 设置。打开博图软件，新建一个工程，选择 CPU 型号为 1200，设置 PLC 的 IP 地址为 192.168.0.2。编写程序代码，由 I0.0(M0.0)、I0.1(M0.1)和 Q0.0 构成起保停电路，程序代码如图 4-2 所示，并将程序下载至 PLC。I0.0、I0.1 状态由 PLC 外围端子控制，M0.0 和 M0.1 状态由触摸屏按钮进行控制。打开博图软件，选择"设备组态"，设置 PLC 的"防护与安全"的"连接机制"，勾选连接机制部分的"允许来自远程对象的 PUT/GET 通信访问"，允许外围设备对 CPU 的访问，如图 4-4 所示。

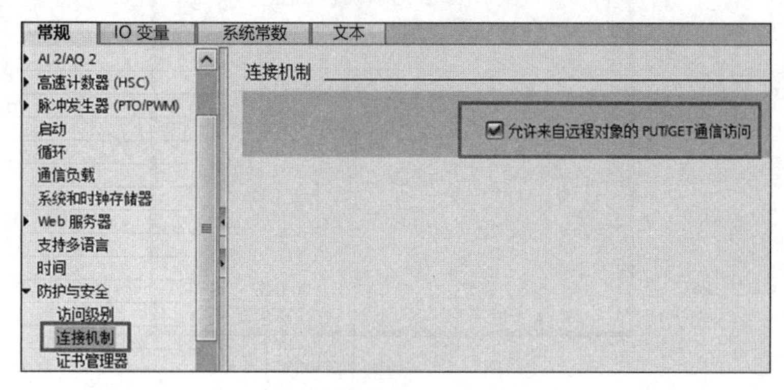

图 4-4　PLC 连接机制设置

(4) 设置触摸屏的 IP 地址。在给触摸屏上电时，不停触摸屏幕，会进入触摸屏启动属性窗口。单击"系统维护"，弹出"系统维护"窗口，选择"设置系统参数"，如图 4-5 所示。在"TPC 系统设置"界面选择"IP 地址"，并将触摸屏的 IP 地址设置为 192.168.0.3，如图 4-6 所示。

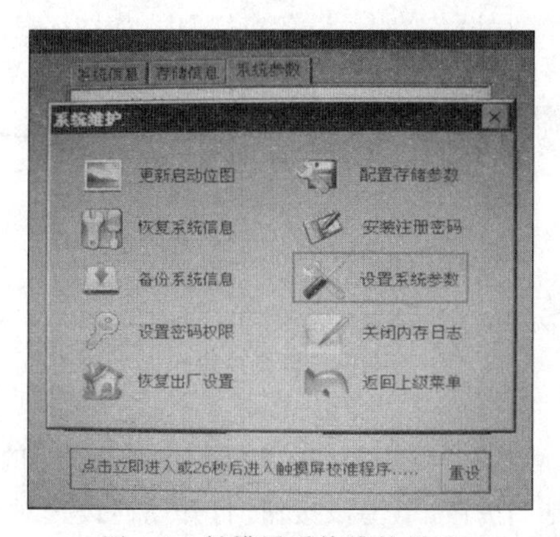

图 4-5　触摸屏系统维护界面

图 4-6　触摸屏 IP 地址设置界面

(5) 打开 MCGS 组态软件并新建一个项目，选择触摸屏类型为 TPC7062Ti，如图 4-7 所示。

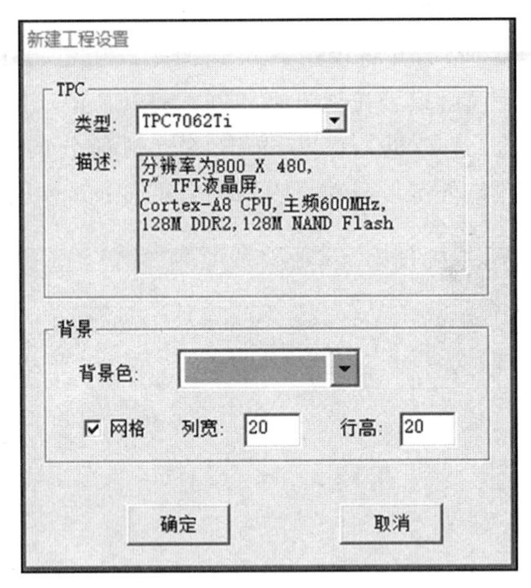

图 4-7 新建工程设置

(6) 单击菜单中的“文件”，选择“工程另存为”，将工程命名为“PLC1200 连接示例”，并保存在安装目录 Work 文件夹中。

(7) 在实时数据库中新建三个开关型变量，并分别将其命名为“启动”“停止”和“指示灯”。

(8) 在设备窗口，将西门子 PLC1200 的驱动程序添加到设备工具箱，然后将西门子 PLC1200 的驱动程序添加到“设备组态：设备窗口”中，如图 4-8 所示。

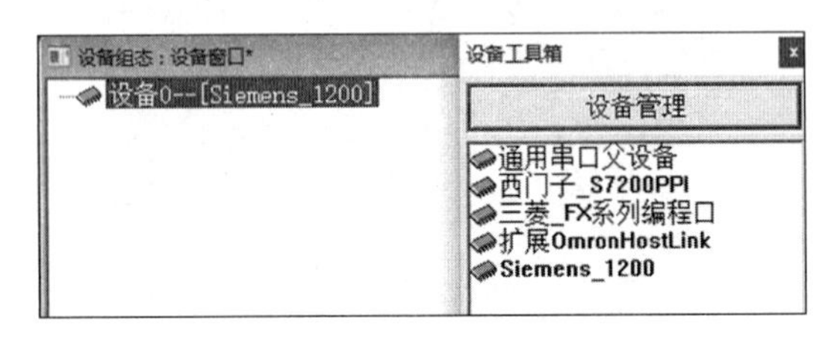

图 4-8 设备窗口组态

(9) 双击“设备 0”，打开设备编辑窗口。单击“内部属性”的设备属性值选项“设置设备内部属性”，这时会出现[...]按钮，单击该按钮，打开属性设置对话框。单击“增加通道”按钮，打开“增加通道”对话框。在这个对话框中，用户可以根据需要设置 PLC 的通道属性。这里，我们选择“M 内部继电器”，数据类型选择“通道的第 00 位”，寄存器地址选择“0”，通道数量选择“2”，如图 4-9 所示。同理，再增加一个“Q 输出继电器”、数据类型选择“通道的第 00 位”，寄存器地址选择“0”，通道数量选择“1”。这时在设备编辑窗口中，就会出现 3 个通道：读写 M0.0、读写 M0.1 和读写 Q0.0。

(10) 实时数据库中的变量与 PLC 通道连接。在设备编辑窗口中，双击“连接变量”所在列中的单元格，分别实现变量“启动”与通道 M0.0 连接，变量“停止”与通道 M0.1 连接，变量“指示灯”与通道 Q0.0 连接，如图 4-10 所示。

增加通道
寄存器类型: M内部继电
数据类型: 通道的第00位
寄存器地址: 0
通道数量: 2
操作方式: 只读 只写 读写
确认
取消

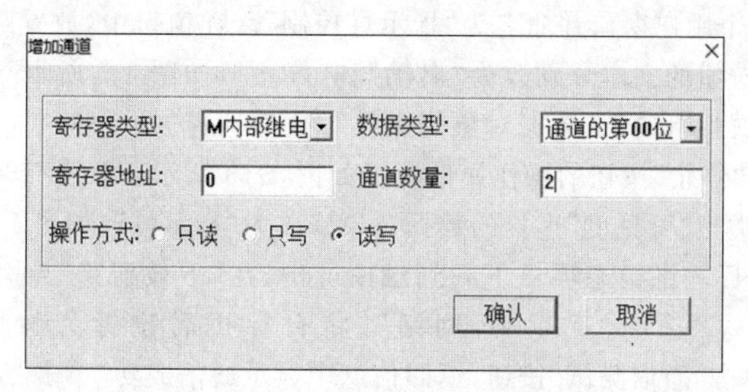

图 4-9　PLC 寄存器通道设置

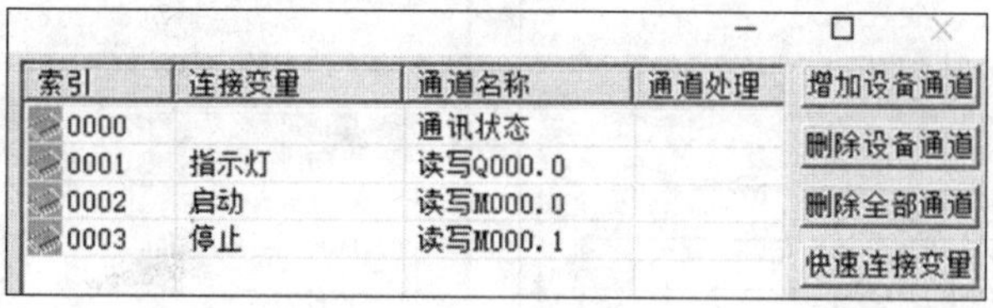

索引
连接变量
通道名称
通道处理
0000
通讯状态
0001
指示灯
读写Q000.0
0002
启动
读写M000.0
0003
停止
读写M000.1
增加设备通道
删除设备通道
删除全部通道
快速连接变量

图 4-10　触摸屏变量与 PLC 寄存器连接

（11）设置 PLC 和触摸屏的 IP 地址。在设备编辑窗口，设置“本地 IP 地址”（触摸屏的 IP 地址）为 192.168.0.3，设置“远端 IP 地址”（PLC1200 的 IP 地址）为 192.168.0.2，如图 4-11 所示。

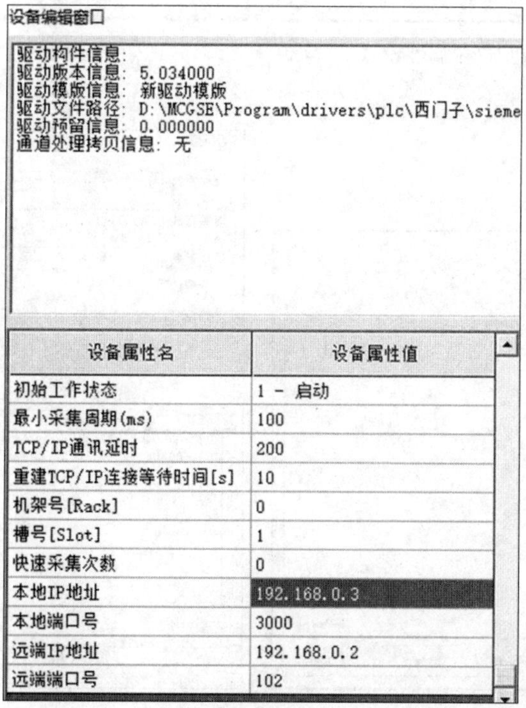

设备编辑窗口
驱动构件信息:
驱动版本信息: 5.034000
驱动模版信息: 新驱动模版
驱动文件路径: D:\MCGSE\Program\drivers\plc\西门子\sieme
驱动预留信息: 0.000000
通道处理拷贝信息: 无
设备属性名
设备属性值
初始工作状态
1 - 启动
最小采集周期(ms)
100
TCP/IP通讯延时
200
重建TCP/IP连接等待时间[s]
10
机架号[Rack]
0
槽号[Slot]
1
快速采集次数
0
本地IP地址
192.168.0.3
本地端口号
3000
远端IP地址
192.168.0.2
远端端口号
102

图 4-11　PLC 和触摸屏的 IP 地址设置

(12) 新建一个用户窗口并命名为“指示灯控制”。在窗口中，放置两个标准按钮和一个指示灯。两个按钮的文本分别改为“启动”和“停止”，如图 4-1 所示。双击打开“启动”按钮，选择“操作属性”，勾选“数据对象值操作”，数值选择“按 1 松 0”，变量选择“启动”，如图 4-12 所示。“停止”按钮的操作属性设置如图 4-13 所示。双击打开指示灯，选择“数据对象”，将连接类型“可见度”连接的数据对象修改为“指示灯”，如图 4-14 所示。

(13) 下载项目。将组态项目下载到触摸屏中，在“下载配置”界面中，选择“连机运行”，将“连接方式”选为“TCP/IP 网络”，将目标机名设置为触摸屏的 IP 地址：192.168.0.3。单击“通信测试”按钮，返回信息中显示通信成功，单击“工程下载”按钮，工程将下载到触摸屏，如图 4-15 所示。

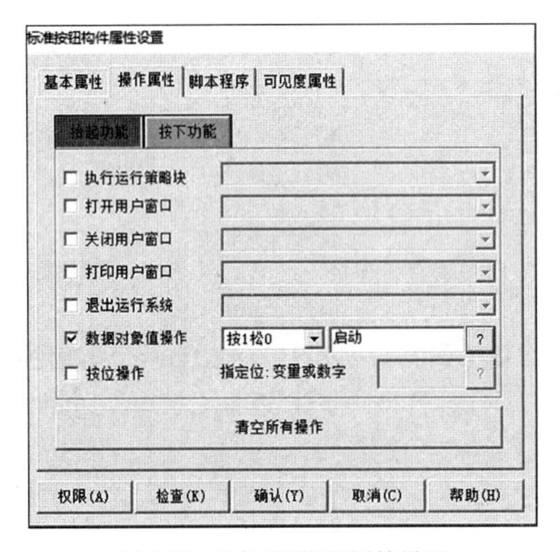

图 4-12 “启动”按钮属性设置

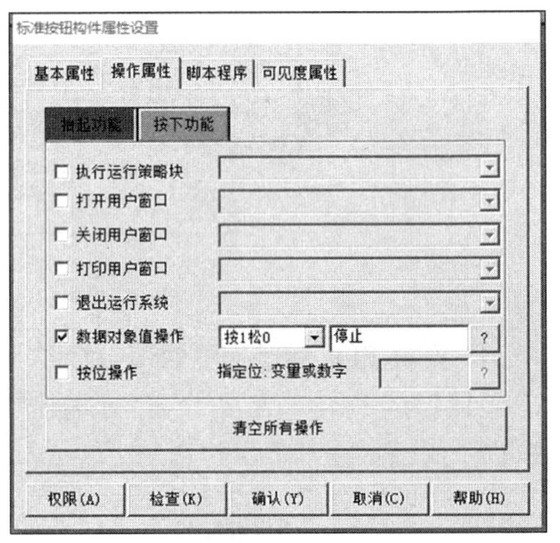

图 4-13 “停止”按钮属性设置

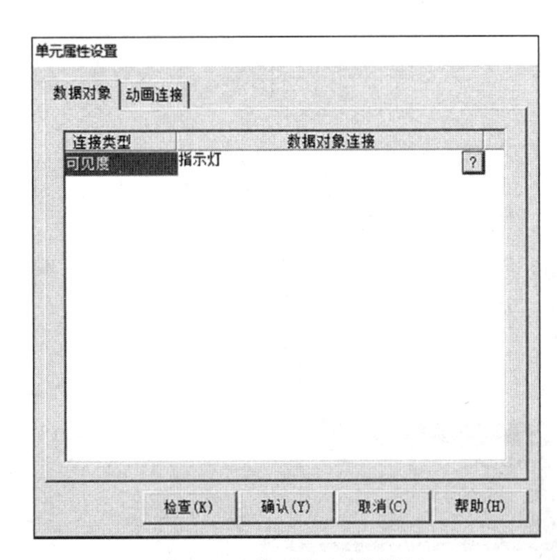

图 4-14 指示灯属性设置

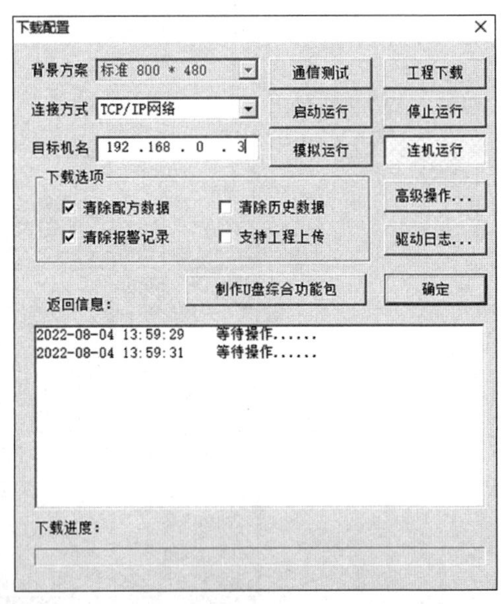

图 4-15 “下载配置”界面

(14) 调试项目。改变 I0.0 和 I0.1 的状态，查看 PLC 上的 Q0.0 状态指示灯，观察触摸屏上指示灯的状态。通过触碰触摸屏上的“启动”和“停止”按钮，查看屏幕上指示灯的状态，以及 PLC 中的 Q0.0 状态指示灯。通过 I0.0 和“启动”按钮，可以启动 Q0.0，打开指示灯；通过 I0.1 和“停止”按钮，可以关闭 Q0.0，关闭指示灯，从而实现触摸屏和西门子 PLC1200 的通信。

本章要点总结及评价

1. 本章要点总结

本章主要介绍了 MCGS 触摸屏和西门子 PLC 设备如何通过以太网建立通信连接，并通过一个示例进行了详细说明。触摸屏和西门子能够实现通信是两者进行信息交换和控制的前提。不同型号的触摸屏和 PLC 支持不同的通信方式，只有正确设置两者的通信参数，才能实现两者的通信。

本章内容完成后需要撰写 MCGS 触摸屏和西门子 PLC 通信连接项目总结报告。撰写项目总结报告是工程技术人员在项目开发过程中必须具备的能力。项目总结报告应包括摘要、目录、正文、附录等。其中，正文部分一般包括总体设计思路、硬件需求、程序设计思路、仿真结果、系统综合运行结果、调试及结果分析等。

2. 本章知识学习效果评价

本章的评价指标及评价内容在评价体系中所占分值、自评、互评及教师评价在本章考核成绩中的比例如表 4-1 所示。

表 4-1　考核评价体系表

序号	评价指标	评价内容	分值	自评(30%)	互评(30%)	教师评价(40%)
1	理论知识	掌握以太网组网 IP 地址分配原则	10			
2		掌握起保停电路	10			
3	项目实施	完成触摸屏项目组态	20			
4		完成 PLC 项目组态	20			
5		完成计算机、触摸屏、PLC 通信	10			
6	答辩汇报	撰写项目总结报告，熟练掌握项目所涵盖的知识点	30			

知识能力拓展

国内常用 PLC 品牌有西门子系列 PLC，如 1200 系列、200Smart、300 系列等，也有三菱系列的 PLC。这些 PLC 中部分支持以太网通信。若支持以太网通信，其设置方式与本章项目类似。若采用其他通信方式，如串口通信，需要进行相关设置。如三菱 FX 系列 PLC，支持串口通信方式，这时需要先在 MCGS 嵌入版的设备窗口添加“通用串口父设备”，然后再添加三菱 FX 系列 PLC，如图 4-16 所示。在项目组态完成后，下载项目时，下载配置界面的“连接方式”选择“USB 通信”，如图 4-17 所示。

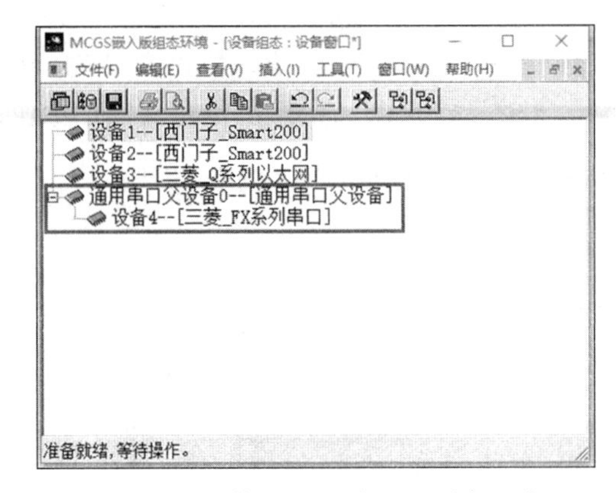

图 4-16　三菱_FX 系列 PLC 设备组态

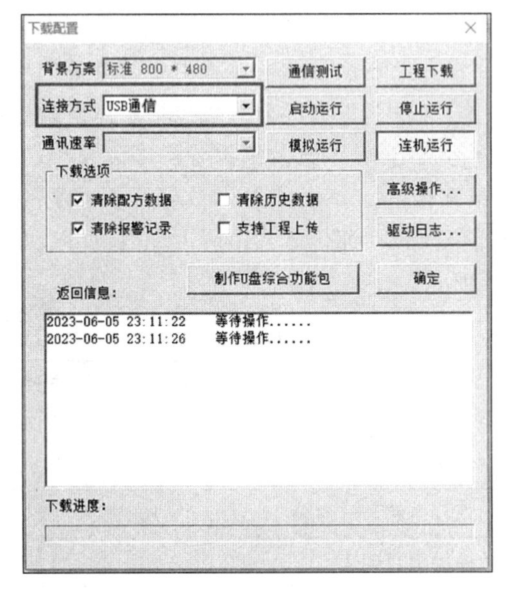

图 4-17　USB 通信的下载配置方式

课后习题

1. 简述实现 MCGS 触摸屏和 PLC 通信连接的步骤。

2. 说明在实现西门子 PLC 和触摸屏连接通信时，需要对博图软件进行哪些参数设置？

第5章 项目案例“点亮一盏灯”

【知识目标】

（1）掌握MCGS嵌入版组态软件工程的创建。

（2）掌握MCGS嵌入版组态软件变量的创建。

（3）熟悉MCGS嵌入版组态软件常用对象组态。

（4）掌握MCGS嵌入版组态软件程序设计。

【能力目标】

（1）能够在MCGS嵌入版组态软件中新建工程。

（2）会新建各种类型的变量。

（3）熟练使用常用对象的组态。

（4）会撰写点亮一盏灯的设计总结报告。

（5）通过点亮一盏灯项目的学习，熟悉MCGS嵌入版组态软件简单项目的开发过程，为后续学习复杂工程打下基础。学习的过程是知识积累的过程。

项目概述

1. 项目描述

指示灯在自动化控制领域是常用的状态输出器件。控制指示灯的方式有多种，该项目介绍了一种根据光标所处区域或位置来控制指示灯的开和关的方法，需要使用Mouse Move功能属性，判断光标所处位置的坐标，从而实现控制目的。

2. 项目目标

新建一个工程，在工程中组态变量、动画界面，根据光标所处位置，控制指示灯的开和关，并实时显示光标的坐标值，组态效果如图5-1所示。

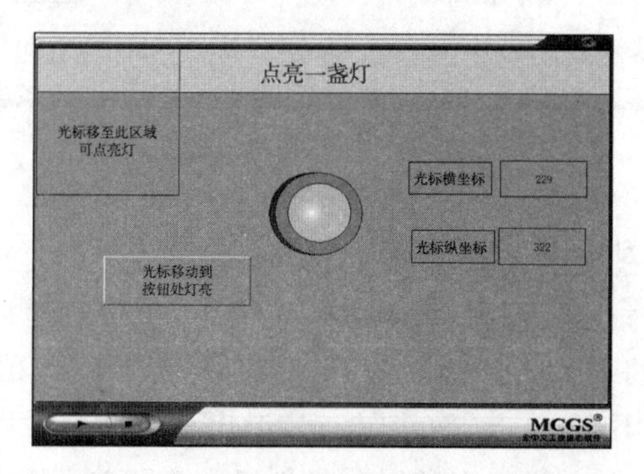

图5-1 “点亮一盏灯”模拟运行效果

单开关与单指示灯的组态示例

3. 项目设备

安装有 MCGS 嵌入版的计算机。

项目实施

1. 新建并保存工程

双击桌面上的“MCGS 组态环境”快捷图标，打开 MGGS 嵌入版组态环境界面，单击工程“新建”按钮🗋或者在“文件”菜单中选择“新建工程”菜单项，弹出“新建工程设置”窗口，选择 TPC7062TD 型号触摸屏，单击“确认”按钮，弹出如图 5-2 所示的界面。

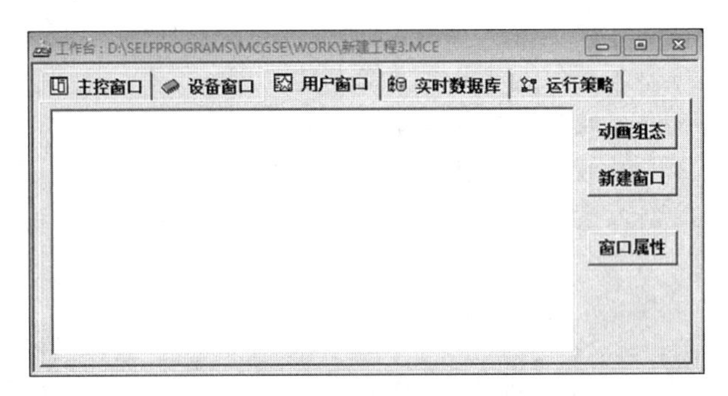

图 5-2　新建工程界面

在“文件”中选择“工程另存为”菜单项，把新建工程另存为“点亮一盏灯 . MCE”，选择文件保存路径，如图 5-3 所示。

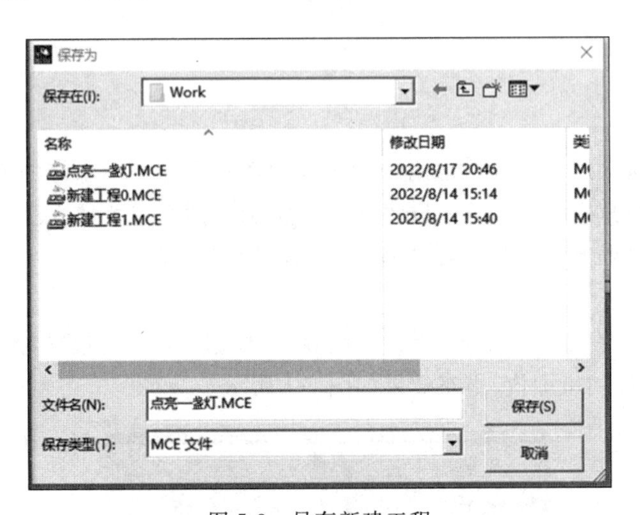

图 5-3　另存新建工程

2. 新建和组态数据对象

在 MCGS 组态工作台，单击“实时数据库”选型卡，单击“成组增加”按钮，弹出“成组增加数据对象”对话框，将对象名称修改为 A，对象类型选择“数值”，起始索引值为 1，增加的个数为 4，其他属性不变，单击“确认”按钮，退出该对话框后则会新创建 4 个数值类型变量，如图 5-4 所示。单击“新增对象”按钮，创建一个开关型对象，名称为 A，其他属性不变。对象的创建结果如图 5-5 所示。

单开关与双指示灯示例

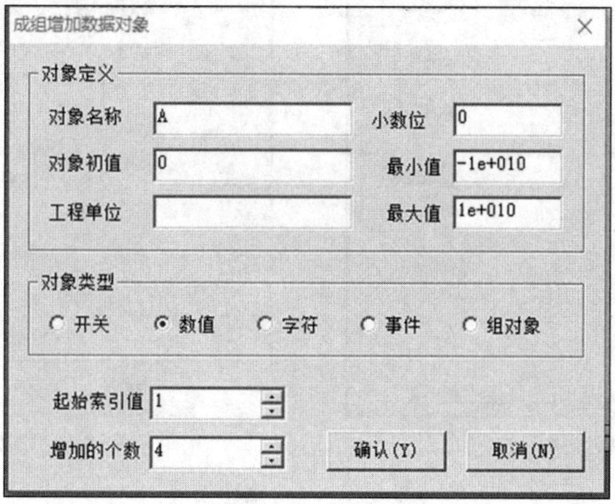

图 5-4　"成组增加数据对象"对话框

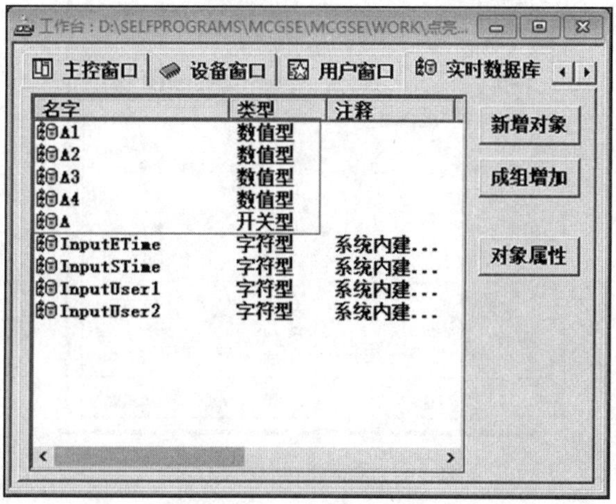

图 5-5　创建新变量效果

3. 新建和组态用户窗口

在 MCGS 组态工作台，选择"用户窗口"选项卡→"新建窗口"命令，新建一个窗口，选中该窗口后右击，在弹出的下拉菜单中单击选择"设置为启动窗口"，如图 5-6(a)所示；单击"窗口属性"按钮，打开"用户窗口属性设置"对话框，选择"基本属性"，将窗口名称修改为"点亮一盏灯"，其他属性保持不变，单击"确认"后退出，如图 5-6(b)所示。

双击打开"点亮一盏灯"窗口，进入"窗口动画"编辑界面。打开"绘图工具箱"，单击选中"矩形"按钮，鼠标将变成十字形，按住鼠标左键并移动鼠标，界面中将出现虚线矩形框；松开鼠标左键，将在该界面绘制一个矩形框。双击该矩形框，打开该矩形框的"动画组态属性设置"对话框，将其填充颜色修改为"浅蓝色 00FFFF"，将边框颜色设置为"黑色 000000"，其他属性采用默认值，如图 5-7 所示。

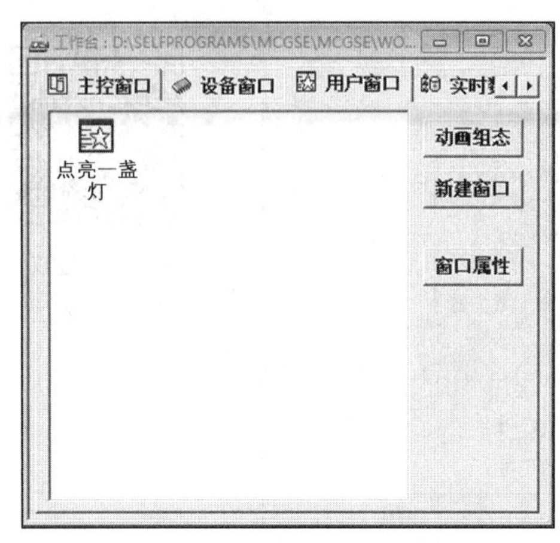

(a) 新建一个窗口

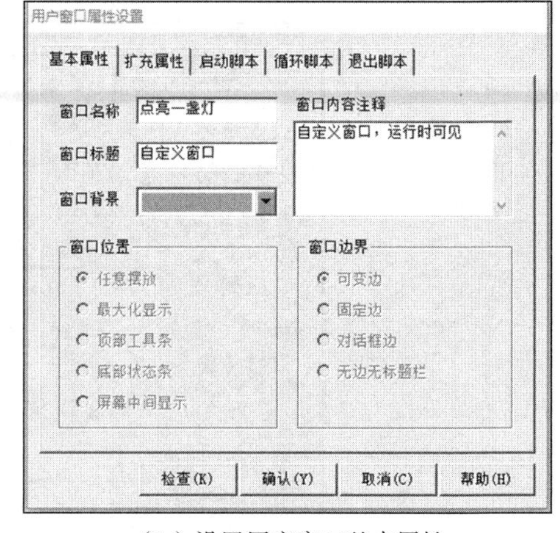

(b) 设置用户窗口基本属性

图 5-6 用户窗口属性设置

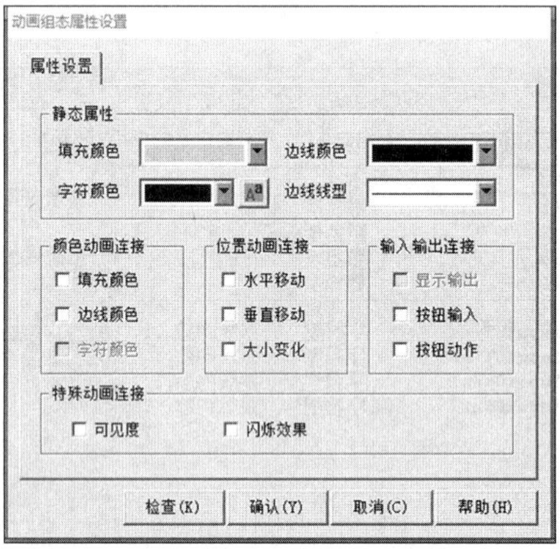

图 5-7 矩形框的属性设置

单击选中矩形框，在组态窗口的右下角设置矩形框的起点位置和大小：将该矩形框的起点位置设置为原点(0,0)，将矩形框的长度设置为 800px，高度设置为 60px，如图 5-8 所示。选中矩形框后右击，在下拉列表中选择“排列”→“锁定”，则该矩形框将被“锁定”在该界面。

图 5-8 矩形框大小设置

选择工具箱中的“标签”按钮A，此时鼠标的光标呈十字形。在刚刚绘制的矩形框区域绘制一定大小的标签。在光标闪烁的位置输入文字“点亮一盏灯”。文字输入完毕后，双击打开该文字框的属性设置对话框，选择属性设置选项，将填充颜色设置为“没有填充”，将边线颜色设置为“没有边线”，将字符颜色设置为“红色 FF0000”。单击字符字体设置按钮，设置文字字体为“宋体”，字形为“粗体”，大小为“二号”，其他属性采用默认设置，标签设置如图 5-9 所示。矩形框和标签设置效果如图 5-10 所示。

双开关与
单指示灯示例

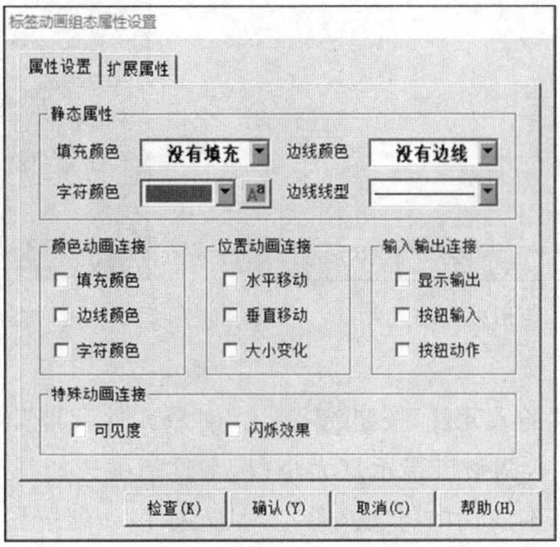

标签动画组态属性设置
属性设置　扩展属性
静态属性
填充颜色　没有填充　边线颜色　没有边线
字符颜色　边线线型
颜色动画连接　填充颜色　边线颜色　字符颜色
位置动画连接　水平移动　垂直移动　大小变化
输入输出连接　显示输出　按钮输入　按钮动作
特殊动画连接　可见度　闪烁效果
检查(K)　确认(Y)　取消(C)　帮助(H)

图 5-9　标签动画组态属性设置

图 5-10　矩形框和标签设置效果

选择绘图工具箱中的“矩形”按钮，绘制一个矩形框。双击该矩形框，弹出该矩形框的“动画组态属性设置”窗口，将其填充颜色修改为“没有填充”，将边框颜色设置为“黑色 000000”，其他属性采用默认设置，如图 5-11 所示，单击“确认”按钮。单击选择该矩形框，设置其原点位置和大小，如图 5-12 所示。选择工具箱中的“标签”按钮A，在矩形框区域绘制一个标签，并输入文本“将光标移至此区域可点亮灯”，设置该文本框的填充颜色为“没有填充”，将边线颜色设置为“没有边线”，将字符颜色设置为“红色 FF0000”，其他属性采用默认设置。矩形框和标签设置效果如图 5-13 所示。

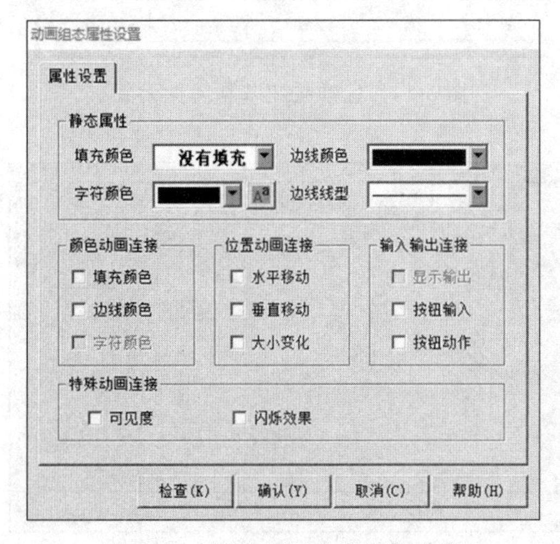

图 5-11　矩形动画组态属性设置

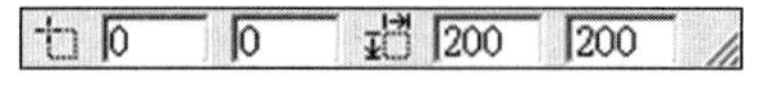

图 5-12　矩形框大小设置

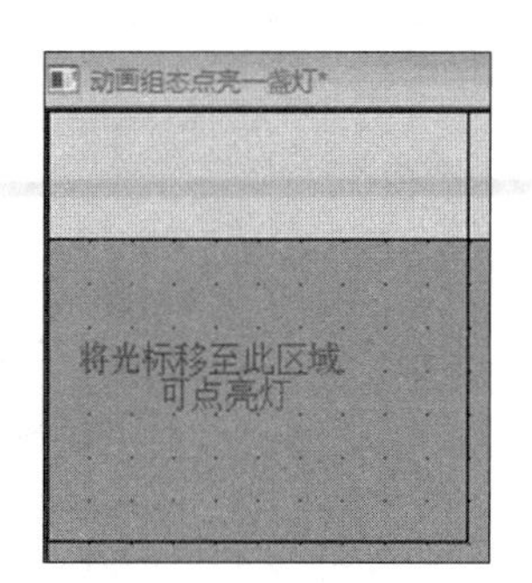

图 5-13　矩形框和标签设置效果

单击绘图工具箱中“插入元件”按钮，弹出“对象元件管理”对话框，选择指示灯类，将“指示灯 3”放置窗口中，调整该指示灯大小；从工具箱中选择“标准按钮”，在窗口中绘制一个标准按钮，在基本属性中将文本修改为“光标移动到按钮处灯亮”，如图 5-14 所示。选择工具箱中的“标签”按钮A，绘制四个标签，将其中两个标签的文本分别修改为“光标横坐标”“光标纵坐标”，另外 2 个标签在属性设置对话框中选中“显示输出”，实现输出功能。窗口设置效果如图 5-15 所示。

图 5-14　标准按钮基本属性设置

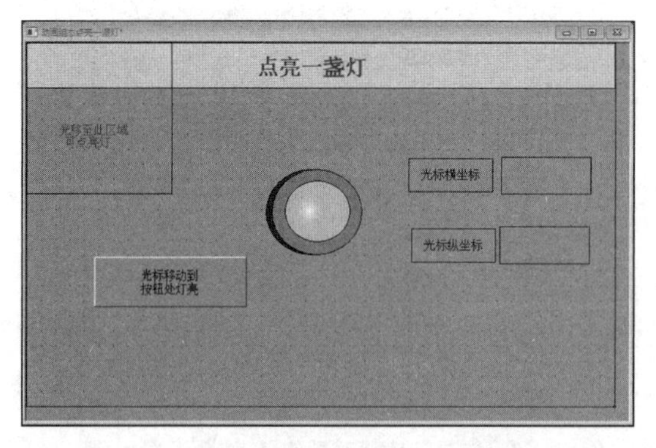

图 5-15　“点亮一盏灯”用户窗口组态界面

选中“标准按钮”，右击，在下拉菜单中选择“事件”，弹出“事件组态”对话框，单击MouseMove，出现...按钮，如图 5-16(a)所示。单击该按钮，打开“事件参数连接组态”对话框，在参数 1 的连接变量列输入 A，然后单击“事件连接脚本”按钮，在弹出的脚本程序编辑器中输入“A=1”，依次单击“确认”按钮，退出组态界面，如图 5-16(b)所示。

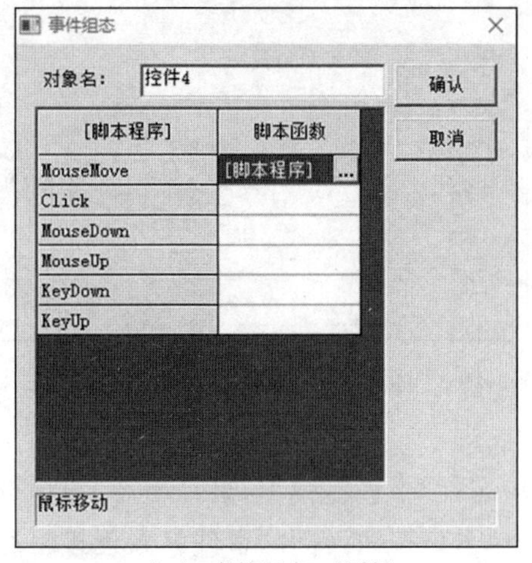

(a)“事件组态”对话框

(b)“事件参数连接组态”对话框

图 5-16　标准按钮事件组态

双击打开指示灯的“单元属性设置”对话框，选择“数据对象”窗口页，将可见度修改为 A，其他参数保持不变，单击“确认”按钮退出组态界面，如图 5-17 所示。

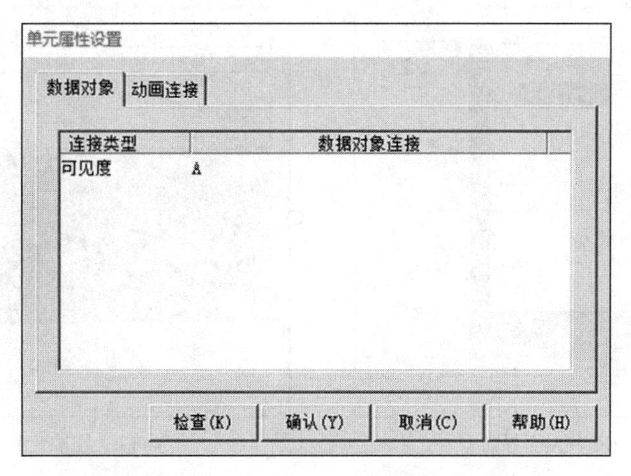

图 5-17　指示灯可见度设置

双击图 5-15 中标签“光标横坐标”右侧的标签框，在弹出的属性设置窗口中，勾选属性设置界面的“显示输出”复选框，进入“显示输出”属性界面，将表达式修改为 A3，将输出值类型设置为“数值量输出”，其他属性不变，如图 5-18 所示。与此类似操作，将标签“光标纵坐标”右侧的标签框中的表达式修改为 A4，将输出值类型设置为“数值量输出”，其他属性保持不变，如图 5-19 所示。

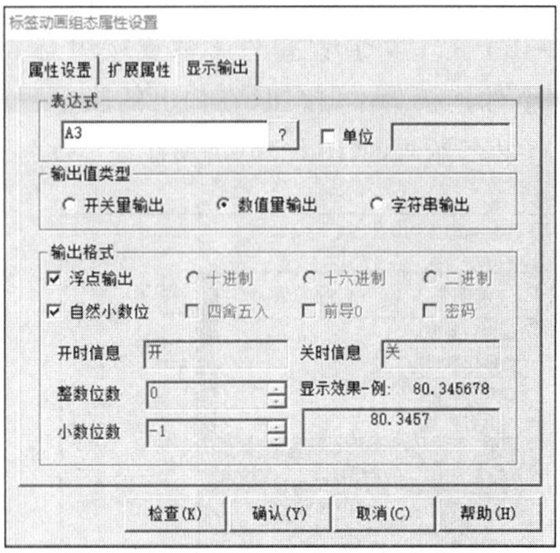

图 5-18 “光标横坐标”标签动画组态的属性设置

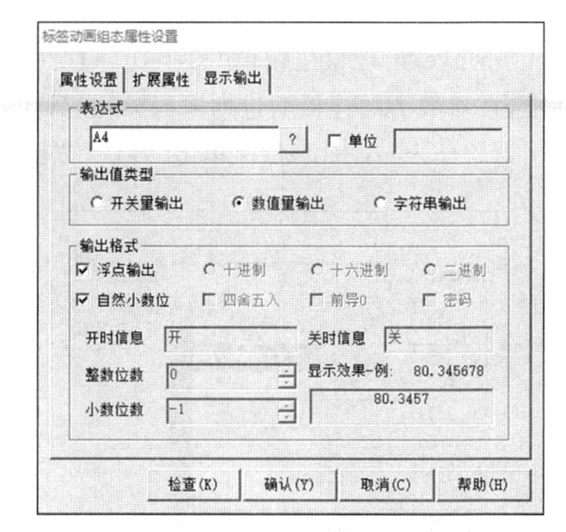

图 5-19 “标签纵坐标”标签动画组态的属性设置

在窗口的空白处，右击，在弹出的下拉菜单中选择“事件”，弹出“事件组态”对话框，单击 MouseMove，出现[...]按钮，如图 5-20(a)所示，单击该按钮，打开“事件参数连接组态”对话框，在连接变量列从上向下依次输入连接变量 A1、A2、A3 和 A4，如图 5-20(b)所示，然后单击“事件连接脚本”按钮，在弹出的脚本程序编辑器中输入脚本程序，如图 5-20(c)所示，依次单击“确认”按钮，退出组态界面。

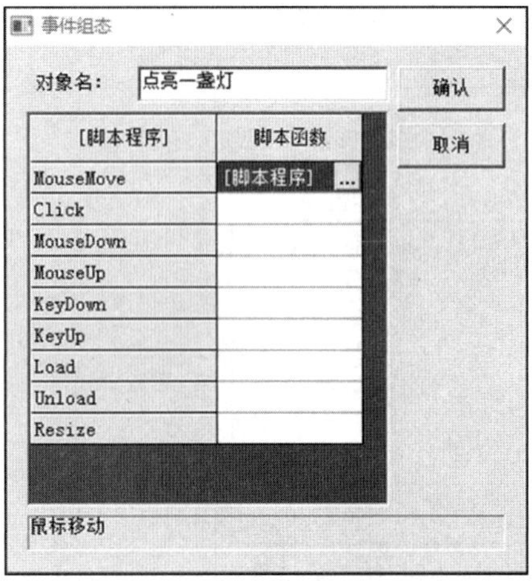

(a) 事件组态界面

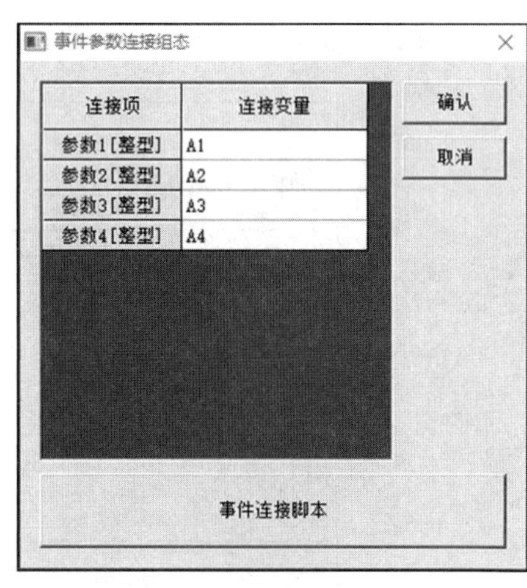

(b) 连接变量

```
IF A3 < 200 AND A4 < 200 THEN
   A = 1
ELSE
   A = 0
ENDIF
```

(c) 事件组态运行程序

图 5-20 事件组态设置

4. 工程项目模拟运行

保存工程,“点亮一盏灯”组态完成。将工程下载至模拟运行环境,查看组态效果。移动鼠标时,当鼠标处于标准按钮上或者左上角矩形框区域内时,指示灯变为绿色,否则指示灯显示红色,同时,将光标的坐标显示在输出框内,模拟运行效果如图 5-1 所示。

本章要点总结及评价

1. 本章要点总结

本章通过 MouseMove 事件组态方法实现指示灯的控制。在该项目中,需要完成新建工程、新建各种变量、编写简单的控制程序、构建动画界面等,这些均是 MCGS 嵌入版组态软件常用的功能。

本章内容完成后,需要撰写“点亮一盏灯”项目总结报告。撰写项目总结报告是工程技术人员在项目开发过程中必须具备的能力。项目总结报告应包括摘要、目录、正文、附录等。其中,正文部分一般包括总体设计思路、硬件需求、程序设计思路、仿真结果、系统综合运行结果、调试及结果分析等。

2. 本章知识学习效果评价

本章的评价指标及评价内容在评价体系中所占分值、自评、互评及教师评价在本章考核成绩中的比例如表 5-1 所示。

表 5-1　考核评价体系表

<table>
<tr><th>序号</th><th>评价指标</th><th>评 价 内 容</th><th>分值</th><th>自评
(30%)</th><th>互评
(30%)</th><th>教师评价
(40%)</th></tr>
<tr><td>1</td><td rowspan="2">理论知识</td><td>掌握脚本程序常用控制语句</td><td>10</td><td></td><td></td><td></td></tr>
<tr><td>2</td><td>掌握变量类型</td><td>10</td><td></td><td></td><td></td></tr>
<tr><td>3</td><td rowspan="2">项目实施</td><td>能正确新建工程和变量</td><td>25</td><td></td><td></td><td></td></tr>
<tr><td>4</td><td>能使用 MouseMove 功能实现指示灯的控制</td><td>25</td><td></td><td></td><td></td></tr>
<tr><td>5</td><td>答辩汇报</td><td>撰写项目总结报告,熟练掌握项目所涵盖的知识点</td><td>30</td><td></td><td></td><td></td></tr>
</table>

知识能力拓展

点亮指示灯的方法有很多,在不同场合需要采用不同的方法实现。例如,将光标移动到指定区域时,单击或者双击指定区域的任意位置,指示灯被点亮或者熄灭;通过控制按钮实现指示灯的点亮或者熄灭等,你还有其他实现方法吗?尝试做一做。采用单击方式实现指示灯控制的效果如图 5-21 所示。

图 5-21　单击方式控制指示灯

课后习题

1. 采用双击按钮的方式控制指示灯的开和关。
2. 如何用一个标准按钮实现指示灯的连续点亮和连续熄灭？

第6章 MCGS嵌入版组态软件动画工程实例

【知识目标】

(1) 熟悉位置动画和颜色动画种类。

(2) 掌握MCGS嵌入版组态软件脚本程序。

【能力目标】

(1) 能够使用各种不同的动画功能实现动画效果。

(2) 会编写脚本程序实现动画效果。

(3) 会撰写动画工程实例的设计总结报告。

(4) 组态软件丰富的动画功能使得各个组态界面更加形象和逼真,组态过程变得更具趣味性。地球也由一幅幅动画画面组成,热爱地球、保护地球,是每个人应尽的责任。

项目概述

1. 项目描述

多个图元对象按照一定规则组合生成图符对象,再配合丰富的动画构件,可以实现丰富的动画效果。本项目通过闪烁、水平移动、垂直移动、旋转、动画按钮等对象介绍常用动画功能。

2. 项目目标

新建一个工程,在工程中组态变量、动画界面,实现对象的闪烁功能、水平移动、垂直移动、旋转和动画按钮,组态运行效果如图6-1所示。

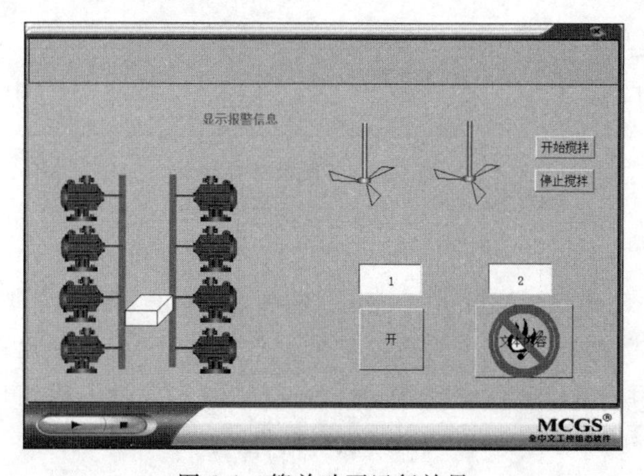

图6-1 简单动画运行效果

3. 项目设备

安装有 MCGS 嵌入版的计算机。

动画按钮的输入输出示例

项目实施

1. 新建并保存工程

双击桌面上的“MCGS 组态环境”快捷图标，打开 MGGS 嵌入版组态环境界面，单击工程“新建”按钮或者在“文件”菜单中选择“新建工程”菜单项，弹出“新建工程设置”对话框，选择 TPC7062TD 型号触摸屏，单击“确认”按钮，这样就新建了一个工程，如图 6-2 所示。

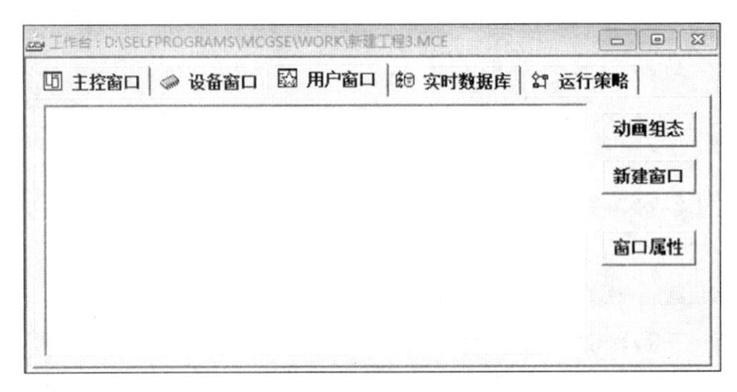

图 6-2 MGGS 嵌入版组态环境界面

在“文件”菜单中选择“工程另存为”菜单项，把新建工程另存为“简单动画 .MCE”，选择文件保存路径，如图 6-3 所示。

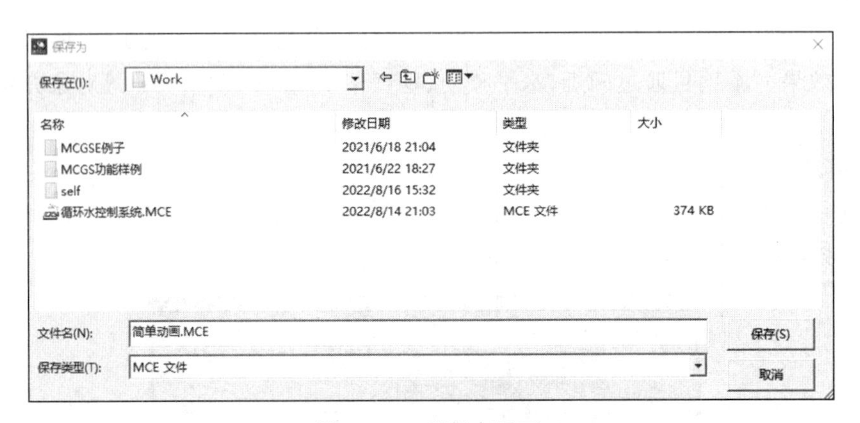

图 6-3 工程保存界面

2. 简单动画

在 MCGS 组态工作台，单击“用户窗口”选项卡，单击“新建窗口”按钮，新建一个窗口，单击选中该窗口，右击，在弹出的下拉菜单中单击选择“设置为启动窗口”；单击“窗口属性”按钮，打开“用户窗口属性设置”对话框，选择“基本属性”，将窗口名称修改为“简单动画”，其他属性不变，单击“确认”按钮退出对话框，如图 6-4 所示。

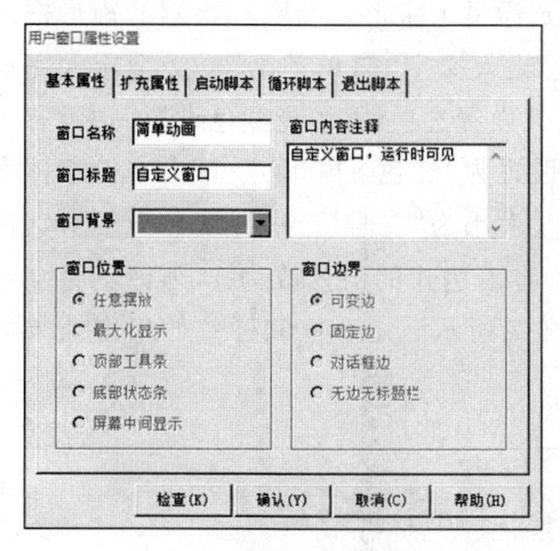

(a) 用户属性设置窗口

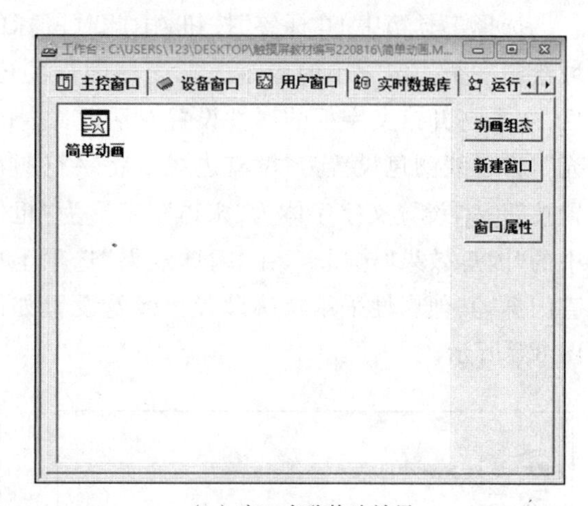

(b) 窗口名称修改效果

图 6-4 新建用户窗口“简单动画”

双击打开“简单动画”窗口，进入窗口动画编辑界面。打开绘图工具箱按钮，单击选中“矩形”按钮，鼠标将变成十字形，按住鼠标左键并移动鼠标，界面中将出现虚线矩形框；松开鼠标左键，就会在该界面绘制一个矩形框。双击该矩形框，打开该矩形框的“动画组态属性设置”对话框，将其填充颜色修改为“浅蓝色 00FFFF”，将边框颜色设置为“黑色 000000”，其他属性采用默认值，如图 6-5 所示。

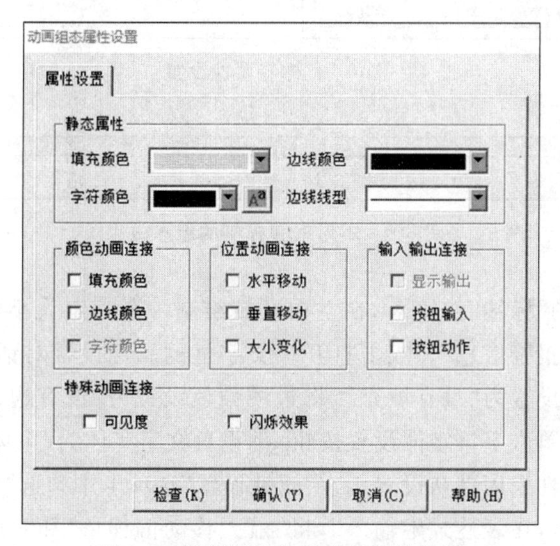

图 6-5 矩形框的动画组态属性设置

单击选中矩形框，在组态窗口的右下角设置矩形框的起点位置和大小：将该矩形框的起点位置设置为原点(0,0)，将矩形框的长度设为 800px，将高度设为 60px，如图 6-6 所示。选中矩形框后右击，在下拉列表中，选择“排列”→“锁定”，则该矩形框将被“锁定”在该界面。

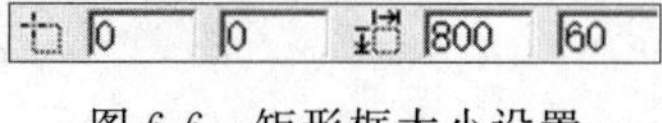

图 6-6 矩形框大小设置

选择工具箱中的“标签”按钮A，此时鼠标的光标呈十字形。在刚刚绘制的矩形框区域绘制一个一定大小的标签。在光标闪烁的位置输入文字“简单动画”。文字输入完毕后，双击打开该文字框的属性设置对话框，选择属性设置选项，将填充颜色设置为“没有填充”，将边线颜色设置为“没有边线”，将字符颜色设置为“红色 FF0000”；单击字符字体设置按钮Aa，设置文字字体为“宋体”、字形为“粗体”、大小为“二号”。选择属性设置对话框中的“闪烁效果”选项卡，在“闪烁效果”选项卡中，将表达式的值修改为 1，则标签将会一直闪烁，其他属性采用默认设置。标签设置如图 6-7 所示。矩形框和标签的组态效果如图 6-8 所示。

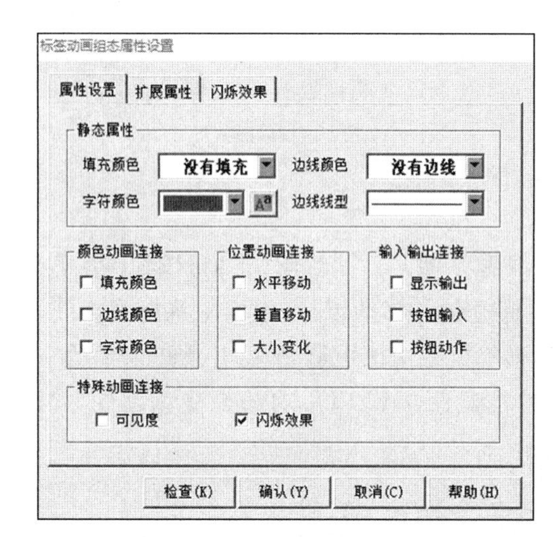

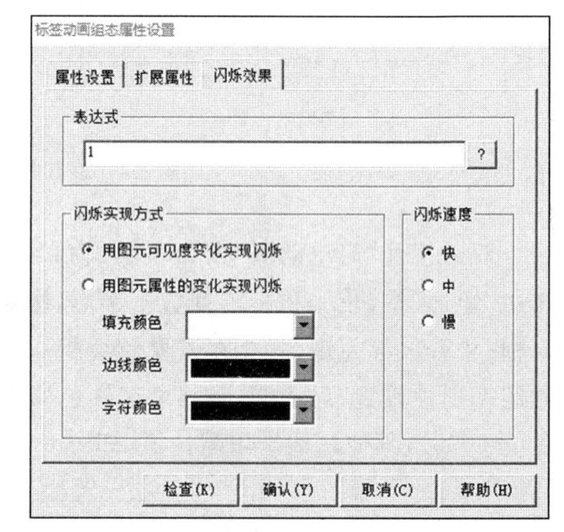

图 6-7 标签属性设置

图 6-8 矩形框和标签的组态效果

选择工具箱中的“标签”按钮A，在空白区域绘制一个一定大小的标签。在光标闪烁位置输入文字“显示报警信息”。双击打开该文字框的属性设置对话框，选择“属性设置”选项卡，将填充颜色设置为“没有填充”，将边线颜色设置为“没有边线”，将字符颜色设置为“红色 FF0000”。单击字符字体设置按钮Aa，设置文字字体为“宋体”、字形为“粗体”、大小为“小四”，其他属性采用默认设置。在“属性设置”选项卡中勾选“水平移动”复选框，选择“水平移动”选项卡，在表达式中输入 i，将“最大移动偏移量”和对应的“表达式的值”均修改为 100，如图 6-9 所示，单击“确认”按钮，会弹出“组态错误”提示对话框(由于没有提前在实时数据库中定义变量 i)，如图 6-10 所示，单击“是”按钮，将会弹出“数据对象属性设置”界面，定义数值型变量 i，如图 6-11 所示。

双击“简单动画”窗口的空白处，打开“用户窗口属性设置”对话框，在“循环脚本”选项卡中，将循环时间修改为 100(ms)，在脚本程序编辑器中输入如图 6-12 所示的脚本程序，单击“确认”按钮退出该对话框。

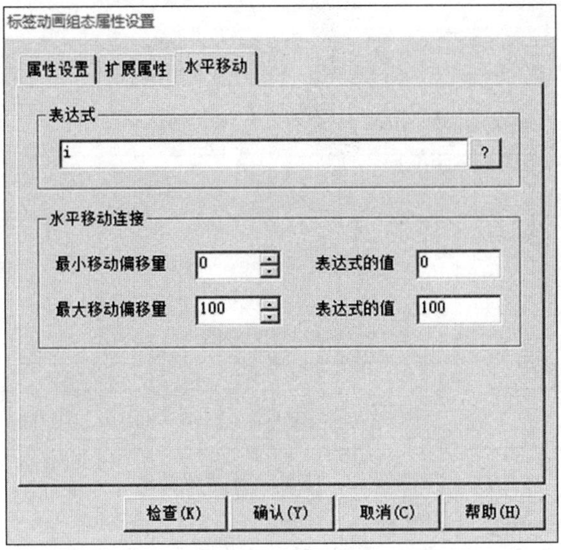

图 6-9　标签水平移动属性设置

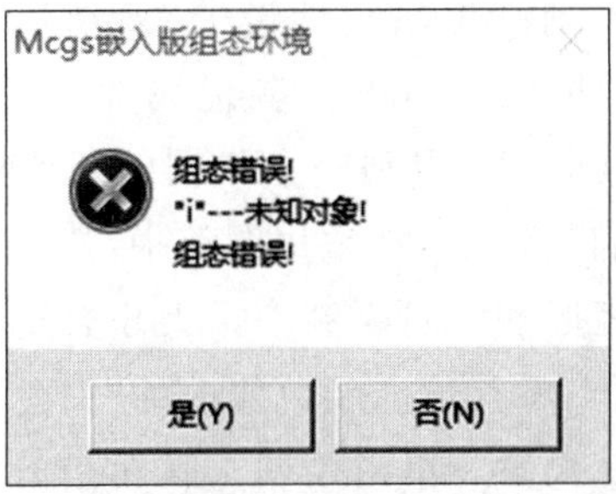

图 6-10　未知变量对象组态错误

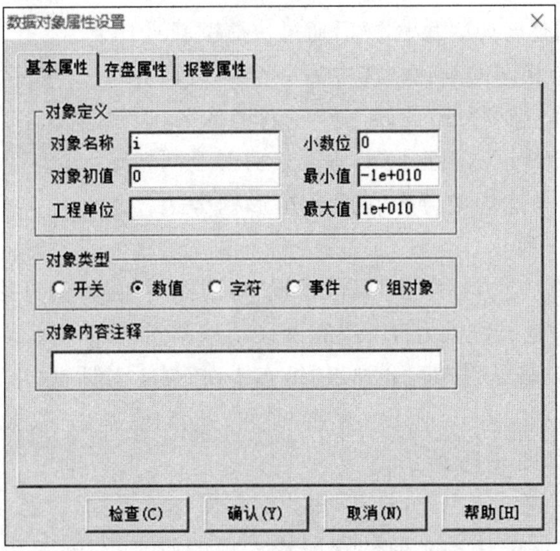

图 6-11　“数据对象属性设置”界面

用户窗口属性设置

基本属性 扩充属性 启动脚本 循环脚本 退出脚本

循环时间(ms) 100

```
if i < 200 then
   i = i + 2
else
   i = 0
endif
```

打开脚本程序编辑器

检查(K) 确认(Y) 取消(C) 帮助(H)

图 6-12 简单动画循环脚本

组态车水平移动

将工程下载至模拟运行环境中，可以观察到“显示报警信息”标签重复进行水平移动。

在工具箱中单击选择“矩形”按钮，在“显示报警信息”标签下方区域绘制一个矩形框。双击打开该矩形框的“动画组态属性设置”对话框，将其填充颜色修改为“红色FF0000”，将边框颜色设置为“黑色 000000”，其他属性采用默认设置。单击选中该矩形框，通过快捷键 Ctrl+C 和 Ctrl+V，得到一个相同的矩形框。将两个矩形框平行放置。单击绘图工具箱中的常用图符按钮，在常用图符中，选择“立方体”按钮，在这两个矩形框中间绘制一个大小合适的立方体。双击打开该立方体，将其填充颜色修改为“白色FFFFFF”，其他属性采用默认设置。单击绘图工具箱中的“插入元件”按钮，弹出“对象元件管理”对话框，单击对象类型中的“马达”，选中“马达 13”，单击“确认”按钮，则在窗口中会出现该马达。调整该马达大小，然后通过快捷键 Ctrl+C 和 Ctrl+V，得到一个相同的马达。选中另一个马达，右击，在弹出的菜单中选择“排列”→“旋转”→“左右镜像”。通过快捷键 Ctrl+C 和 Ctrl+V，将这两个马达分别再复制粘贴三个，然后将这八个马达均匀分布在两个矩形框旁边。总体设置效果如图 6-13 所示。

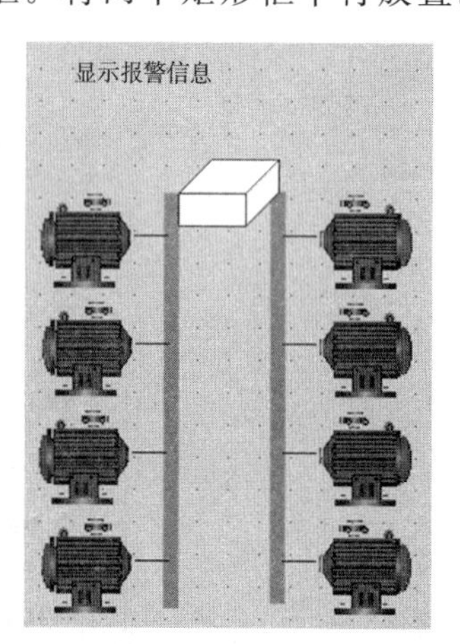

图 6-13 简单动画效果图

双击图 6-13 中的“立方体”，在“属性设置”对话框中勾选“垂直移动”复选框，在“垂直移动”对话框中，将表达式修改为 b，将“最大移动偏移量”和“表达式的值”都修改为 100，如图 6-14 所示，单击“确认”按钮，会弹出“组态错误”提示对话框(由于没有提前在实时数据库中定义变量 b)，如图 6-15 所示。单击“是”按钮，将会弹出“数据对象属性设置”界面，定义数值型变量 b，如图 6-16 所示。

双击“简单动画”窗口空白处，打开“用户窗口属性设置”对话框，选择“循环脚本”选项卡，在脚本程序编辑器中接着之前的程序输入新的脚本程序，单击“确认”按钮退出，如图 6-17 所示。

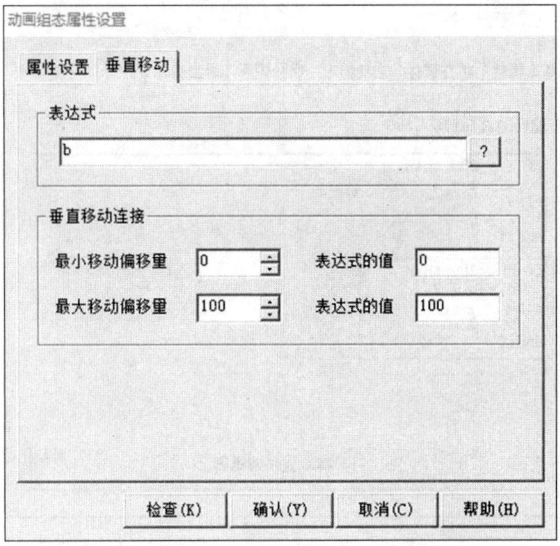

图 6-14　立方体垂直移动属性设置

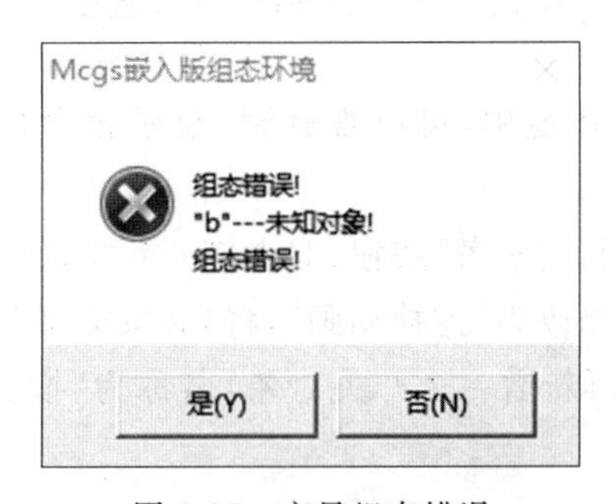

图 6-15　变量组态错误

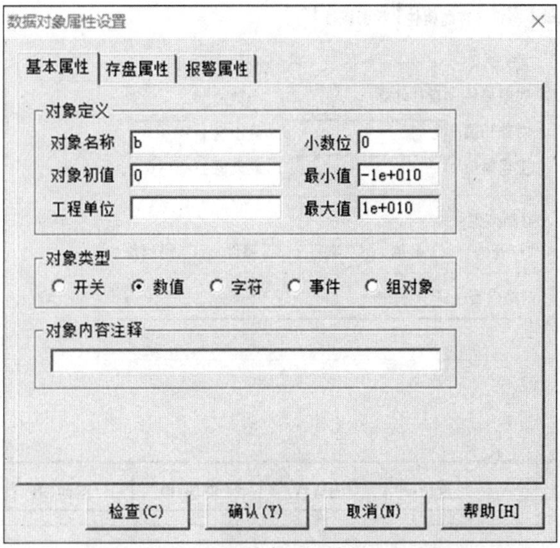

图 6-16　“数据对象属性设置”界面

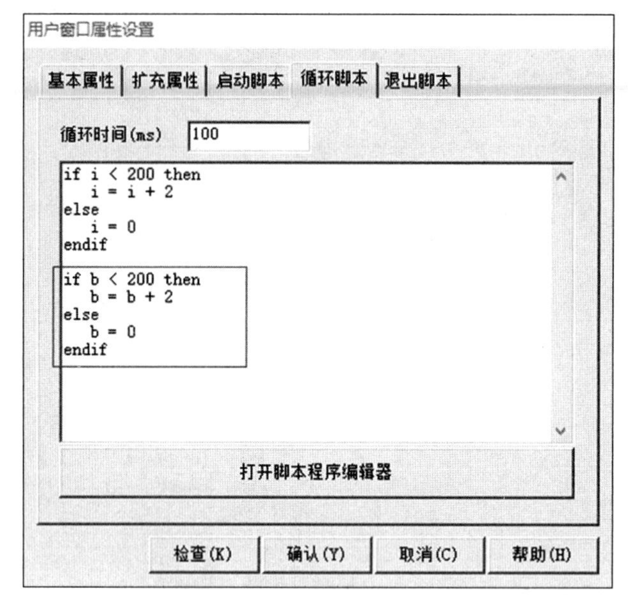

图 6-17 简单动画循环脚本程序

将工程下载至模拟运行环境中，可以观察到“显示报警信息”和“立方体”重复进行移动。

进入实时数据库，单击“新增对象”按钮，双击打开新生成的对象，在“数据对象属性设置”对话框中，将“对象名称”修改为“搅拌动画”，将“对象类型”设置为“开关”，单击“确认”按钮退出，如图 6-18 所示。再新增一个开关对象，名称为“搅拌器”，“对象类型”也为“开关”，如图 6-19 所示。

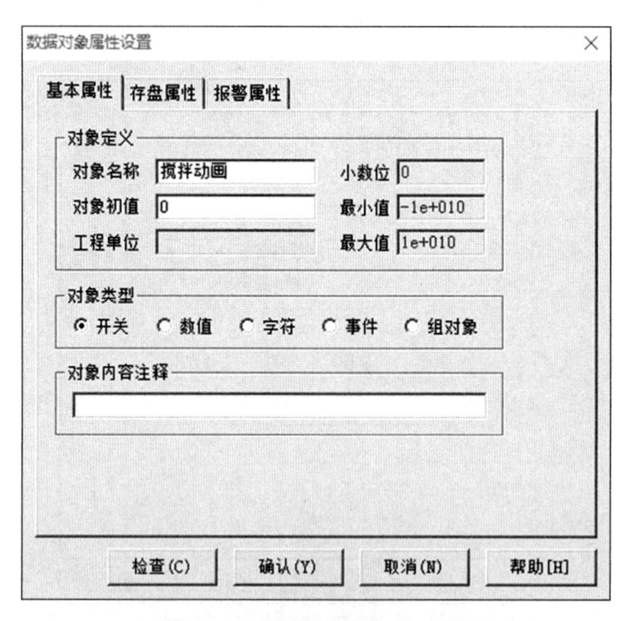

图 6-18 新建“搅拌动画”变量

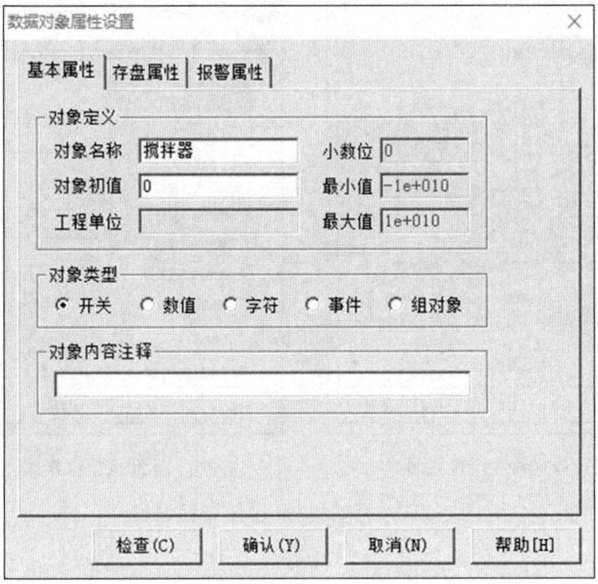

图 6-19 新建“搅拌器”变量

进入“简单动画”窗口，单击绘图工具箱中“插入元件”按钮，弹出“对象元件管理”对话框，单击对象类型中的“搅拌器”，选中“搅拌器 2”，单击“确认”按钮，则在窗口中会出现该搅拌器，调整该搅拌器大小，将其放置在窗口的合适位置。双击该搅拌器，打开“单元属性设置”对话框，选择“数据对象”选项卡，将可见度修改为“搅拌动画”，单击“确认”按钮退出，如图 6-20 所示。

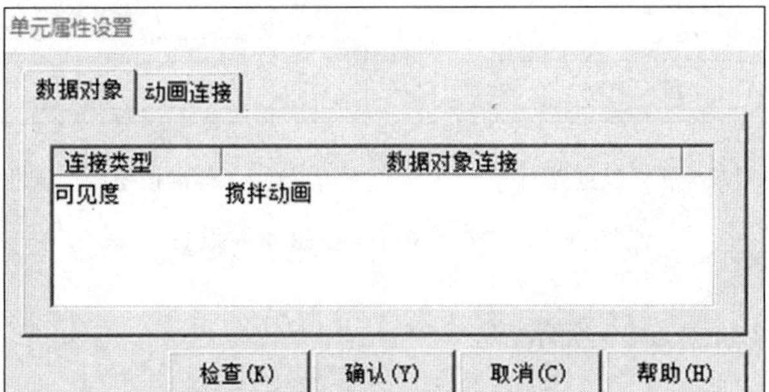

图 6-20 “搅拌动画”的可见度设置

单击选择对象搅拌器，通过快捷键 Ctrl＋C 和 Ctrl＋V，复制粘贴得到一个相同的搅拌器。从工具箱中选择“标准按钮”，在对象搅拌器旁边绘制一个大小合适的标准按钮，双击打开该按钮，在“基本属性”对话框中，将“文本”栏修改为“开始搅拌”；选择“操作属性”，勾选“数据对象值操作”复选框，选择“置 1”，变量设置为“搅拌器”，如图 6-21 所示。同理，再绘制一个“标准按钮”，将“文本”修改为“停止搅拌”，在“操作属性”选项卡中勾选“数据对象值操作”复选框，选择“清 0”，将变量设置为“搅拌器”，如图 6-22 所示。

(a)标准按钮基本属性设置界面

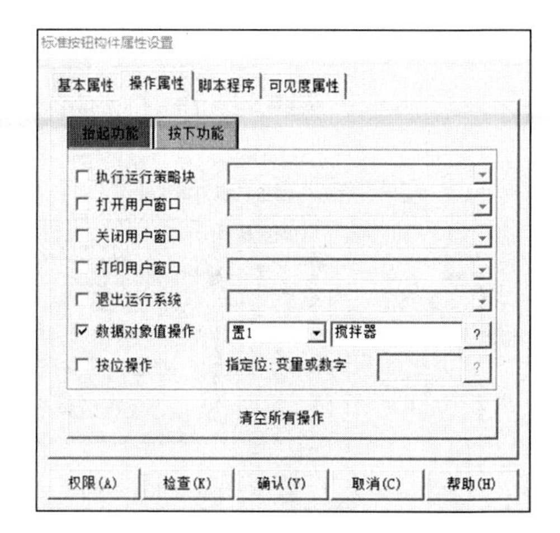

(b)标准按钮操作属性设置界面

图 6-21 “开始搅拌”按钮属性设置

(a)标准按钮基本属性设置界面

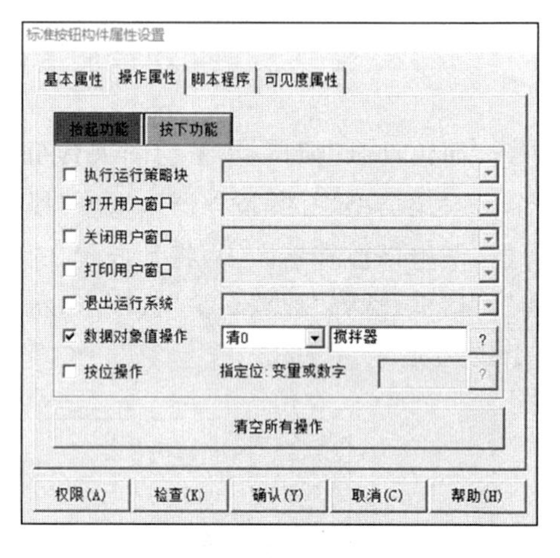

(b)标准按钮操作属性设置界面

图 6-22 “停止搅拌”按钮属性设置

搅拌器放置效果如图 6-23 所示。

图 6-23 搅拌器放置效果

进入“运行策略”，单击选中“循环策略”，然后单击“策略属性”按钮，弹出“策略属性设置”对话框，将定时循环时间修改为 200，如图 6-24 所示。

双击打开“循环策略”，右击，在弹出的菜单中选择“新增策略行”。打开“策略工具箱”🛠，在工具箱中，单击选择“数据对象”，鼠标会变成小手的形状，单击新增策略行中的矩形框，数据对象添加成功，如图 6-25 所示。

策略属性设置
循环策略属性
策略名称
循环策略
策略执行方式
定时循环执行，循环时间(ms)： 200
在指定的固定时刻执行： 每天
1 月 1 日 0 时 0 分 0
策略内容注释
按照设定的时间循环运行
检查(K) 确认(Y) 取消(C) 帮助(H)

图 6-24 循环策略时间属性设置

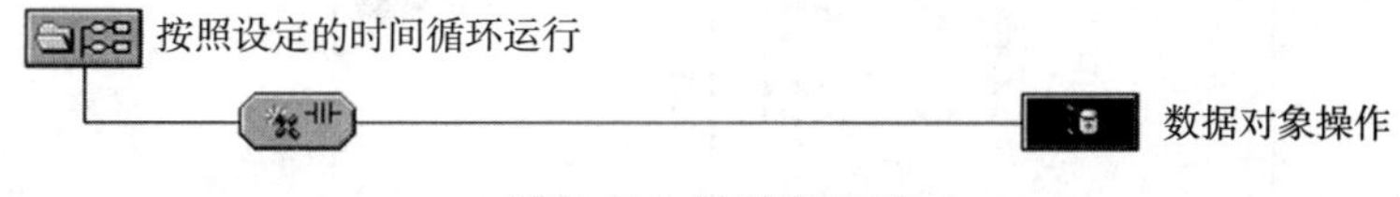

图 6-25 新增策略行

双击策略行中的，在弹出的“表达式条件”对话框中，将表达式修改为“搅拌器”，其他参数不做修改，单击“确认”按钮退出，如图 6-26 所示。双击策略行中的矩形框，在弹出的“数据对象操作”对话框中，将“对应数据对象的名称”修改为“搅拌动画”，勾选“值操作”中的“对象的值”复选框，并在后面的设置栏中输入“搅拌动画 XOR 1”(XOR，为“异或”逻辑操作符)，单击“确认”按钮退出，如图 6-27 所示。

保存工程，将工程下载至模拟运行环境中，单击“开始搅拌”按钮，则两个搅拌器开始旋转；单击“停止搅拌”按钮，则两个搅拌器停止旋转。

在工具箱中单击“动画按钮”图标，在“简单动画”窗口空白处绘制一个大小合适的动画按钮。单击动画按钮后，双击打开“动画按钮构件属性设置”对话框，在基本属性中，选择“外形”，分别选择分段点 0 和分段点 1，同时删除图形列表中的图像，如图 6-28(a)所示。单击选择“文字”，单击选择分段点 0，将此时的“文本内容”输入栏修改为“关”；再单击分段点 1，将此时的“文本内容”输入栏修改为“开”，如图 6-28(b)、图 6-28(c)所示。选择“变量属性”选项卡，将显示变量修改为“开关 1”，其他属性保持不变，如图 6-28(d)所示，单击“确认”退出，会弹出“组态错误”提示对话框(由于没有提前在实时数据库中定义变量“开关 1”)，如图 6-29 所示。单击“是”按钮，将会弹出“数据对象属性设置”对话框，定义开关型变量“开关 1”，如图 6-30 所示。

表达式条件

策略行条件属性

表达式

搅拌器

条件设置

表达式的值非0时条件成立

表达式的值为0时条件成立

表达式的值产生正跳变时条件成立一次

表达式的值产生负跳变时条件成立一次

内容注释

检查(K) 确认(Y) 取消(C) 帮助(H)

图 6-26 策略行表达式条件设置

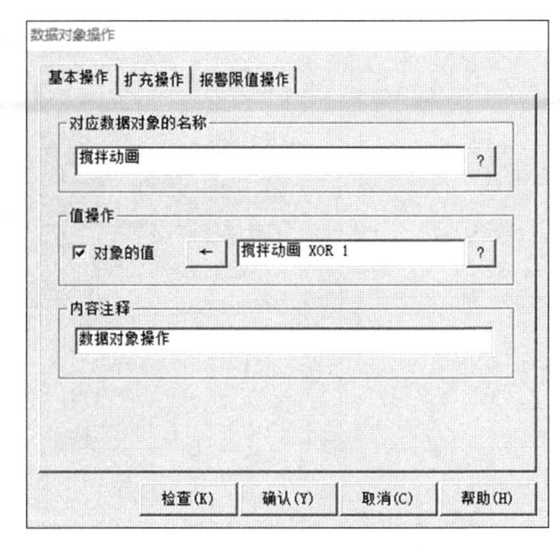

图 6-27 “搅拌动画”数据对象操作

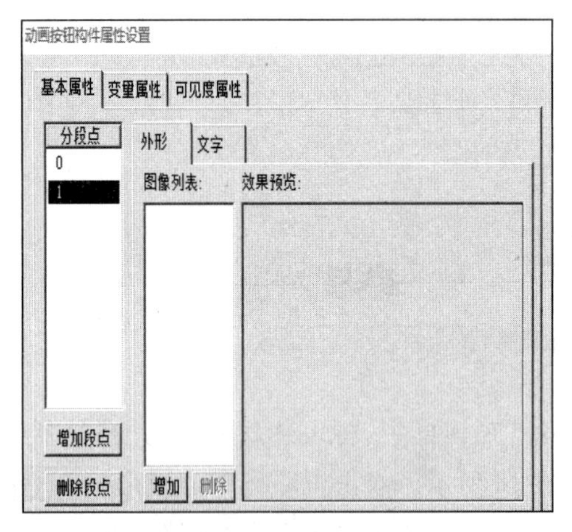

(a)动画按钮外形设置界面

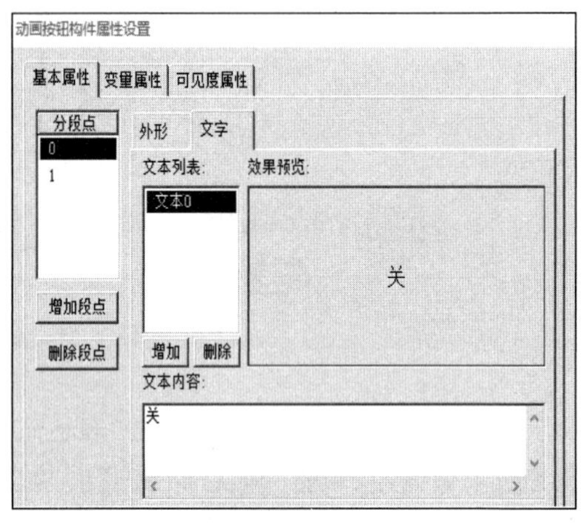

(b)动画按钮文字设置界面

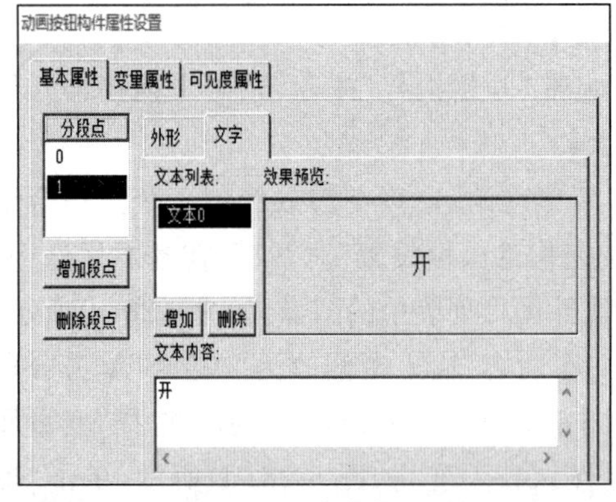

(c)动画按钮文本内容设置界面

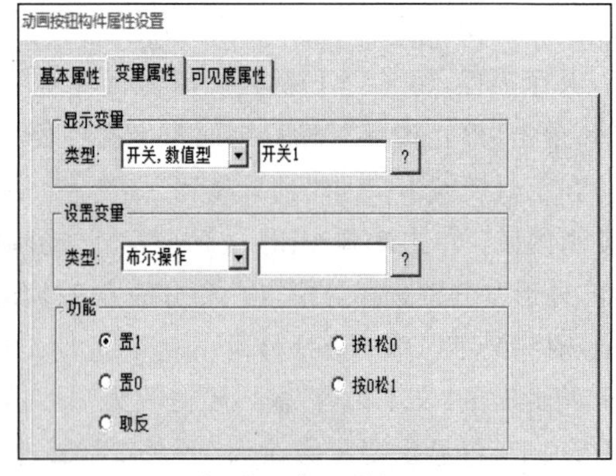

(d)动画按钮变量属性设置界面

图 6-28 动画按钮组态

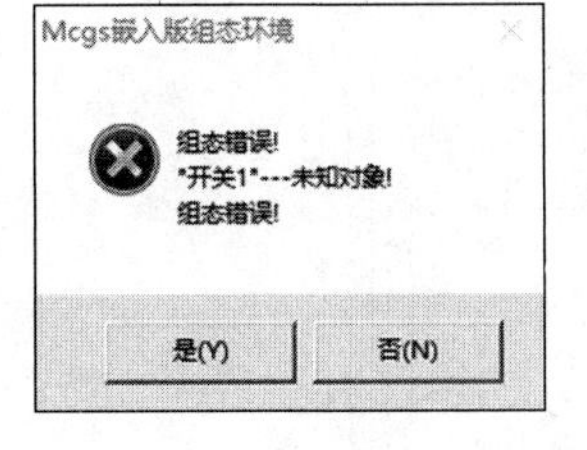

图 6-29 “开关 1”变量组态错误提示

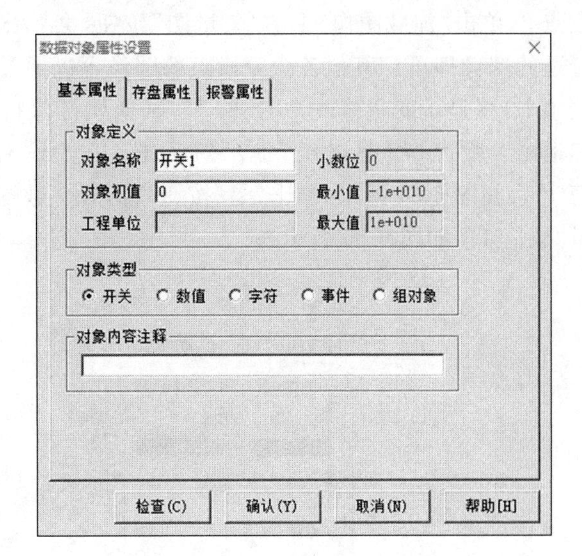

图 6-30 “开关 1”变量定义对话框

在工具箱中单击“输入框”按钮，在动画按钮上面绘制一个大小合适的输入框，单击选中输入框后双击打开“输入框构件属性设置”对话框，在“操作属性”选项卡中，将“对应数据对象的名称”修改为“开关 1”，其他属性保持不变，如图 6-31 所示，单击“确认”按钮退出。

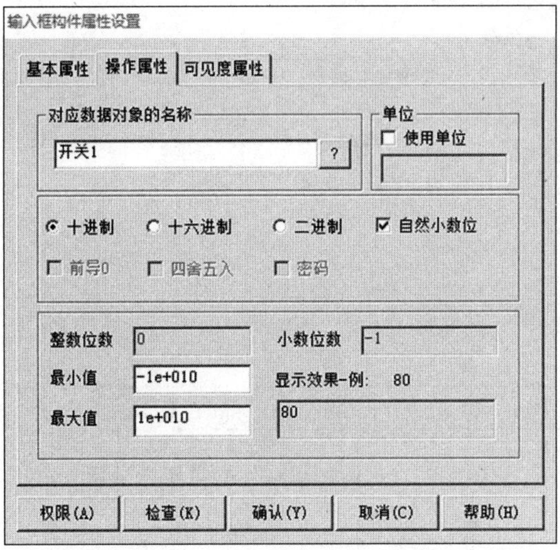

图 6-31 “输入框”操作属性设置对话框

在工具箱中单击“动画按钮”图标，在“简单动画”窗口空白处再绘制一个大小合适的动画按钮。单击“动画按钮”后，打开“动画按钮构件属性设置”对话框，如图 6-32 所示。在基本属性中，选择“文字”，分别选择分段点 0 和分段点 1，同时删除文本列表中的文本内容。然后单击“外形”，单击“增加段点”按钮改变分段点个数，并且修改分段点的名字为 0、1、2、3。系统已经为各个分段点分配了图像，可以删除该图像，重新装载。例如，选中分段点 2，单击“加载图像”中的“矢量图”按钮，会弹出“对象元件库管理”对话框，从中选择合适的图像即可。其他各个分段点的图像可以通过类似操作进行更换。选择“变量属性”选项卡，将显示变量修改为“数值 1”，其他属性保持不变，如图 6-33 所示。单击“确认”按钮退出。弹出“组态错误”提示对话框（由于没有提前在实时数据库中定义变量“数值 1”），如图 6-34 所示，单击“是”按钮，将弹出“数据对象属性设置”对话框，定义数值型变量“数值 1”，如图 6-35 所示。

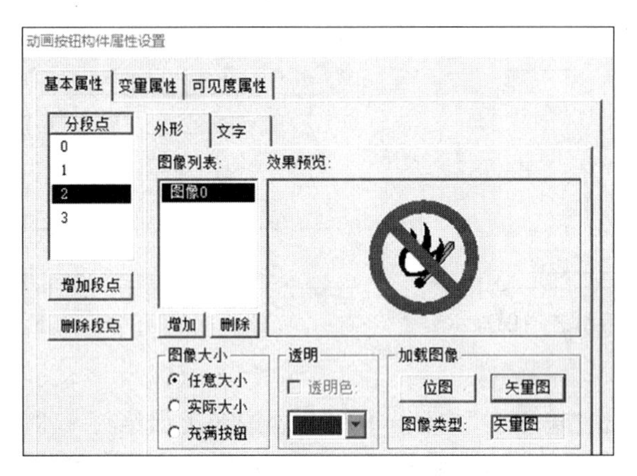

图 6-32　分段点设置图像

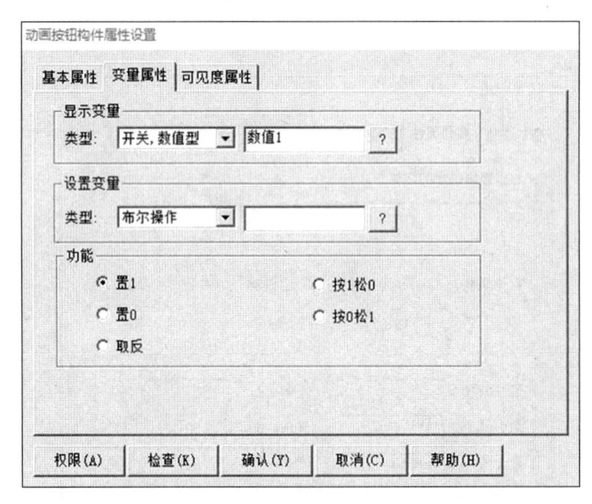

图 6-33　动画按钮构件变量属性设置

图 6-34　“数值 1”变量组态错误提示框

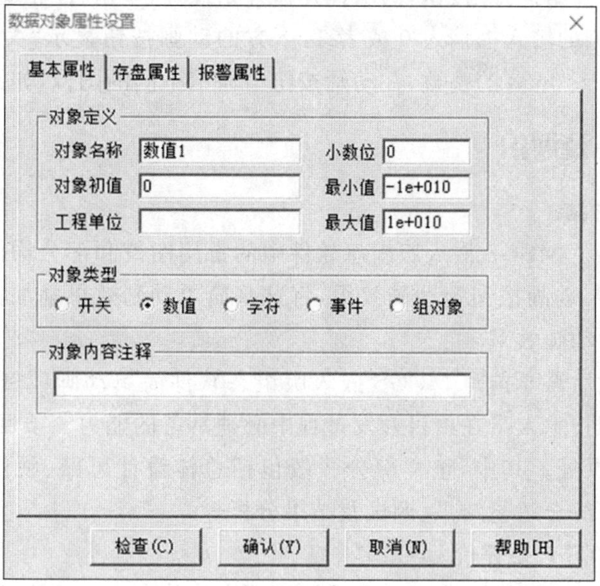

图 6-35　“数值 1”数据对象属性设置

在工具箱中单击“输入框”按钮，在动画按钮上面绘制一个大小合适的输入框，单击选中输入框后双击打开输入框构件属性设置对话框，在操作属性中，将“对应数据对象的名称”修改为“数值 1”，其他属性保持不变，如图 6-36 所示，单击“确认”按钮退出。

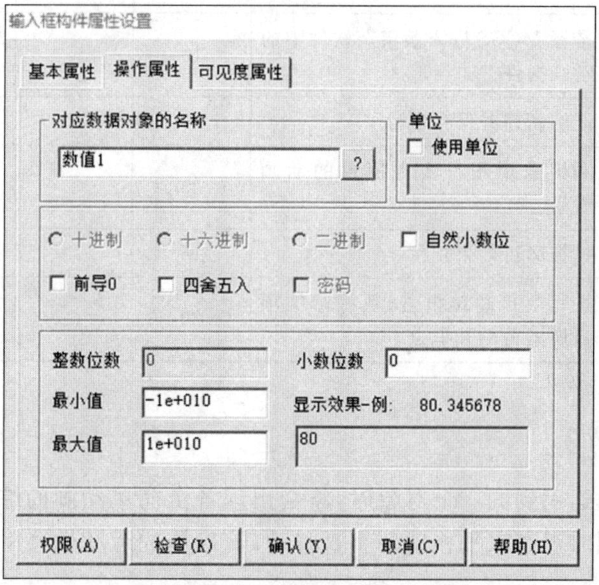

图 6-36　输入框的操作属性设置

“简单动画”组态完成。将工程下载至模拟运行环境中，查看组态效果。可以观察到“简单动画”标签不断闪烁；“显示报警信息”标签重复进行水平移动；“立方体”对象重复进行垂直移动;单击“开始搅拌”按钮,两个搅拌器开始搅拌,单击“停止搅拌”按钮,两个搅拌器停止搅拌;在左侧的输入框输入 0 或者 1,下方的动画按钮显示“关”或者“开”,在右侧的输入框中可以输入 0～3 的整数,在动画按钮中显示不同的图像,如图 6-1 所示。

本章要点总结及评价

1. 本章要点总结

本章主要使用了 MCGS 嵌入版组态软件中的常用图符和部分构件实现闪烁、水平移动、垂直移动、旋转、动画按钮等动画效果,将这些简单动画效果叠加在同一个对象时,可以实现更为复杂的动画效果。

本章内容完成后需要撰写 MCGS 嵌入版组态软件简单动画项目总结报告。撰写项目总结报告是工程技术人员在项目开发过程中必须具备的能力。项目总结报告应包括摘要、目录、正文、附录等。其中,正文部分一般包括总体设计思路、硬件需求、程序设计思路、仿真结果、系统综合运行结果、调试及结果分析等。

2. 本章知识学习效果评价

本章的评价指标及评价内容在评价体系中所占分值、自评、互评及教师评价在本章考核成绩中的比例如表 6-1 所示。

表 6-1 考核评价体系表

序号	评价指标	评 价 内 容	分值	自评(30%)	互评(30%)	教师评价(40%)
1	理论知识	掌握 MCGS 嵌入版组态软件中的常用图符对象	10			
2		掌握 MCGS 嵌入版组态软件中的动画构件	10			
3	项目实施	能够新建并保存项目	10			
4		利用常用图符实现简单的动画效果	25			
5		模拟运行效果正常	15			
6	答辩汇报	撰写项目总结报告,熟练掌握项目所涵盖的知识点	30			

知识能力拓展

简单动画同时运用到同一个对象时,将会出现各个简单动画的综合动画效果。如对简单图符“球体”同时组态水平移动和垂直移动,该球体的运动轨迹将是水平移动和垂直移动的综合效果。

在图 6-37 中,球体沿着三角形边线运行。球体在斜线上移动时,需要同时组态水平移动和垂直移动。

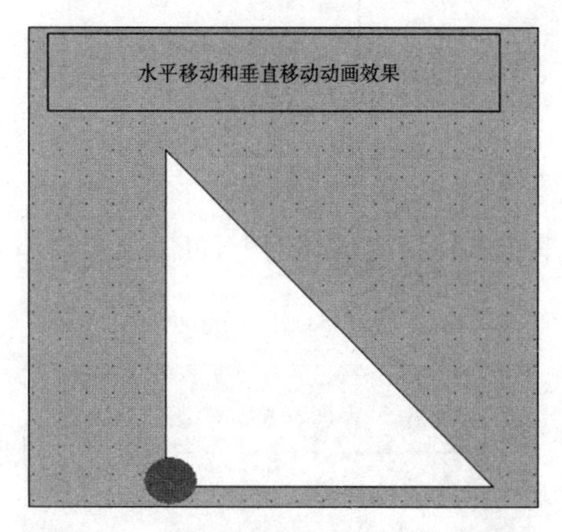

图 6-37 水平移动和垂直移动效果叠加

小球水平移动和垂直移动的属性设置如图 6-38 所示。

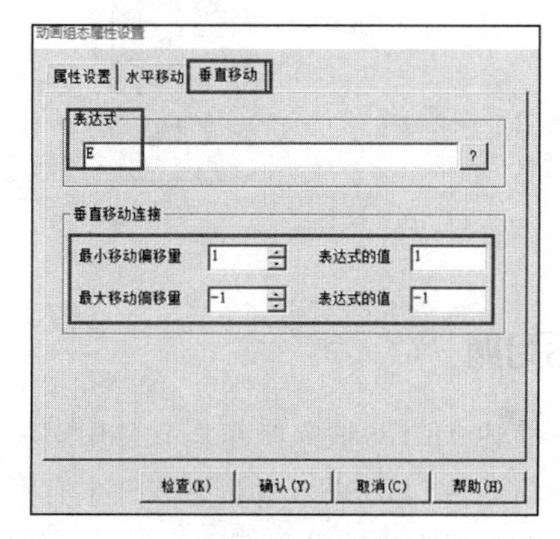

(a) 水平移动属性设置 (b) 垂直移动属性设置

图 6-38 水平移动和垂直移动属性设置

小球沿着三角形边线移动,参考程序如下:

```
IF Q<250 AND E = 0 THEN
   Q = Q + 10
ENDIF

IF Q> = 250 THEN
   Q = Q - 10
   E = E - 10
ENDIF
IF Q< = 240 AND E< = - 10 THEN
   Q = Q - 10
   E = E - 10
ENDIF

IF E> = - 250 AND Q = 0 THEN
```

```
  E = E + 10
ENDIF
IF E> = - 240 AND Q = 0 THEN
  E = E + 10
ENDIF
```

组态完成后，将项目下载至模拟运行环境中，可以观察到小球将沿着三角形边线重复运行，如图 6-39 所示。

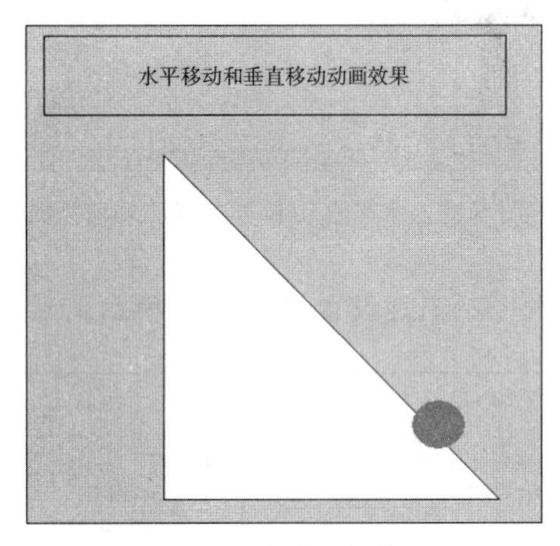

图 6-39　小球运行效果

课后习题

1. 简述 MCGS 嵌入版组态软件中有哪些常用的图符对象。
2. 简述 MCGS 嵌入版组态软件中有哪些常用的动画构件。
3. 尝试组态小球沿着椭圆边线进行往复运动的动画。

第7章　循环水控制系统

【知识目标】

（1）理解 MCGS 嵌入版组态软件主控窗口功能。

（2）了解 MCGS 嵌入版组态软件设备窗口特点。

（3）了解 MCGS 嵌入版组态软件用户窗口各个构件的特点。

（4）掌握 MCGS 嵌入版组态软件变量类型及建立。

（5）掌握 MCGS 嵌入版组态软件的脚本程序。

【能力目标】

（1）会设置项目的菜单和系统运行参数。

（2）会组态模拟设备。

（3）能够使用动画构件实现曲线、数据、报警等功能。

（4）会建立各种类型的变量。

（5）会使用 if 语句编写脚本程序。

（6）会撰写循环水控制系统设计总结报告。

（7）通过循环水控制系统项目讲解和训练，建立保护水资源的观念，建立良性生态环境。保护环境，人人有责。

项目概述

1. 项目描述

本项目结合一个工程实例，对 MCGS 嵌入版组态软件的组态过程、操作方法和实现功能等环节，进行全面讲解，对 MCGS 嵌入版组态软件的内容、工作方法和操作步骤有一个总体的认识。

本项目通过介绍一个水位控制系统的组态过程，详细讲解如何应用 MCGS 嵌入版组态软件完成一个工程。本工程示例涉及动画制作、控制流程的编写、模拟设备的连接、报警输出、报表曲线显示等多项组态操作。

（1）工程分析。在开始组态工程之前，先对该工程进行剖析，以便从整体上把握工程的结构、流程、需要实现的功能及如何实现这些功能。

（2）工程框架。设计六个用户窗口：循环水控制系统主窗口、报警窗口、曲线窗口、数据报表窗口、封面窗口和公共窗口。

（3）工程所需数据对象。水泵、调节阀、出水阀、液位1、液位2、液位1上限、液位1下限、液位2上限、液位2下限、液位组等。

(4) 图形制作。工程中需要水泵、调节阀、出水阀、水罐、报警指示灯、管道、滑动输入器、旋转仪表、标签、报警显示构件、输入框构件、自由表格、历史表格、实时曲线、历史曲线等。

(5) 流程控制。通过循环策略中的脚本程序策略块实现。

(6) 安全机制。通过用户权限管理、工程安全管理、脚本程序实现。

循环水控制系统的工艺流程:循环水控制系统由 1 个水泵、2 个水罐、1 个进水阀、1 个出水阀、1 个控制阀、1 个水池、4 个指示灯、8 个开关以及 3 个滑动输入器组成。该系统由水泵→水罐 1→进水阀→水池→控制阀→水罐 2→出水阀组成一个循环水控制回路;在水罐 1、水池、水罐 2 的旁边设有一个滑动输入器,用于控制水位;每个开关旁边都设有指示灯,用来指示开关的运行状态。

2. 项目目标

循环水控制系统最终运行效果如图 7-1～图 7-5 所示。

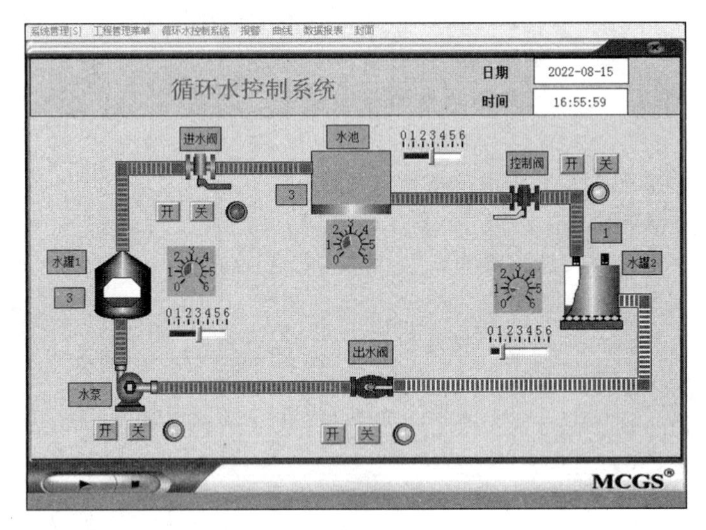

图 7-1 循环水控制系统主界面运行图

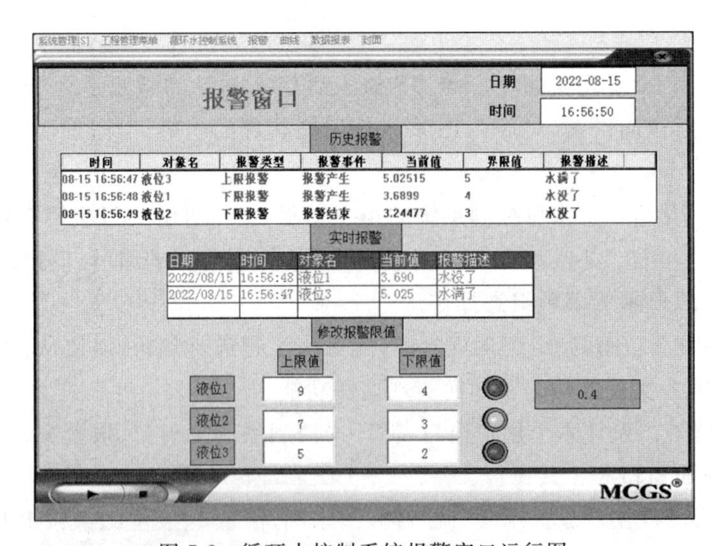

图 7-2 循环水控制系统报警窗口运行图

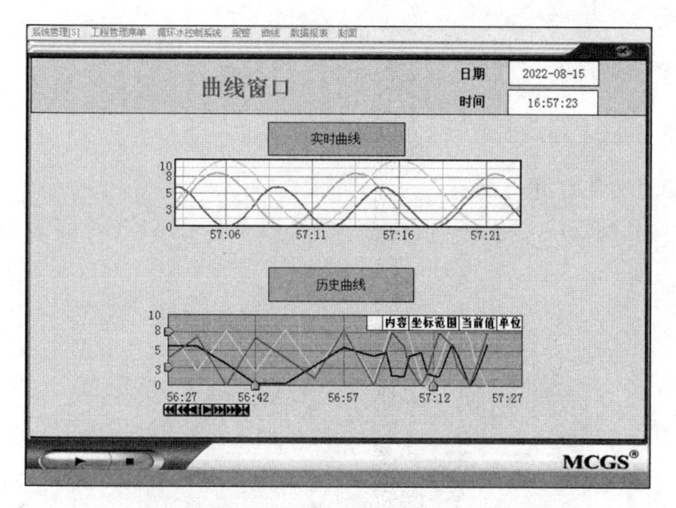

图 7-3　循环水控制系统曲线窗口运行图

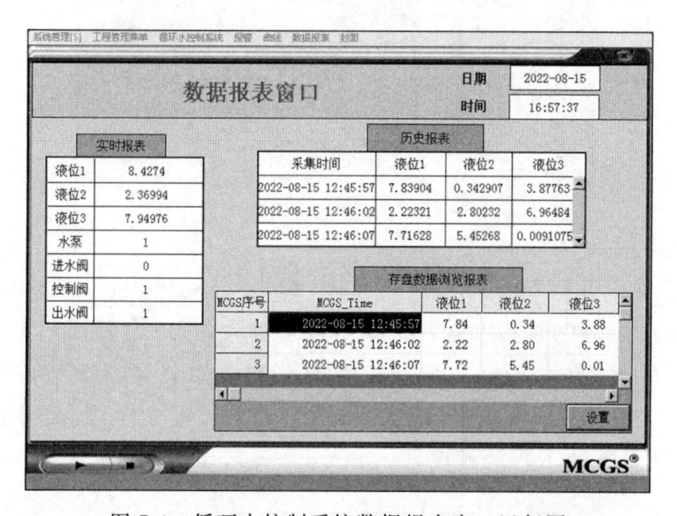

图 7-4　循环水控制系统数据报表窗口运行图

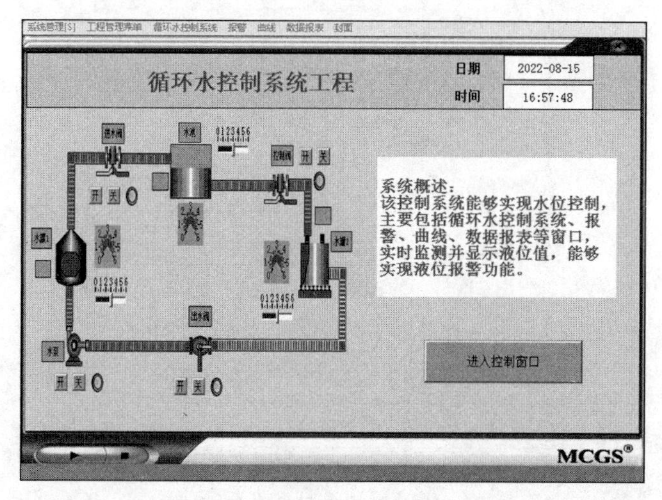

图 7-5　循环水控制系统封面窗口运行图

3. 项目设备

安装有 MCGS 嵌入版组态软件的计算机一台。

项目实施

1. MCGS 工程文件打开与保存

双击桌面上的“MCGS 组态环境”快捷图标，即可打开 MCGS 嵌入版组态环境界面，如图 7-6 所示。

图 7-6　MCGS 嵌入版组态环境界面

在“文件”菜单中选择“新建工程”菜单项，弹出“新建工程设置”对话框，如图 7-7 所示。在该对话框中可以根据实际需要选择触摸屏型号，可以设置用户窗口的背景。这里选用 TPC7062TD 型号的触摸屏，背景采用默认设置。如果 MCGS 软件安装在 D 盘根目录里，则会在 D:\MCGSE\WORK\下自动保存新建的工程文件，默认的工程名为“新建工程 X. MCE”(X 表示新建工程的顺序号，如 0、1、2 等)，如图 7-8 所示。

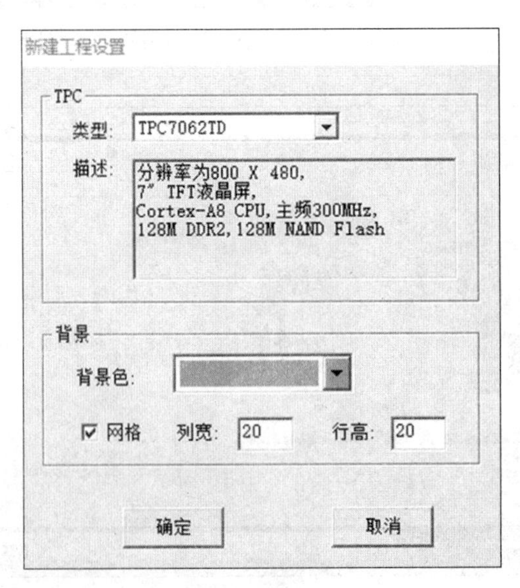

图 7-7　“新建工程设置”对话框

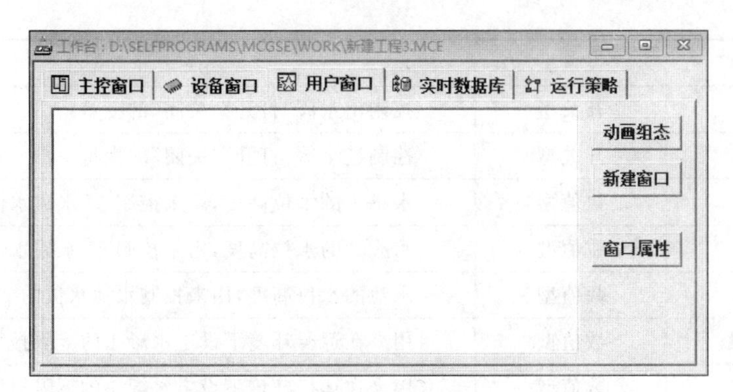

图 7-8　新建工程的显示界面

在“文件”菜单中选择“工程另存为”菜单项，把新建工程另存为“循环水控制系统.MCE”文件，如图 7-9 所示。

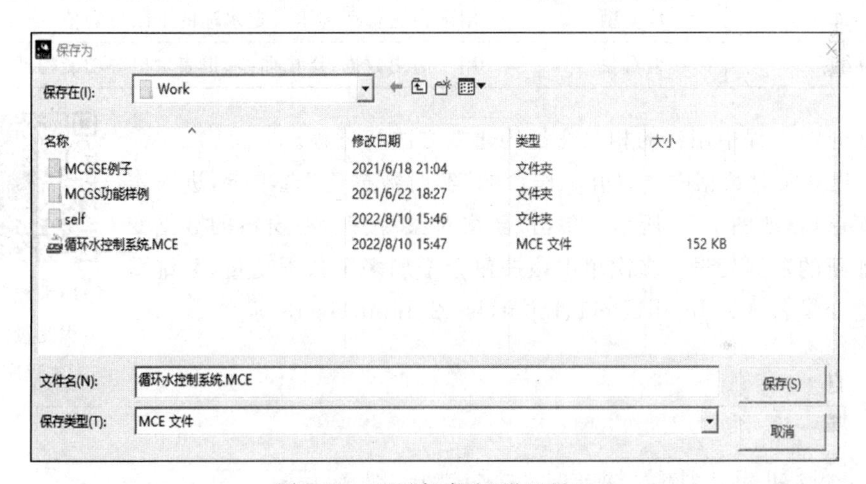

图 7-9　工程“保存为”设置界面

2. 建立组态工程画面

1）数据对象

在组态工程中，数据对象是连接组态每个环境的关键，数据对象都放在实时数据库中进行统一管理。实时数据库是 MCGS 嵌入版工程的数据交换和数据处理中心。不同类型的数据对象，其实际用途和属性各不相同。定义数据对象主要包括数据变量的名称、类型、初始值、数值范围，确定与数据变量存盘相关的参数、存盘的周期、存盘的时间范围和保存期限等，先分析和建立实例工程中与设备控制相关的数据对象，然后根据需要对数据对象进行设置。实例工程中用到的相关变量如表 7-1 所示。

表 7-1　工程变量清单

对象名称	类　型	描　述
水泵	开关型	控制水泵“启动”“停止”的变量
控制阀	开关型	控制控制阀“打开”“关闭”的变量

续表

对象名称	类型	描述
出水阀	开关型	控制出水阀“打开”“关闭”的变量
进水阀	开关型	控制进水阀“打开”“关闭”的变量
液位 1	数值型	水罐 1 的水位高度，用来控制 $1^{\#}$ 水罐水位的变化
液位 2	数值型	水罐 2 的水位高度，用来控制 $2^{\#}$ 水罐水位的变化
液位 3	数值型	水池的水位高度，用来控制水池水位的变化
液位 1 上限	数值型	用来在运行环境下设定水罐 1 的上限报警值
液位 1 下限	数值型	用来在运行环境下设定水罐 1 的下限报警值
液位 2 上限	数值型	用来在运行环境下设定水罐 2 的上限报警值
液位 2 下限	数值型	用来在运行环境下设定水罐 2 的下限报警值
液位 3 上限	数值型	用来在运行环境下设定水池的上限报警值
液位 3 下限	数值型	用来在运行环境下设定水池的下限报警值
液位组	组对象	用于历史数据、历史曲线、报表输出等功能构件

下面介绍工程中用到的相关变量的建立方法和过程。

循环水控制系统
工程变量的设置
与脚本程序的编写

(1) 建立实时数据库。打开工作台的“实时数据库”选项卡，进入实时数据库窗口，如图 7-10 所示。单击“新增对象”按钮，在窗口的数据变量中增加新的数据变量。多次单击该按钮会增加多个数据变量，系统默认的数据变量名称为 InputUser1、InputUser2、InputUser3 等。

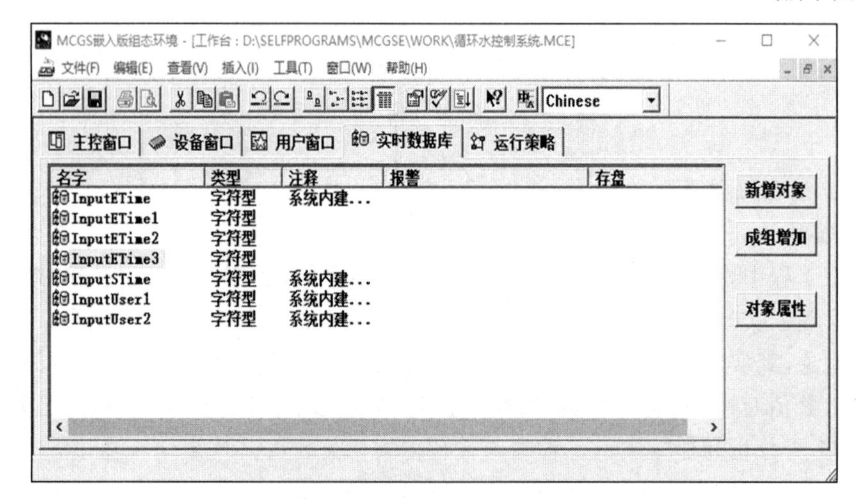

图 7-10 实时数据库平台界面

(2) 数据型数据对象的属性设置。双击新增的数据对象，如 InputUser1，打开“数据对象属性设置”对话框。数据对象属性包含基本属性、存盘属性和报警属性。不同属性根据实际需要进行设置。这里以数据型数据对象“液位 1”为例介绍其属性设置。在“基本属性”选项卡中，将“对象名称”修改为“液位 1”，“对象类型”选择“数值”，将“对象内容注释”修改为“水罐 1 的水位高度，用来控制 1# 水罐水位的变化”；存盘属性保持默认设置；在“报警属性”选项卡中，勾选“允许进行报警处理”复选框，再勾选“下限报警”复选框，在“报警注释”栏里添加注释“水没了”，在“报警值”栏中填写 2；然后勾选“上限报警”复选框，在“报警注释”栏里添加注释“水满了”，将“报警值”栏中的值改为 8。数据变量“液位 1”的属性设置过程如图 7-11(a)～(d)所示。其他数值型数据对象的设置过程与此类似，在此不再赘述。

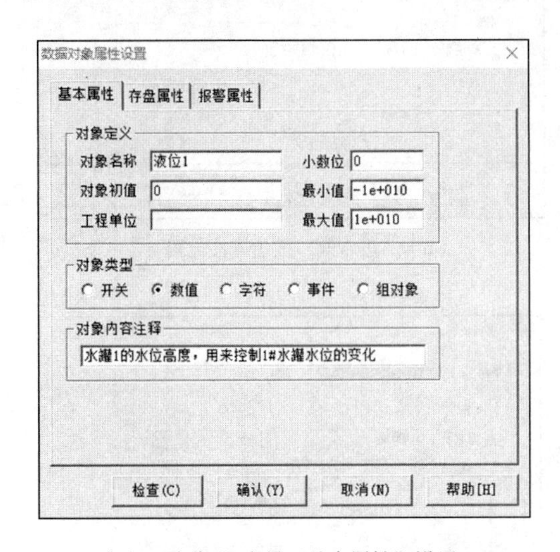

(a)“液位1”变量“基本属性”设置

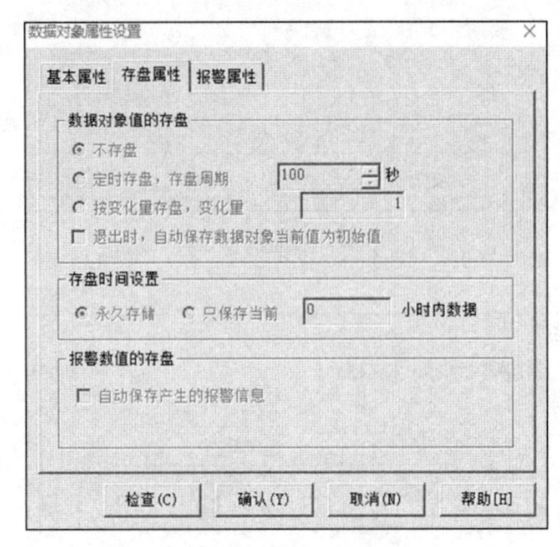

(b)“液位1”变量“存盘属性”设置

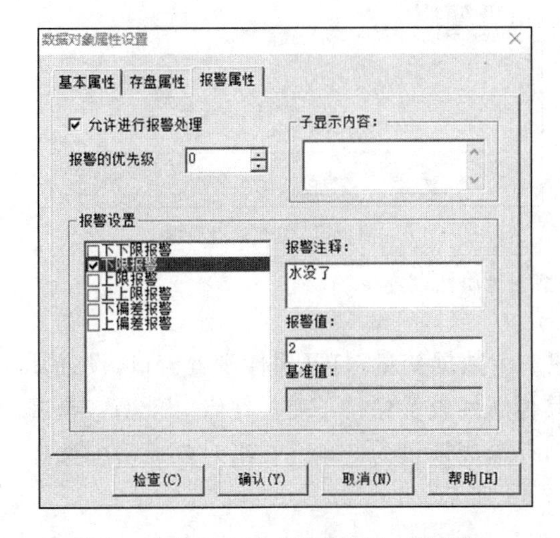

(c)“液位1”变量“下限报警”属性设置

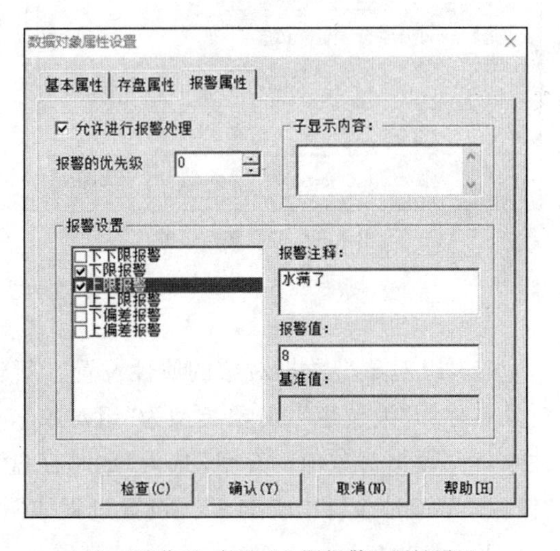

(d)“液位1”变量“上限报警”属性设置

图 7-11　液位 1 属性设置

(3) 开关型数据对象的属性设置。新建 4 个开关型变量：水泵、进水阀、出水阀、控制阀，对象类型选择“开关”，并输入相应的注释，其他属性保持不变，如图 7-12 所示。

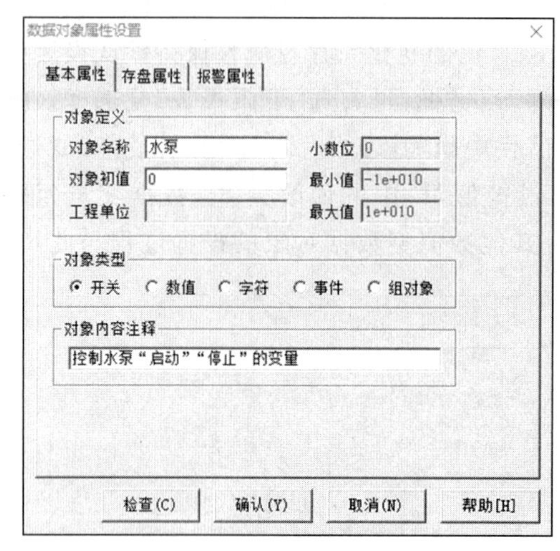

（a）“水泵”变量属性设置

（b）“进水阀”变量属性设置

（c）“出水阀”变量属性设置

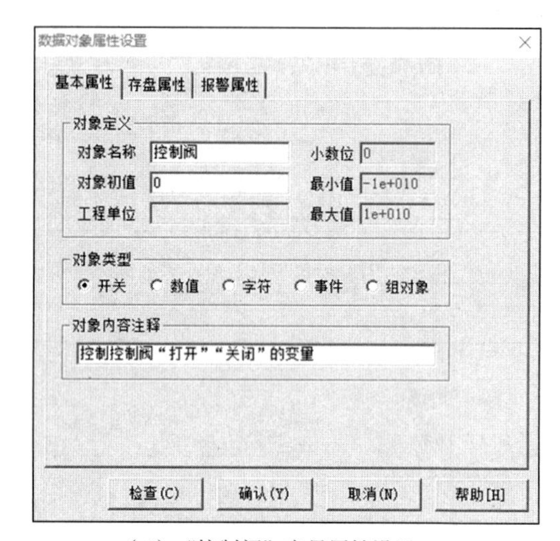

（d）“控制阀”变量属性设置

图 7-12　4 个开关型变量属性设置

(4) 组对象型数据对象的属性设置。新建一个数据变量，打开属性设置窗口，设置其对象名称为“液位组”、对象类型为“组对象”，其他属性设置保持不变。在组对象型存盘属性中，将“数据对象值的存盘”选为“定时存盘”，存盘周期设为 5 秒。在组对象成员中选择“液位 1”“液位 2”和“液位 3”。设置过程如图 7-13 所示。

2）用户窗口

进入 MCGS 组态工作台后，单击“用户窗口”选项卡，在“用户窗口”中单击“新建窗口”按钮 6 次，则会生成 6 个窗口：窗口 0 至窗口 5，如图 7-14 所示。

选中“窗口 0”，然后单击“窗口属性”，打开“用户窗口属性设置”对话框。在“基本属性”选项卡中，将“窗口名称”修改为“公共窗口”，其他属性采用默认设置，如图 7-15 所示。对其他 5 个窗口采用同样的操作方式，分别将“窗口名称”修改为“封面”“循环水控制系统”“数据报表”“曲线”“报警”，窗口名称修改结果如图 7-16 所示。

（a）“液位组”变量基本属性设置

（b）“液位组”变量存盘属性设置

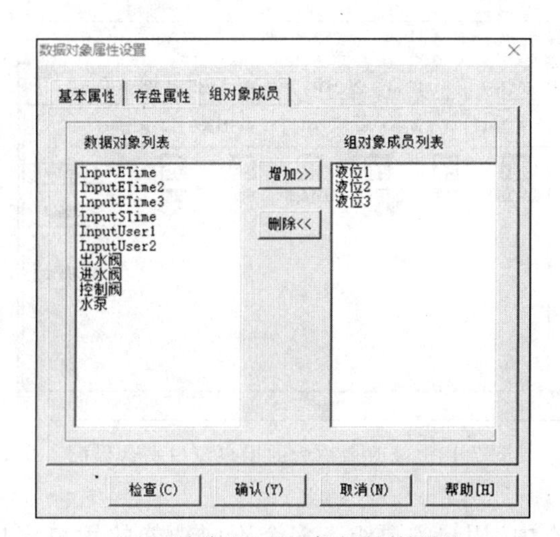

（c）“液位组”组对象成员属性设置

图 7-13　液位组变量属性设置

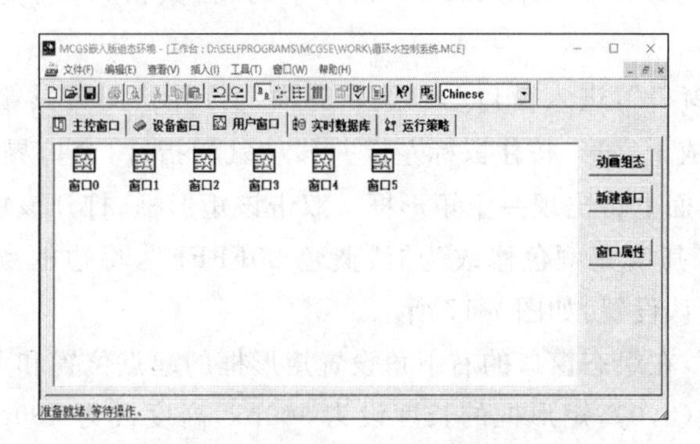

图 7-14　新建 6 个用户窗口

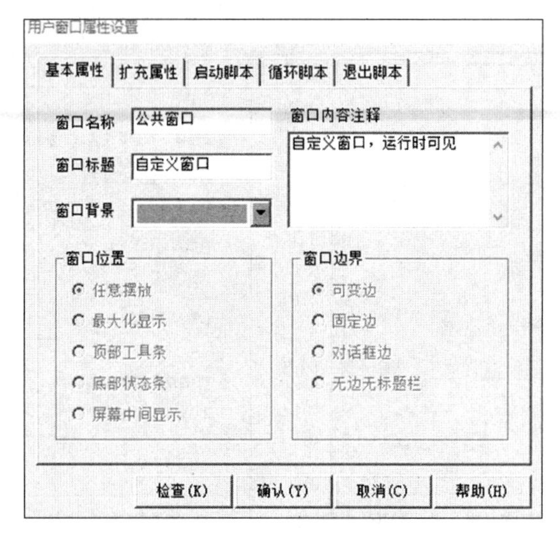

图 7-15 用户窗口属性设置

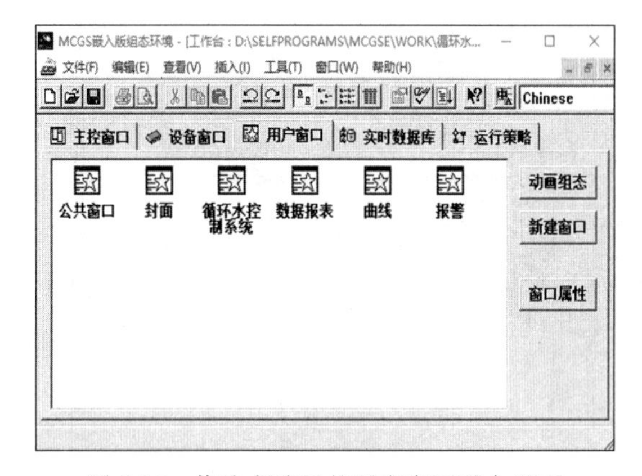

图 7-16 修改名称后的用户窗口平台界面

在 MCGS 项目组态中，用户需要组态多个不同功能的用户窗口。有时这些窗口需要显示相同的内容，比如背景颜色、系统日期、系统时间等，每个窗口重复组态这些相同的内容，将会降低组态效率。采用 MCGS 软件中的“公共窗口”功能，可以有效地解决该问题。

双击打开“公共窗口”，进入窗口动画编辑界面。打开绘图工具箱，单击“矩形”按钮，鼠标指针将变成十字形，按住鼠标左键并移动鼠标指针，窗口界面将出现虚线矩形框；松开鼠标左键，界面上将出现一个矩形框。双击该矩形框，打开该矩形框的“动画组态属性设置”对话框，将其填充颜色修改为“浅蓝色 00FFFF”，将边框颜色设置为“没有边线”，其他属性采用默认设置，如图 7-17 所示。

单击选中矩形框，在组态窗口的右下角设置矩形框的起点位置和大小：将该矩形框的起点位置设置为原点(0,0)，矩形框的长度设为 800px，高度设为 480px，如图 7-18 所示。选中矩形框后右击，在弹出的快捷菜单中，选择“排列”→“锁定”命令，则该矩形框将被“锁定”在该界面上。

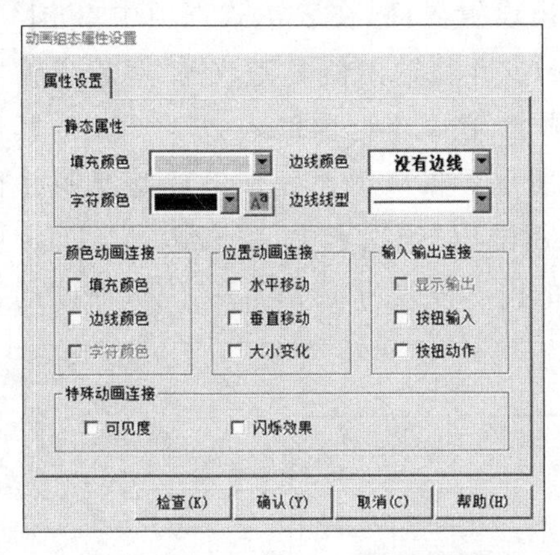

图 7-17　矩形框动画属性设置

窗口目录和封面
设置工程实例

图 7-18　矩形框大小设置

选择工具箱中的“矩形”按钮，再绘制一个矩形，将该矩形框的填充颜色设置为“浅绿色 00FF00”，起点位置设置为(0,0)，长度设为 800px，高度设为 70px，并将该矩形框也“锁定”在该界面上。

单击工具箱中的“标签”按钮[A]，此时鼠标指针呈十字形状。在窗口右上角拖动鼠标，根据需要拖出一定大小的标签。在光标闪烁位置输入文字“日期”，文字输入完毕。双击打开该文本框的属性设置对话框，选择“属性设置”选项卡，将填充颜色设置为“没有填充”，将边线颜色设置为“没有边线”。单击“字符字体设置”按钮[Aa]，设置文字字体为“宋体”、字形为“粗体”、大小为“小四”，其他属性采用默认设置。相关设置如图 7-19 所示。采用类似操作，生成标签“时间”。

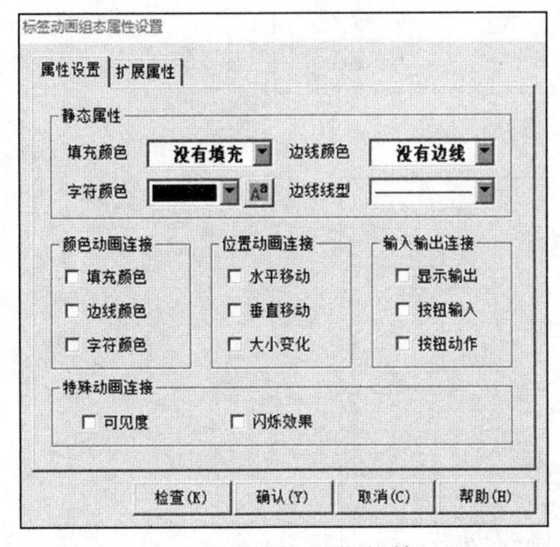

(a) 标签属性设置对话框

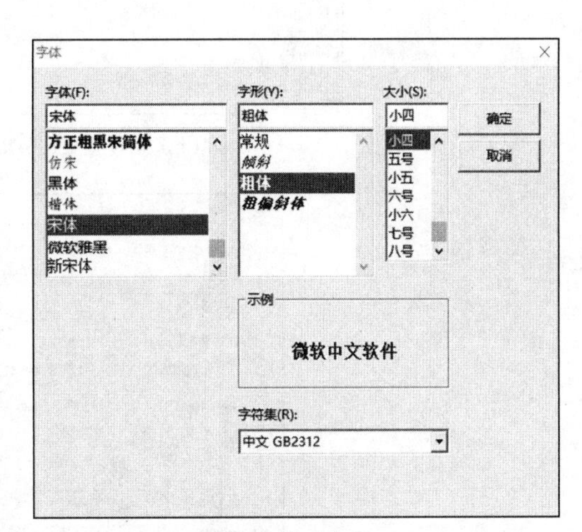

(b) 字体组态界面

图 7-19　标签动画设置

单击工具箱中的“标签”按钮[A]，绘制一个标签。双击打开其属性设置对话框，单击“属性设置”选项卡，将填充颜色设置为“白色 FFFFFF”。单击字符字体设置按钮[Aa]，设置文字字体为“宋体”、字形为“粗体”、大小为“小四”。在“属性设置”选项卡的“输入输出连接属性”中，勾选“显示输出”复选框。显示输出设置界面，在表达式选项中单击[?]按钮，打开“变量选择”对话框，选择字符型变量＄Date，并将输出值类型改为“字符串输出”，其他属性设置采用默认值。选择“扩展属性”选项卡，在文本框内输入2022-08-08，其他属性采用默认设置。相关设置如图7-20(a)～(c)所示。将该组态完成的标签复制并粘贴至“时间”标签后面，然后双击打开该标签，在“显示输出”选项卡中，将表达式＄Date更换成＄Time；在“扩展属性”选项卡中，将文本框中的内容修改为12:30:10，完成时间的显示框组态功能设置。

(a) 标签“显示输出”功能设置

对象名	对象类型
$Date	字符型
$Day	数值型
$Hour	数值型
$Minute	数值型
$Month	数值型
$PageNum	数值型
$RunTime	数值型
$Second	数值型

(b) 字符型变量$Date选择对话框

标签动画组态属性设置
属性设置 扩展属性 显示输出
表达式
$Date ? 单位
输出值类型
开关量输出 数值量输出 字符串输出
输出格式
浮点输出 十进制 十六进制 二进制
自然小数位 四舍五入 前导0 密码
开时信息 开 关时信息 关
整数位数 0 显示效果-例: string
小数位数 -1 string
检查(K) 确认(Y) 取消(C) 帮助(H)

(c) 日期显示输出设置

图7-20 标签显示输出日期功能设置

单击“日期”标签，按住Ctrl键，再单击“时间”标签，则同时选中“日期”和“时间”两个标签，单击“左边界对齐”按钮，则“日期”和“时间”两个标签实现左边界对齐功能。使用各种对齐功能快捷图标，可以实现各个对象的对齐、等间距排列等，实现画图界面的美观。

完成上述对象组态后，其效果如图7-21所示。也可以在公共窗口中实现其他组态。

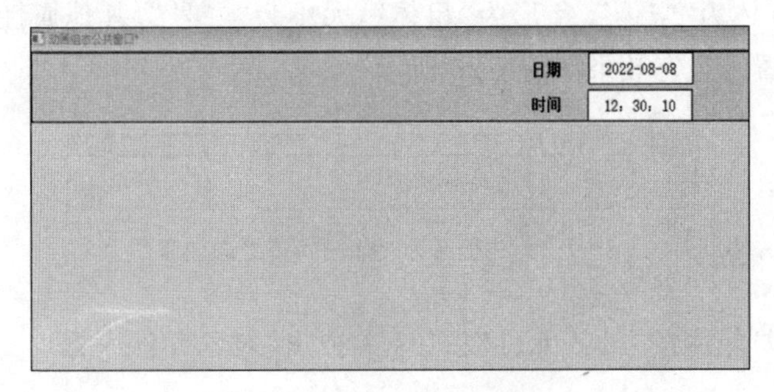

图7-21　公共窗口组态界面

在“用户窗口”平台窗口，选中“循环水控制系统”窗口，单击“窗口属性”按钮，在“用户窗口属性设置”对话框中，选择“扩充属性”选项卡，在“公共窗口”下拉列表中，选择“公共窗口”选项作为循环水控制系统窗口的公共窗口，如图7-22所示。设置公共窗口属性后，双击打开“循环水控制系统”窗口，会发现“循环水控制系统”窗口界面与“公共窗口”界面一致，这就实现了“公共窗口”对象属性的“公用”。执行相同操作，将其余窗口的公共窗口也选择为“公共窗口”。通过此种功能组态，可以大大节约用户的组态时间，提高工作效率。

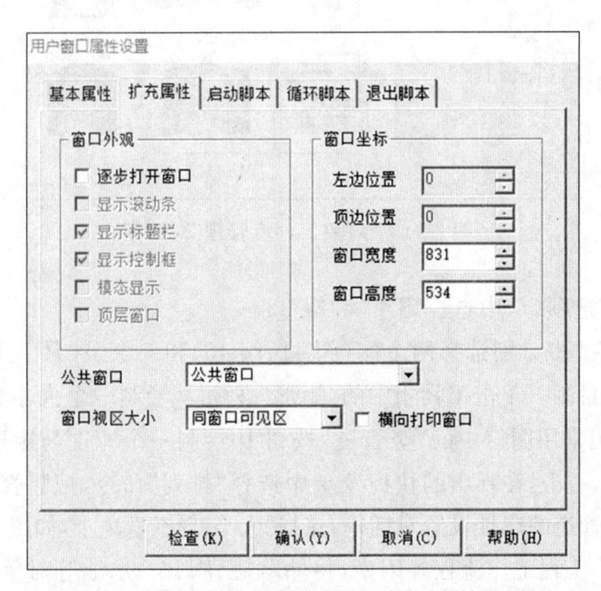

图7-22　在用户窗口中设置“公共窗口”扩充属性

3）制作组态工程流程图

进入用户窗口平台窗口，双击打开“循环水控制系统”窗口，单击工具箱中的“标签”按钮，在“日期”和“时间”标签的左侧绘制一个大小合适的标签，在光标闪烁处输入文本“循环水控制系统”。双击打开该标签的属性设置对话框，单击选择属性设置选项，将填充颜色设置为“没有填充”；边线颜色选择“没有边线”；字符颜色选择“红色 FF0000”。单击“字符字体设置”按钮，设置文字字体为“宋体”，字形为“粗体”，大小为“二号”，其他属性设置采用默认设置。组态效果如图 7-23 所示。

循环水控制系统画面组态

图 7-23 “循环水控制系统”组态效果

单击绘图工具箱中的“插入元件”按钮，弹出“对象元件库管理”对话框，如图 7-24 所示。

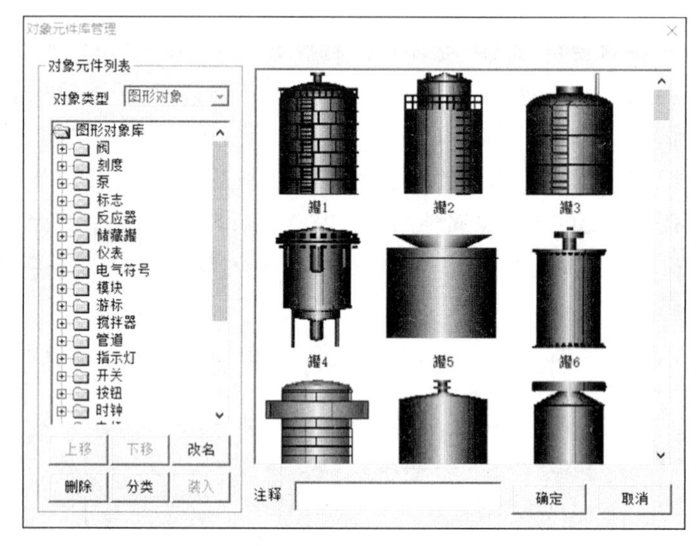

图 7-24 “对象元件库管理”对话框

单击“储藏罐”选项，从中选择罐 17 和罐 23。

从“阀”和“泵”类中分别选择两个阀（阀 41、阀 45）和一个泵（泵 40）。

水池需要用户自制。单击工具箱中的“矩形”按钮绘制一个大小合适的矩形框，打开常用图符按钮，用常用图符中的“竖管道”按钮绘制一个宽度与矩形的宽度相同、下端重合放置的竖管道，右击，在弹出的快捷菜单中选择“排列”命令，把竖管道设置为最前面的属性。双击打开竖管道的属性设置对话框，选择“大小变化”选项卡，如图 7-25 所示进行设置。

根据窗口大小，工程工作流程等因素，将储藏罐、阀、泵、水池等对象调整为合适大小并放在合适的位置。单击工具箱内的“流动块动画构件”按钮，鼠标指针将呈十字形，将鼠标指针移动至窗口的预定位置，单击，然后移动鼠标，在鼠标指针后出现一道虚线再将鼠标拖动一定的距离，单击，生成一段流动块。再拖动鼠标指针生成下一段流动块并调整其大小和相应的位置。当用户需要结束绘制时，双击即可。当用户需要修改流动块时，选中流动块，鼠标指针指向小方块，按住左指针键不放并拖动鼠标，即可调整流动块的形状。

动画组态属性设置
属性设置 大小变化
表达式
液位3
大小变化连接
最小变化百分比 0 表达式的值 0
最大变化百分比 100 表达式的值 10
变化方向 变化方式 缩 放
检查(K) 确认(Y) 取消(C) 帮助(H)

图 7-25　“动画组态属性设置”对话框

单击工具箱中的“标签”按钮A，绘制三个大小合适的标签，使用标签的“显示输出”功能，分别用来显示水罐1、水罐2和水池的液位值。以显示水罐1液位值的标签为例，双击打开该标签，在“属性设置”选项卡中，勾选“显示输出”复选框，在“显示输出”选项卡中，按照图 7-26 所示进行设置，其他参数保持不变。水罐2和水池的液位值显示标签的设置与此类似。单击工具箱中的“标签”按钮A，绘制大小合适的标签，给阀、水罐、水池、水泵等对象进行文字注释，效果如图 7-27 所示。

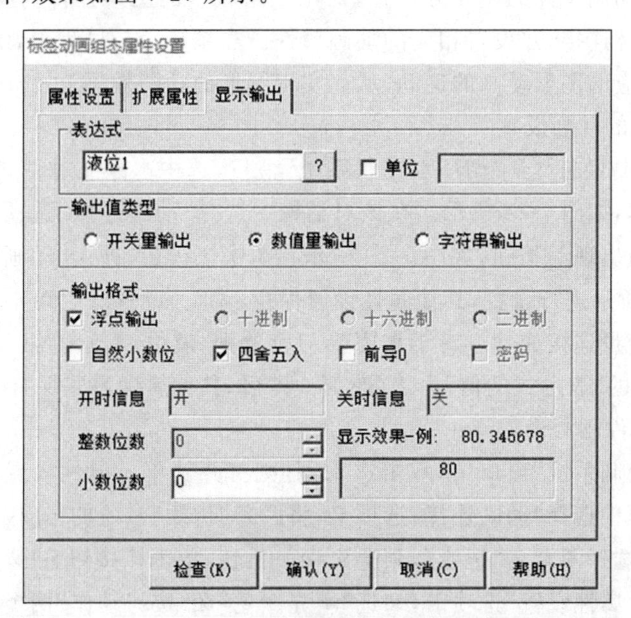

图 7-26　水罐1液位值显示输出设置

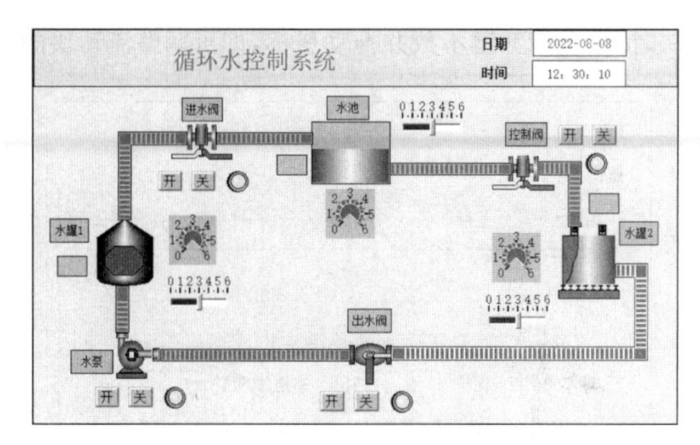

图 7-27 循环水控制系统窗口界面

为每个泵和阀门制作相应的指示灯和开关。单击元件按钮，选中指示灯类，选择指示灯 3 作为泵和阀门的指示灯。从工具箱中选择“标准按钮”作为泵和阀门的开关，单击“标准按钮”图标，在泵和阀门旁边的合适位置处绘制大小合适的开关。

单击工具箱中的“旋转仪表”按钮，在水罐 1、水罐 2 和水池旁边绘制大小合适的旋转仪表。

单击工具箱中的“滑动输入器”按钮，在水罐 1、水罐 2 和水池旁边绘制大小合适的输入器。

通过对窗口界面的设置，最后生成的整体界面如图 7-27 所示。

4）动态连接

在组态环境中，由图形控件制作的图形界面是静止不动的，需要对这些图形控件进行动画设置，应用动态画面描述外界对象的状态变化，达到对过程实时监控的目的。MCGS 嵌入版实现图形动画设计的主要方法是，对用户窗口中的图形控件与实时数据库中的数据对象建立相关性连接，并设置相应的动画属性。在系统运行过程中，由数据对象的实时采集值来控制相应的图形动画的运动，从而实现图形的动画效果。

5）图形控件的动画设置

在用户窗口中双击打开“循环水控制系统”窗口，选中水罐 1 并双击，则打开其“单元属性设置”对话框，如图 7-28 所示。在该对话框中选择“动画连接”选项卡，单击选择图元名“八边形”，则会出现 > 按钮，如图 7-29 所示。单击该按钮，进入“动画组态属性设置”对话框，按图 7-30 所示进行设置，其他属性设置保持不变。设置好后单击“确认”按钮，再单击“确认”按钮，变量连接成功。对于水罐 2，只需要把“液位 1”改为“液位 2”，将“最大变化百分比”100 对应的“表达式的值”由 10 改为 6 即可，其他属性设置保持不变。

6）开关型构件动画设置

在“循环水控制系统”窗口中，双击进水阀，则打开其单元属性设置对话框。在“单元属性设置”对话框中选择“动画连接”选项卡，将两条“折线”对应的“连接表达式”均修改为“进水阀”。单击选择图元名“折线”，则会出现 > 按钮，单击该按钮，进入“动画组态属性设置”对话框，选择“属性设置”选项卡，勾选“填充颜色”和“按钮动作”两个复选框，如图 7-31 所示。然后选择“填充颜色”选项卡，按图 7-32 所示进行修改，其他属性设置保持不变。设

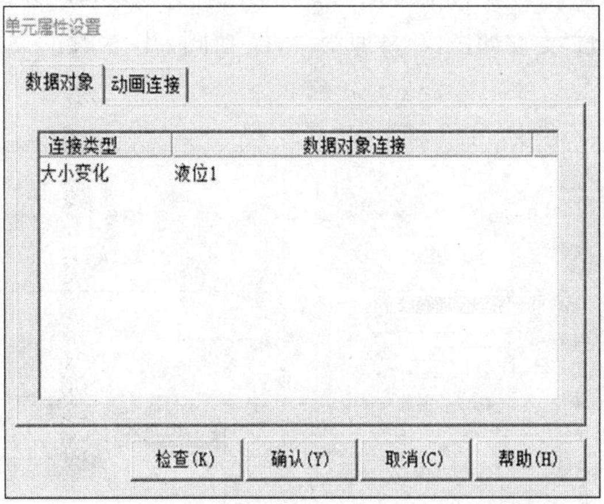

单元属性设置
数据对象
动画连接
连接类型
数据对象连接
大小变化
液位1
检查(K)
确认(Y)
取消(C)
帮助(H)

图 7-28　水罐 1“数据对象”设置对话框

单元属性设置
数据对象
动画连接
图元名
连接类型
连接表达式
八边形
大小变化
液位1
检查(K)
确认(Y)
取消(C)
帮助(H)

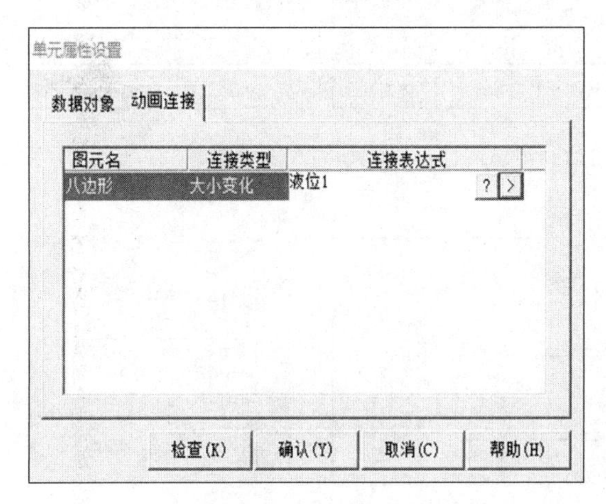

图 7-29　水罐 1“动画连接”设置对话框

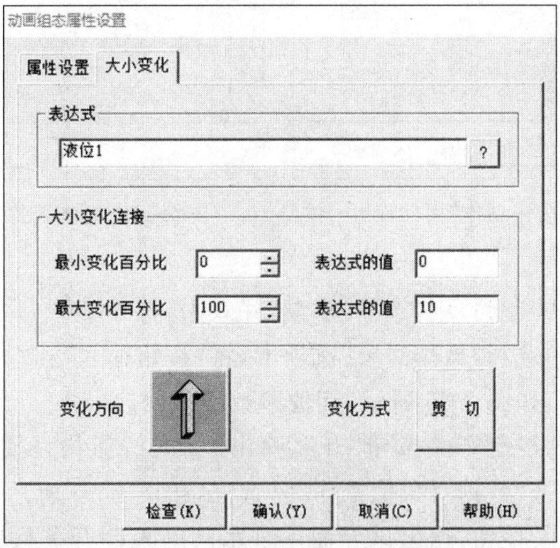

动画组态属性设置
属性设置
大小变化
表达式
液位1
大小变化连接
最小变化百分比
0
表达式的值
0
最大变化百分比
100
表达式的值
10
变化方向
变化方式
剪 切
检查(K)
确认(Y)
取消(C)
帮助(H)

图 7-30　水罐 1 连接变量“液位 1”的相关属性设置

置完成后单击“按钮动作”选项卡，按图 7-33 所示进行修改，其他属性设置保持不变。设置完成后，进水阀的属性设置如图 7-34 所示。控制阀、出水阀的属性设置方法与此类似，在此不再赘述。

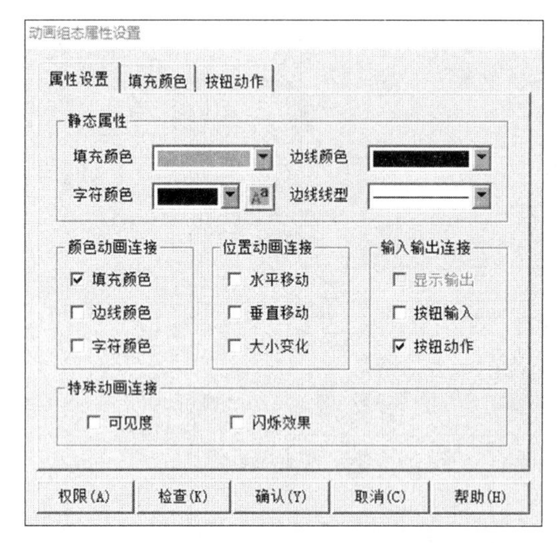

图 7-31 进水阀的动画组态属性设置

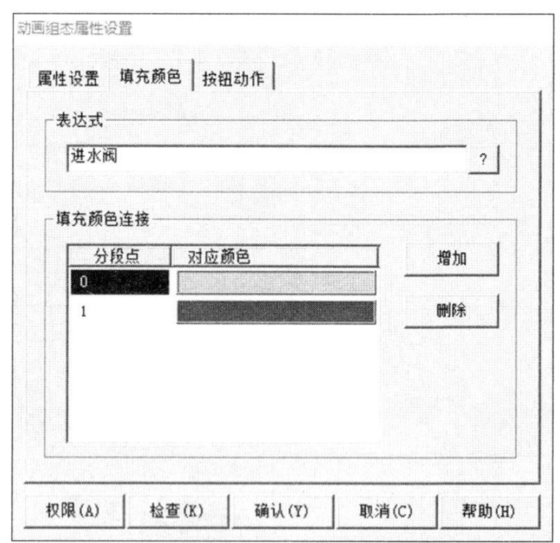

图 7-32 进水阀的“填充颜色”属性设置

动画组态属性设置
属性设置 填充颜色 按钮动作
按钮对应的功能
执行运行策略块
打开用户窗口
关闭用户窗口
打印用户窗口
退出运行系统
数据对象值操作 取反 进水阀 ?
权限(A) 检查(K) 确认(Y) 取消(C) 帮助(H)

图 7-33 进水阀的“按钮动作”属性设置

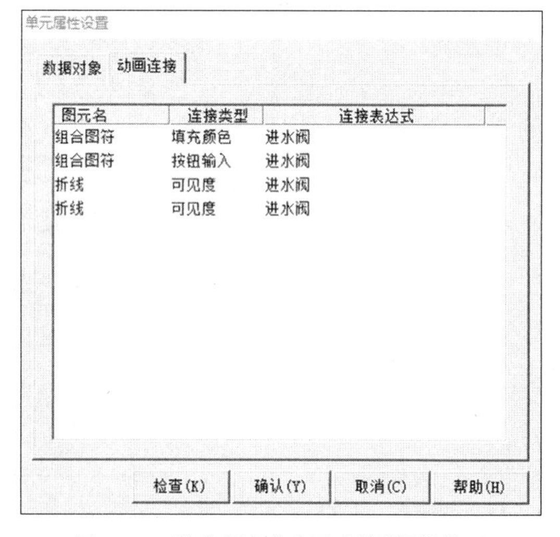

图 7-34 进水阀的“动画连接”属性设置

在“循环水控制系统”窗口中，选择“水泵”并双击，打开其“单元属性设置”对话框。在单元属性设置对话框中选择“数据对象”选项卡，将“按钮输入”和“填充颜色”的“数据对象连接”均修改为“水泵”，如图 7-35 所示，其他参数不做修改。

双击打开进水阀的控制开关按钮“开”，弹出“标准按钮构件属性设置”对话框，选择“操作属性”选项卡，勾选“数据对象值操作”复选框，按图 7-36 所示进行设置，其他属性设置保持不变，单击“确认”按钮，退出该界面。进水阀的控制开关按钮“关”，其属性设置与此类似，只需要将“数据对象值操作”中的“置 1”更换成“清 0”即可。双击打开进水阀的指示灯，选择“数据对象”选项卡，将“可见度”的“数据对象连接”修改为“进水阀”，其他属性采用默认设置，如图 7-37 所示。控制阀、出水阀、水泵的控制按钮和指示灯属性设置与此类似，这里不再赘述。

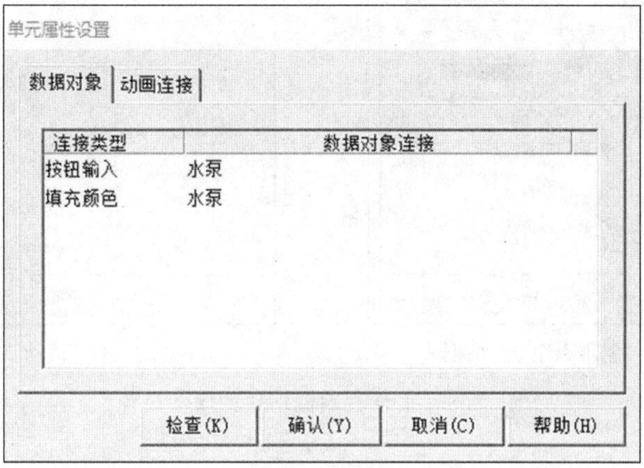

图 7-35　水泵“数据对象”属性设置

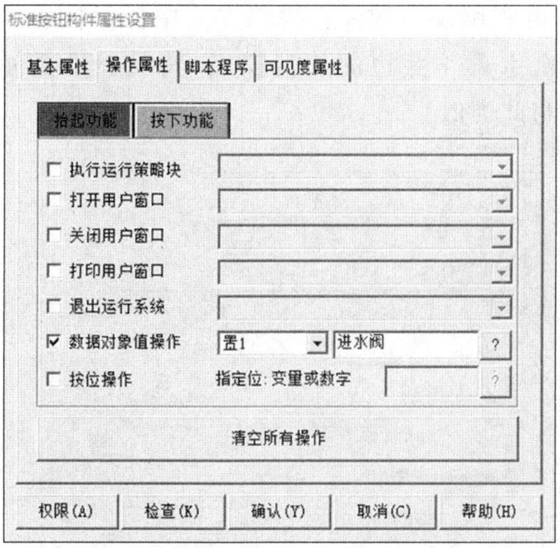

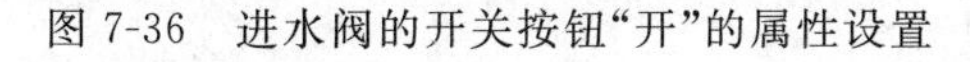

图 7-36　进水阀的开关按钮“开”的属性设置

图 7-37　进水阀的“指示灯”单元属性设置

7）流动块构件属性设置

在循环水控制系统中，反映水管的水流动效果是通过“流动块构件属性设置”来实现的。在用户窗口中打开“循环水控制系统”窗口，双击水泵右侧的流动块，打开“流动块构件属性设置”对话框，如图 7-38(a)所示。选择流动块构件的“流动属性”选项卡，按照图 7-38(b)所示对流动块构件的基本属性进行修改。其他属性按照默认参数进行设置即可。其他流动块属性的设置方法与此类似，可根据实际情况修改流动块的流动方向和流动属性的表达式，在此不做赘述。

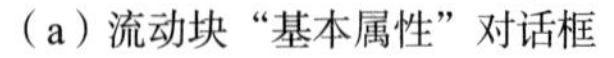

(a) 流动块“基本属性”对话框

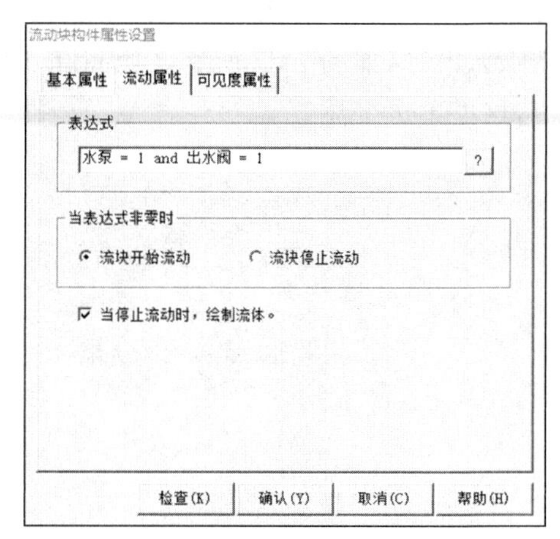

(b) 流动块的“流动属性”设置对话框

图 7-38 水泵右侧流动块的属性设置

8）旋转仪表构件的属性设置

工业现场需要用仪表显示数据，在动画界面中也可以模拟现场的仪表运行状态。MCGS 嵌入版提供了多种仪表形式可供选择，可利用仪表构件在模拟界面中显示仪表的运行状态。在“循环水控制系统”窗口中，双击水罐 1 旁边的旋转仪表，其属性设置如图 7-39 所示。其他两个旋转仪表的属性设置与此类似。

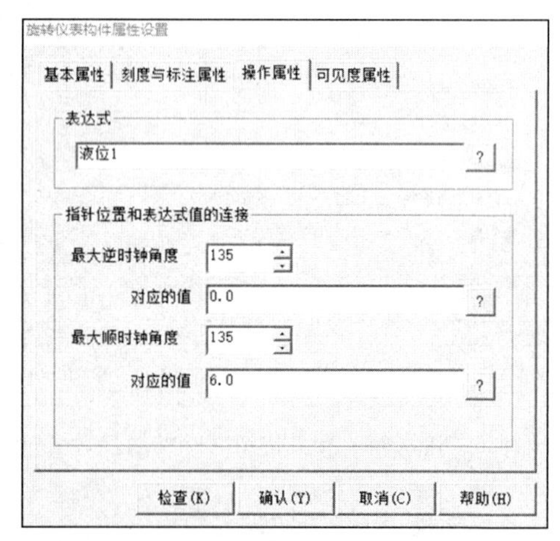

图 7-39 “旋转仪表构件的属性设置”对话框

9）滑动输入器构件的属性设置

双击打开水罐 1 旁边的滑动输入器，其基本属性设置如图 7-40 所示。其他两个滑动输入器的属性设置与此类似。

在进行构件动画属性设置的过程中，可以将工程下载至模拟运行环境中，检查各个动画构件的运行效果。如果运行效果不理想，可以重新进行属性设置，直至达到理想效果为止。运行之前，在用户窗口平台，单击选中“循环水控制系统”，右击，从弹出的快捷菜单中选择“设置为启动窗口”命令，这样工程在进入运行环境后会自动打开“循环水控制系统”窗口。

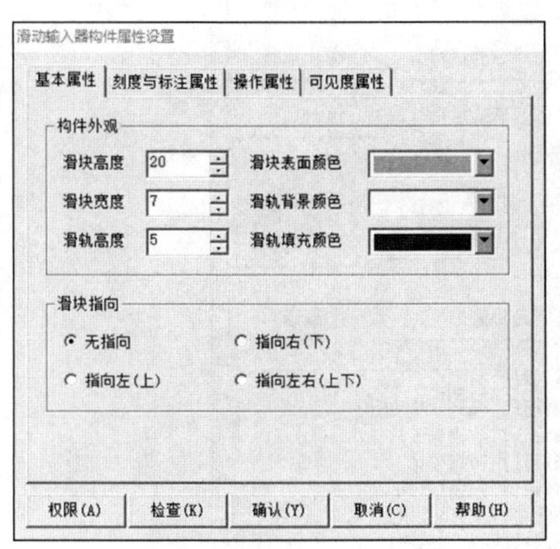

(a) 基本属性设置

(b) 刻度与标注属性设置

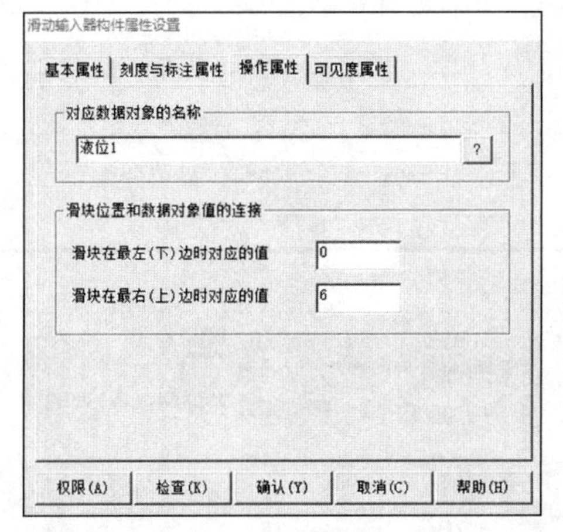

(c) 操作属性设置

图 7-40　滑动输入器的属性设置

上述操作完成后，单击“下载工程并进入运行环境”按钮，或者直接按 F5 键或在菜单项“文件”中选择“进入运行环境”选项，打开“下载配置”对话框，如图 7-41 所示。单击“模拟运行”按钮，再单击“工程下载”按钮，MCGS 嵌入版进入工程下载环节。提示工程下载成功后单击“启动运行”按钮可以进入模拟运行环境。当返回信息提示栏中有错误提示时，要修改所有错误信息，且系统提示工程下载成功后才能进入相应的运行环境。

打开模拟运行环境窗口，画面当前是静止的，分别单击进水阀、控制阀、出水阀、水泵旁边的控制按钮“开”，可以观察到相应的指示灯由红色变成绿色，同时流动块流动，阀和泵的颜色会发生变化，阀门打开，调节滑动输入器构件上的滑块，可以改变液位值，标签显示值和旋转仪表指针也会同时改变，如图 7-42 所示。

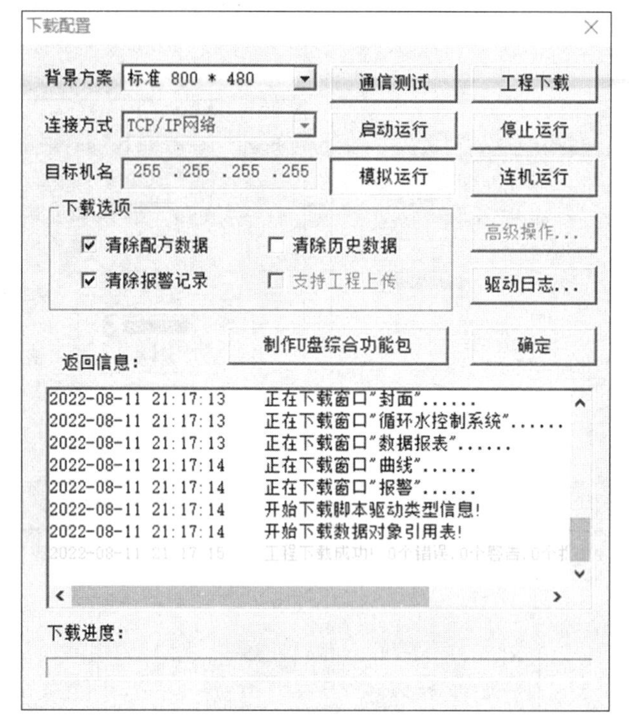

图 7-41 “下载配置”对话框

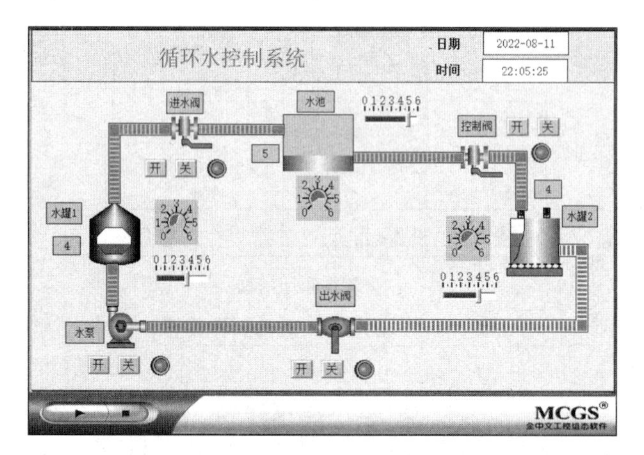

图 7-42 “循环水控制系统”窗口模拟运行界面

3. 设备连接

MCGS 嵌入版组态软件提供了大量工控领域常用的设备驱动程序。这里以模拟设备为例，介绍一下关于 MCGS 嵌入版组态软件的设备连接，使读者对该部分有一个概念性的了解。模拟设备是供用户调试工程的虚拟设备。该构件可以产生标准的正弦波、方波、三角波和锯齿波信号，其幅值和周期都可以任意设置。通过模拟设备的连接，可以使动画不需要手动操作，自动运行起来。通常情况下，在启动 MCGS 嵌入版组态软件时，模拟设备都会自动装载到设备工具箱中。如果模拟设备未被装载，可按照以下步骤将其选入。

(1) 在“设备窗口”平台中双击“设备窗口”按钮，打开进入“设备组态”界面。

(2) 单击工具条中的“工具箱”按钮，打开“设备工具箱”窗口，如图7-43所示。

图7-43　“设备工具箱”界面

(3) 单击“设备工具箱”中的“设备管理”按钮，弹出如图7-44所示的界面。

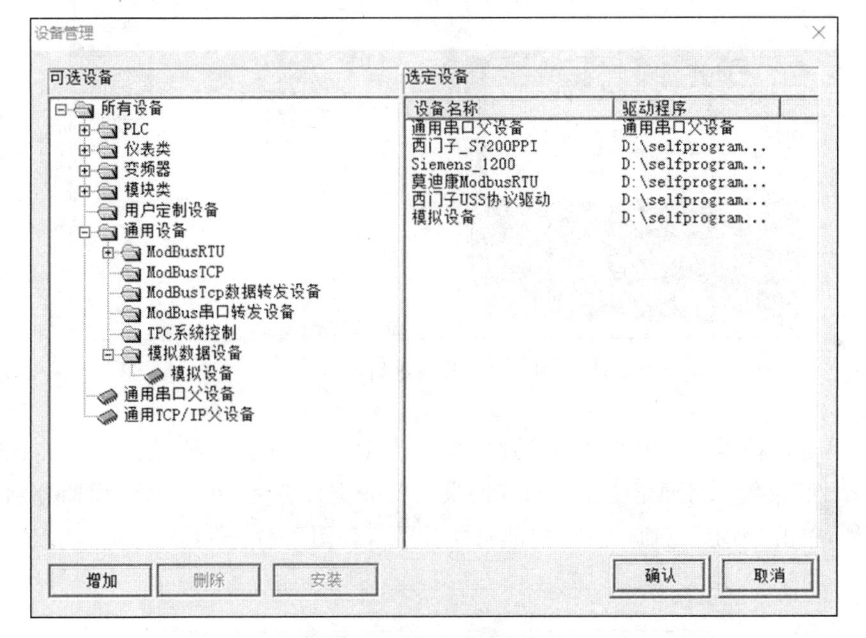

图7-44　“设备管理”界面

(4) 在可选设备列表中，双击“通用设备”，如图7-44所示。

(5) 双击“模拟数据设备”，在下方会出现“模拟设备”。

(6) 双击“模拟设备”，即可将“模拟设备”添加到右侧的选定设备列表中，单击“确认”按钮，退出设备管理界面，如图7-44所示。此时，设备工具箱中就会出现“模拟设备”选项。

下面详细介绍模拟设备的属性设置过程。

(1) 双击“设备工具箱”中的“模拟设备”，将模拟设备添加到设备组态窗口中，如图7-45所示。

(2) 双击“设备0--[模拟设备]”，进入模拟设备编辑窗口，如图7-46所示。

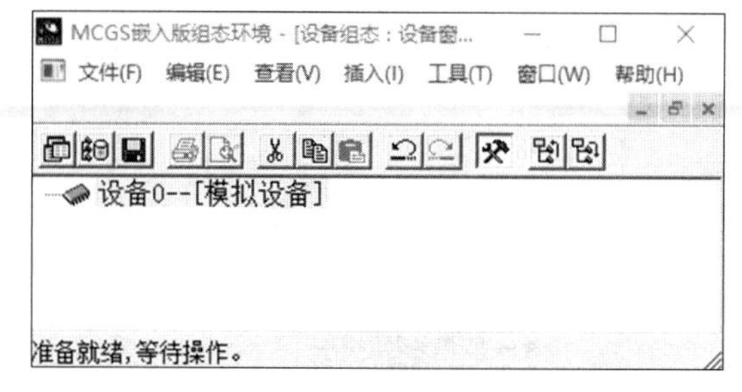

图 7-45 添加模拟设备到设备组态窗口

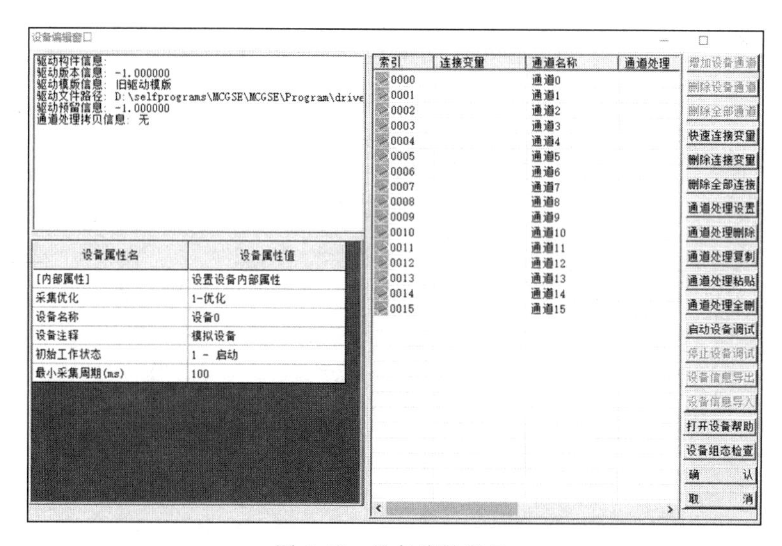

图 7-46 设备编辑窗口

(3) 单击设备属性名中的“内部属性”选项，该选项右侧会出现 ... 按钮，单击该按钮进入“内部属性”设置。将通道 1 至通道 3 的最大值分别设置为 10、6、8，将周期分别设置为 10、6、8 秒，单击“确定”按钮，完成“内部属性”设置，如图 7-47 所示。

内部属性

通道	曲线类型	数据类型	最大值	最小值	周期(秒)
1	0 - 正弦	1 - 浮点	10	0	10
2	0 - 正弦	1 - 浮点	6	0	6
3	0 - 正弦	1 - 浮点	8	0	8
4	0 - 正弦	1 - 浮点	1000	0	10
5	0 - 正弦	1 - 浮点	1000	0	10
6	0 - 正弦	1 - 浮点	1000	0	10
7	0 - 正弦	1 - 浮点	1000	0	10
8	0 - 正弦	1 - 浮点	1000	0	10
9	0 - 正弦	1 - 浮点	1000	0	10
10	0 - 正弦	1 - 浮点	1000	0	10
11	0 - 正弦	1 - 浮点	1000	0	10
12	0 - 正弦	1 - 浮点	1000	0	10

曲线条数：16　拷到下行　确定　取消　帮助

图 7-47 模拟设备的内部属性设置

(4) 单击通道连接标签,进入通道连接设置。双击通道 0 对应的连接变量,打开“变量选择”界面,如图 7-48(a)所示,双击对象名“液位 1”,则通道 0 连接变量“液位 1”;重复此操作,连接液位 2 与通道 1,连接液位 3 与通道 2,变量与通道连接效果如图 7-48(b)所示。单击“确认”按钮,退出“设备编辑”界面。

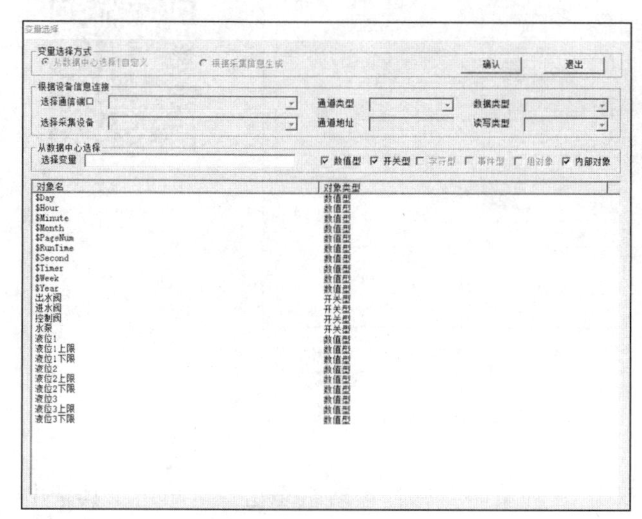

(a)“变量选择”界面

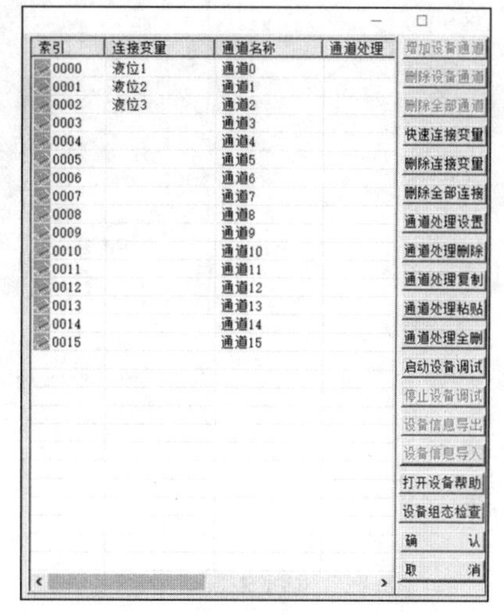

(b)变量与通道链接效果

图 7-48 设置变量与通道连接

通过这样的组态设置,可以实现液位值随模拟通道设置的曲线函数变化的效果,提高用户模拟调试的效率。将设备窗口组态完成后,将项目下载至模拟运行环境中,可以观察到水罐 1、水罐 2、水池、滑动输入器、旋转仪表会自动变化。

4. 编写控制流程

对于大多数应用系统,MCGS 嵌入版组态软件经过组态就可完成。只有比较复杂的系统才需要使用脚本程序。正确编写脚本程序,可简化组态过程,大大提高工作效率,优化控制过程。

脚本程序是由工程设计人员编制的,用来完成特定的操作和处理。脚本程序的编程语法较为简单,工程设计人员能够快速、正确地掌握使用脚本程序的方法。接下来,通过编写循环水控制系统控制流程的脚本程序并进行演示,来说明脚本程序的编写方法。

先对控制流程进行分析:当“水罐 1”的液位达到 9m 时,就要自动关闭“水泵”,否则自动开启“水泵”;当“水罐 2”的液位不足 1m 时,就要自动关闭“出水阀”,否则自动开启“出水阀”;当“水罐 1”的液位大于 1m 并且“水罐 2”的液位小于 6m 时,就要自动开启“调节阀”,否则自动关闭“调节阀”。

接下来编写脚本程序。

(1) 打开工作台窗口,选择“运行策略”平台,单击选中“循环策略”,然后单击“策略属性”按钮,弹出“策略属性设置”对话框。将“策略执行方式”中的“定时循环执行,循环时间”修改为 200ms,单击“确认”按钮,如图 7-49 所示。

图 7-49 设置定时循环执行时间

计数器示例

(2) 在“运行策略”平台窗口中，双击“循环策略”，打开策略组态窗口。单击工具条中的“新增策略行”按钮，增加一个策略行，如图 7-50 所示。

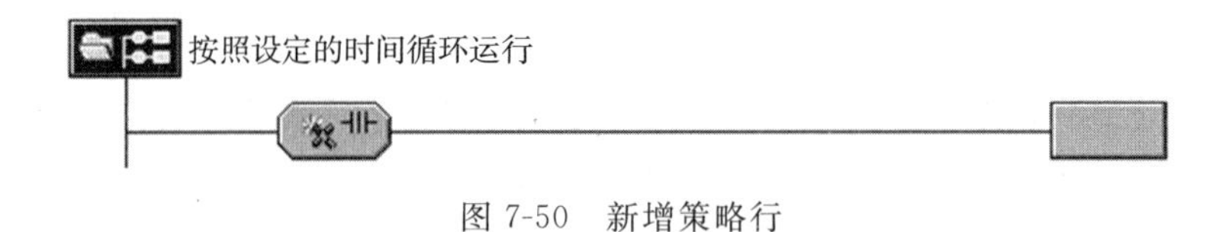

图 7-50 新增策略行

(3) 如果策略组态窗口中没有策略工具箱，请单击工具条中的“工具箱”按钮，弹出“策略工具箱”窗口，如图 7-51 所示。

图 7-51 “策略工具箱”窗口

字符串分解示例

(4) 选择“策略工具箱”中的“脚本程序”选项，将鼠标指针移到策略块按钮上方并单击，添加脚本程序构件，如图 7-52 所示。

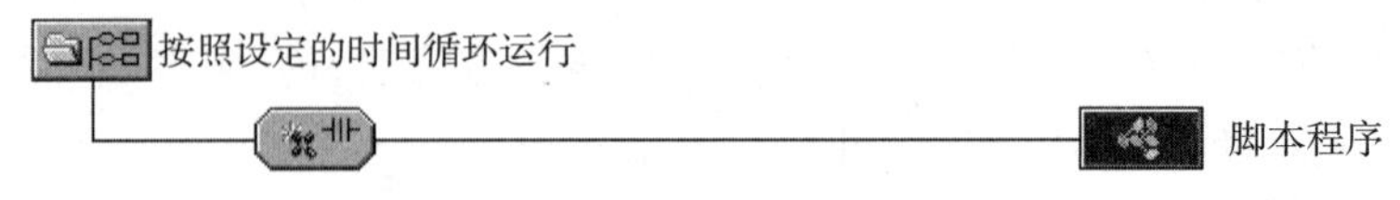

图 7-52 添加脚本程序至策略行

(5) 双击[按钮图标]按钮,进入脚本程序编辑环境,输入下面的程序代码:

```
IF 液位 1<9 THEN
    水泵 = 1
ELSE
    水泵 = 0
ENDIF
IF 液位 2<1 THEN
    出水阀 = 0
ELSE
    出水阀 = 1
ENDIF
IF 液位 1>1 and  液位 2<9 THEN
    控制阀 = 1
ELSE
    控制阀 = 0
ENDIF
```

程序输入完成后,单击"检查"按钮,进行语法检查。如果组态设置正确,则会弹出"组态设置正确,没有错误"对话框;如果提示有错误,需要对程序进行检查,直至通过语法检查。

完成脚本程序编写后,将项目下载至模拟运行环境中,观察各个对象的变化。

5. 报警显示

MCGS嵌入版组态软件把报警处理作为数据对象的属性封装在数据对象内,由实时数据库自动处理。当数据对象的值或状态发生改变时,实时数据库判断对应的数据对象是否发生了报警或已产生的报警是否已经结束,并把所产生的报警信息通知给系统的其他部分。实时数据库根据用户的组态设定,将报警信息存入指定的存盘数据库文件。实时数据库只负责对报警进行判断、通知和存储三项工作,报警发生后要进行的其他处理操作,则需要用户在组态过程中制订方案,从而完成该报警信息的使用和报警的显示等。

1) 定义报警

对报警的定义在数据对象的属性界面中进行。数值型数据对象有六种报警:下下限报警、下限报警、上限报警、上上限报警、下偏差报警、上偏差报警。开关型数据对象有四种报警方式:开关量报警、开关量跳变报警、开关量正跳变报警和开关量负跳变报警。开关量报警时可以选择开报警或者关报警,当一种状态为报警状态时,另一种状态就为正常状态。用户在使用时可以根据不同的需要选择一种或多种报警方式。事件型数据对象不进行报警限值或状态设置,当对应的事件产生时报警也就产生,事件型数据对象报警的产生和结束是同时完成的。字符型数据对象和组对象不能设置报警属性,但对组对象而言,它所包含的成员可以单独进行报警设置。组对象一般可用来对报警进行分类管理,以方便系统其他部分对同类报警进行处理。当报警信息产生时,可以设置报警信息是否需要自动存盘,这种设置操作需要在数据对象的存盘属性中完成。

以循环水控制系统中的"液位1"数据对象为例来说明定义数据对象报警信息的过程。在实时数据库中双击"液位1"数据对象,在"报警属性"选项卡中勾选"允许进行报警处理”，再勾选“下限报警”复选框，在“报警注释”栏中注释“水没了”，将“报警值”修改为 2。然后勾选“上限报警”复选框，在“报警注释”栏中注释“水满了”，将“报警值”修改为 8。之后选择“存盘属性”选项卡，会发现“自动保存产生的报警信息”复选框可以勾选了，勾选该复选框，则液位 1 产生的报警信息将会存盘。数据变量“液位 1”的属性设置过程如图 7-53 所示。

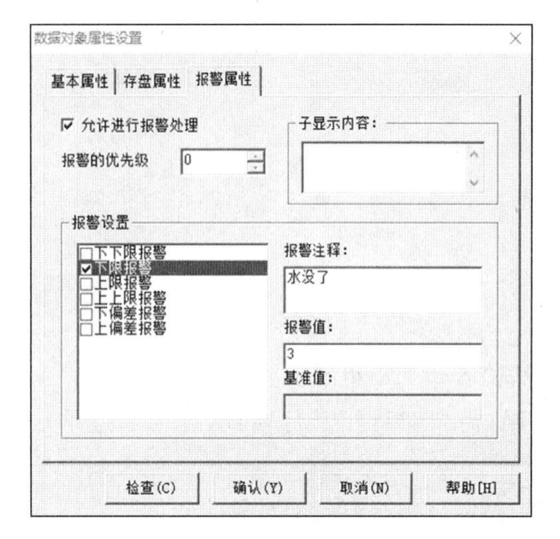

(a) 设置下限报警注释及报警值

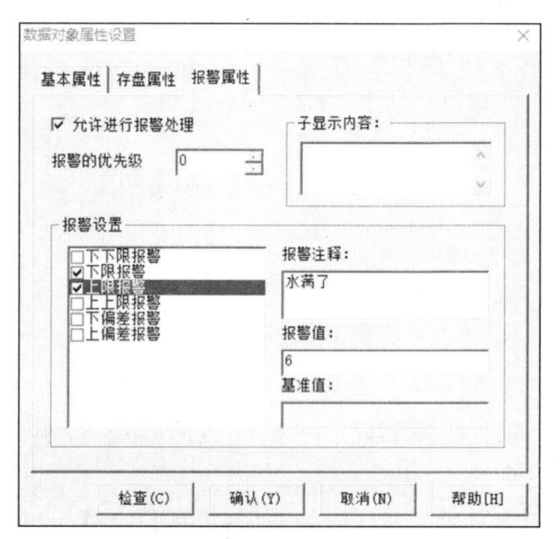

(b) 设置上限报警注释及报警值

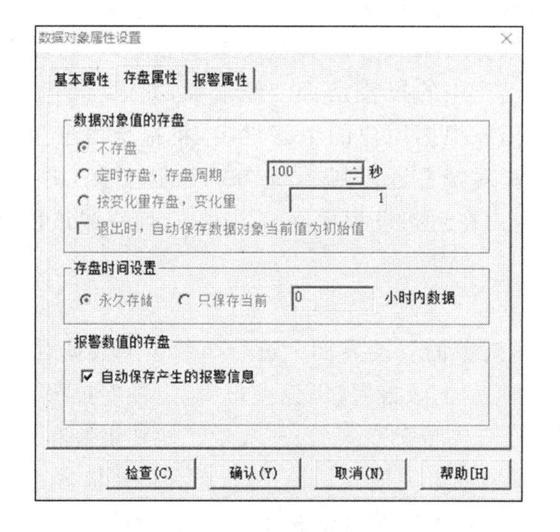

(c) 报警信息存盘设置

图 7-53 “液位 1”的属性设置

实时报警

对于“液位 2”和“液位 3”数据对象，只需要把“上限报警”的报警值设置为 6 和 4，把“下限报警”的报警值设为 3 和 2 即可，报警注释内容及其他设置与“液位 1”相同，同时勾选“液位 2”和“液位 3”“存盘属性”选项卡中的“自动保存产生的报警信息”复选框，具体操作如图 7-54、图 7-55 所示。

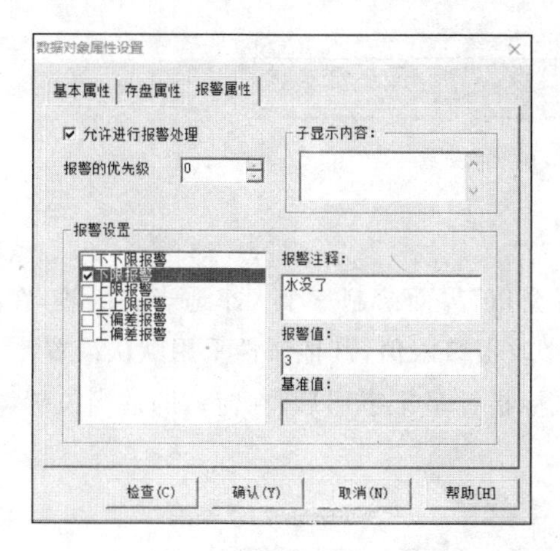

(a) 设置下限报警注释及报警值

(b) 设置上限报警注释及报警值

图 7-54　“液位 2”的属性设置

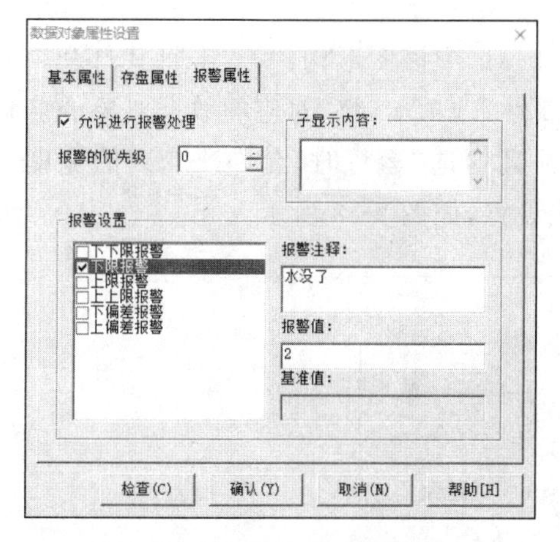

(a) 设置下限报警注释及报警值

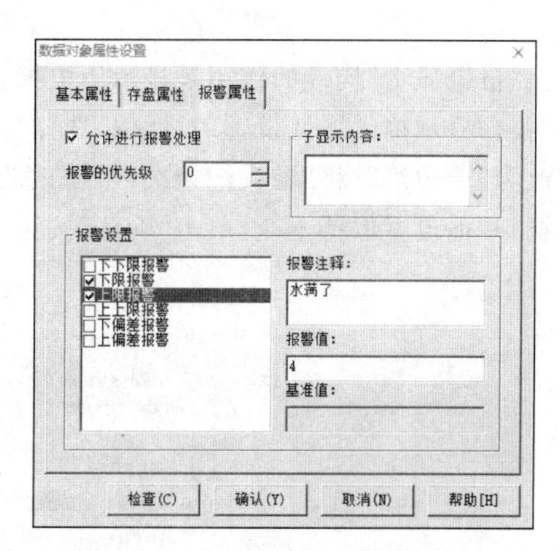

(b) 设置上限报警注释及报警值

图 7-55　“液位 3”的属性设置

2) 制作报警显示界面

实时数据库只负责关于报警的判断、通知和存储三项工作,而报警发生后要进行的其他处理操作(即对报警动作的响应),需要用户在组态过程中实现。

3) 设置报警显示构件

打开“用户窗口”平台,双击打开“报警”窗口,单击工具箱中的“标签”按钮,在“日期”和“时间”标签的左侧绘制一个大小合适的标签,在光标闪烁处输入文本“报警窗口”。双击打开该标签的属性设置对话框,选择“属性设置”选项卡,将填充颜色设置为“没有填充”,边线颜色选择“没有边线”,字符颜色选择“红色 FF0000”。单击“字符字体设置”按钮,设置文字字体为“宋体”、字形为“粗体”、大小为“二号”,其他属性设置采用默认值。组态效果如图 7-56 所示。

报警窗口
日期 2022-08-08
时间 12：30：10

图 7-56　报警窗口界面设置

4）设置报警显示构件

单击“工具箱”中的“标签”按钮[A]，在“报警窗口”界面绘制三个大小适当的标签，在三个文本框中，分别输入：实时报警、历史报警和修改报警限值，其他属性采用默认设置。

单击“工具箱”中的“报警显示”构件。鼠标指针呈十字形后，在窗口的适当位置，拖动鼠标至适当大小，产生的效果如图 7-57 所示。

历史报警

时间	对象名	报警类型	报警事件	当前值	界限值	报警描述
08-12 16:57:26	Data0	上限报警	报警产生	120.0	100.0	Data0上限报警
08-12 16:57:26	Data0	上限报警	报警结束	120.0	100.0	Data0上限报警

图 7-57　历史报警构件界面

“报警显示”构件的作用是显示历史报警信息。选中该图形构件，双击将其打开，会弹出“报警显示构件属性设置”对话框，选择“基本属性”选项卡，将“对应的数据对象的名称”修改为“液位组”，将“最大记录次数”修改为 3，并且勾选“运行时，允许改变列的宽度”复选框，其他设置保持不变，单击“确认”按钮，完成设置，如图 7-58 所示。

图 7-58　报警显示构件属性设置

5）报警浏览构件设置

单击“工具箱”中的“报警浏览”构件。鼠标指针呈十字形后，在合适的位置，拖动鼠标至适当大小，如图 7-59 所示。

实时报警

日期	时间	对象名	当前值	报警描述

图 7-59　实时报警构件界面

报警浏览构件的作用是显示实时的报警信息。选中该图形构件，双击将其打开，弹出“报警浏览构件属性设置”对话框，选择“基本属性”选项卡，将“实时报警数据”修改为“液位组”，将行数设置为3，“滚动方向”选择“新报警在上”，其他设置采用默认值，如图7-60所示。

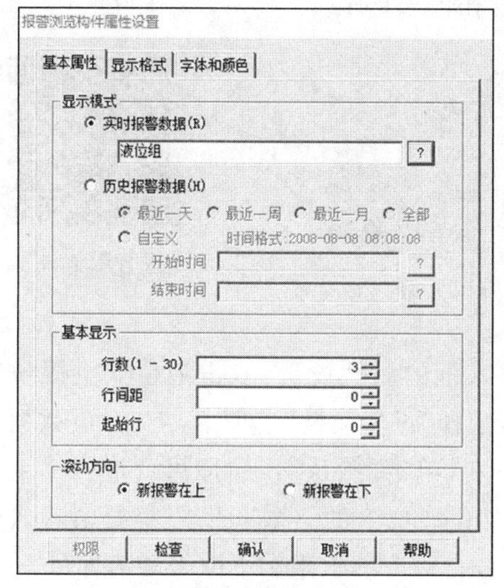

（a）基本属性设置

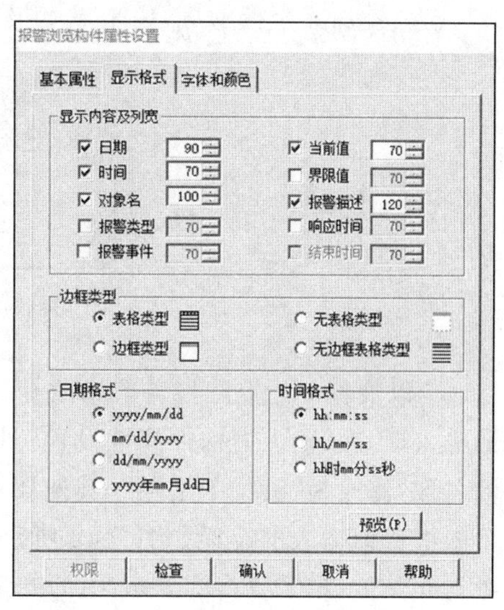

（b）显示格式设置

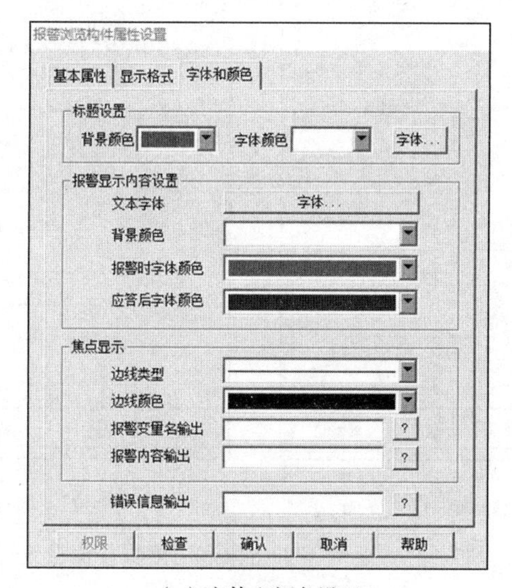

（c）字体和颜色设置

图7-60　实时报警构件属性设置

6）修改报警限值

在实时数据库中对变量“液位1”“液位2”和“液位3”的上限和下限报警值都进行了设置，一旦达到报警值，就会触发报警。如果需要在允许的环境下根据实际情况随时改变报警的上限值和下限值，该如何实现呢？MCGS嵌入版组态软为用户提供了大量函数，可以根据用户的需求灵活地进行设置。

(1) 在“用户窗口”选择“报警”窗口，进入该窗口后，单击“工具箱”中的“标签”按钮A，绘制 5 个标签，用于文字注释，分别在其文本框中输入：液位 1、液位 2、液位 3、上限值、下限值。单击工具箱中的“输入框”按钮abl，绘制 6 个输入框，用于在运行时输入液位报警限值的上、下限值。单击工具箱中的“插入元件”按钮，选择“指示灯”类中的“指示灯 3”，连续添加三个指示灯，用来显示报警动画，如图 7-61 所示。

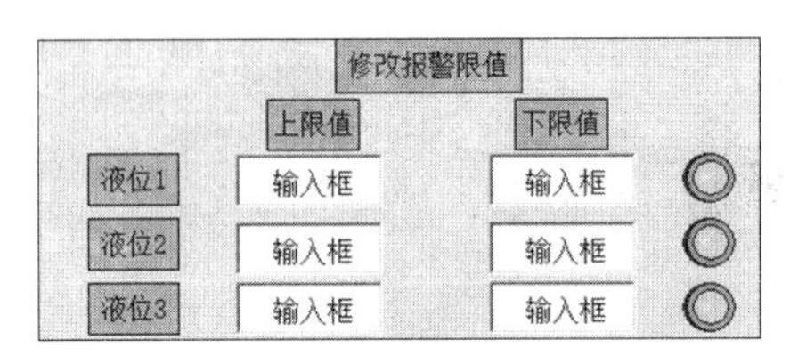

图 7-61　报警限值修改界面

报警限值设置

(2) 以液位 1 的上限报警值修改为例说明输入框的属性设置：双击液位 1 上限值对应的输入框，在“输入框构件属性设置”对话框中，选择“操作属性”选项卡，把“对应数据对象的名称”修改为“液位 1 上限”，其他属性保持不变，单击“确认”按钮即可。液位 1 上限和下限报警值输入框设置如图 7-62 所示。液位 2 和液位 3 的上限和下限报警值输入框设置与此类似，仅需要将图 7-62 中的变量修改为各自对应的上限和下限报警值即可。

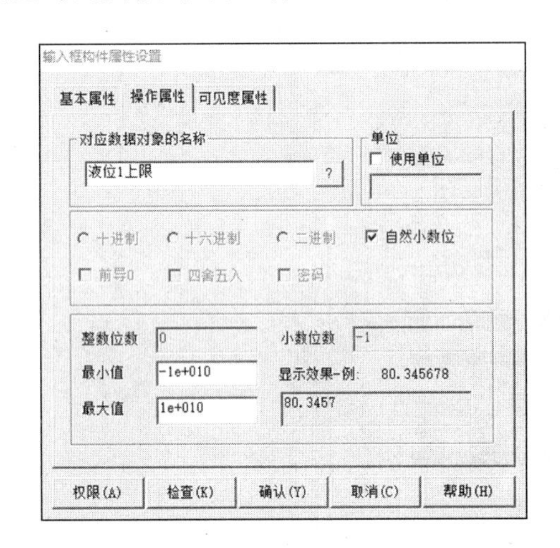

(a) 液位1上限输入框属性设置界面

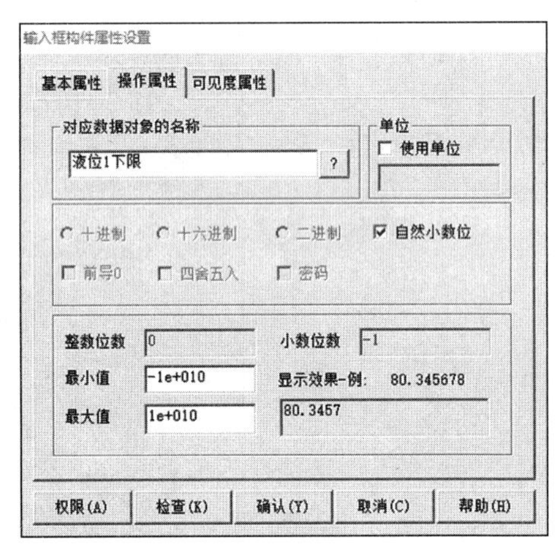

(b) 液位1下限输入框属性设置界面

图 7-62　“液位 1”的上限和下限报警值设置

(3) 以上组态画面完成后，进入 MCGS 组态环境工作台，在“运行策略”窗口中双击“循环策略”构件，双击进入脚本程序编辑环境，在脚本程序中增加以下语句：

```
!SetAlmValue(液位 1,液位 1 上限,3)
!SetAlmValue(液位 1,液位 1 下限,2)
!SetAlmValue(液位 2,液位 2 上限,3)
!SetAlmValue(液位 2,液位 2 下限,2)
!SetAlmValue(液位 3,液位 3 上限,3)
!SetAlmValue(液位 3,液位 3 下限,2)
```

如果对函数!SetAlmValue(液位 1,液位 1 上限,3)不太了解,可按 F1 键查看“MCGS 帮助系统”。在弹出的“MCGS 帮助系统”的“索引”中输入“!SetAlmValue”,即可获得!SetAlmValue(DatName,Value,Flag)的详细解释。

!SetAlmValue 函数意义:设置数据对象 DatName 对应的报警限值,只有在数据对象 DatName“允许进行报警处理”的属性及“报警设置”中的相应复选框被选中后,本函数的操作才有意义。对于组对象、字符型数据对象、事件型数据对象,本函数无效。对于数值型数据对象,用 Flag 来标识改变何种报警限值。

!SetAlmValue 返回值:数值型。返回值等于 0,调用正常,不等于 0,调用不正常。

!SetAlmValue 参数:DatName,数据对象名;Value,数值型,新的报警值;Flag,数值型或开关型,标志要操作何种限值。

Flag 参数的具体含义:Flag=1,表示下下限报警值;Flag=2,表示下限报警值;Flag=3,表示上限报警值;Flag=4,表示上上限报警值;Flag=5,表示下偏差报警值;Flag=6,表示上偏差报警值;Flag=7,表示偏差报警基准值。

例如,ret=!SetAlmValue(电机温度,200,3),把数据对象“电机温度”的上限报警值设为 200。

7）报警动画设置

在实际运行过程中,当有报警发生时,通常有指示灯显示不同的输出工作状态,下面介绍三个液位值报警指示灯的设置。

双击打开液位 1 对应的指示灯,弹出“单元属性设置”对话框,选择“数据对象”选项卡,将“可见度”对应的“数据对象连接”修改为“液位 1＜液位 1 上限 and 液位 1＞液位 1 下限”,其他属性不做修改,单击“确认”按钮,退出该对话框。液位 2 和液位 3 对应的指示灯动画设置与此类似,只需要将“可见度”对应的“数据对象连接”分别修改为“液位 2＜液位 2 上限 and 液位 2＞液位 2 下限”和“液位 3＜液位 3 上限 and 液位 3＞液位 3 下限”即可,具体设置如图 7-63～图 7-65 所示。

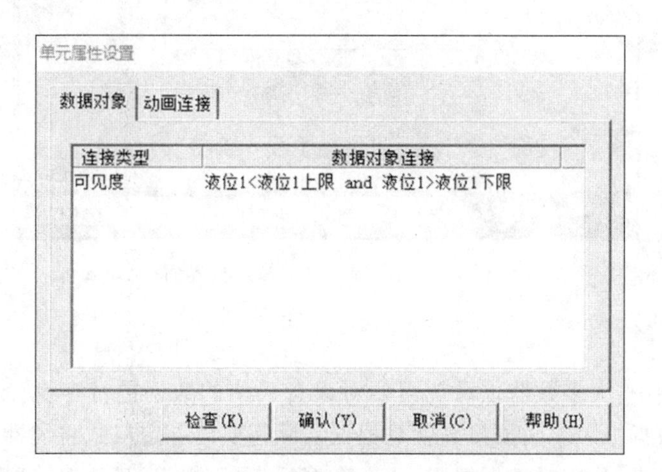

报警滚动条示例

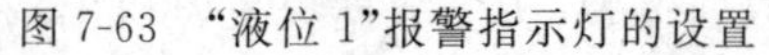

图 7-63　“液位 1”报警指示灯的设置

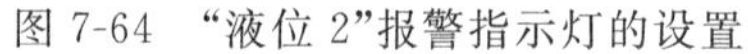
图 7-64 “液位 2”报警指示灯的设置

图 7-65 “液位 3”报警指示灯的设置

报警窗口组态完成后，进入 MCGS 组态环境工作台，将“报警”窗口设置为启动窗口，将工程下载至模拟运行环境中，设置液位的上限和下限值，观察运行效果。当液位值触发报警时，指示灯显示红色，当液位值没有报警时，指示灯显示绿色，可以通过历史报警窗口和实时报警窗口查看报警信息，如图 7-66 所示。

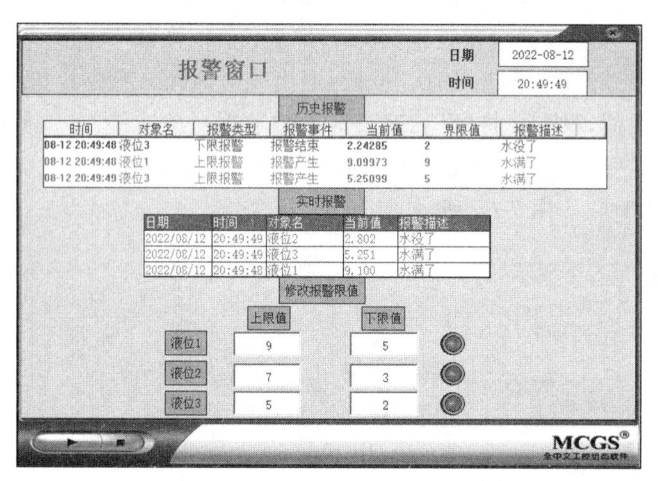

图 7-66 报警窗口模拟运行界面

多状态报警示例

6. 报表输出

在工程应用中，大多数监控系统需要对设备采集的数据进行存盘、统计分析，并根据实际情况打印数据报表。数据报表就是根据实际需要以一定格式将统计分析后的数据记录显示和打印出来，如实时数据报表、历史数据报表（班报表、日报表、月报表等）。数据报表在工控系统中是必不可少的一部分，是数据显示、查询、分析、统计、打印的最终体现，是整个工控系统的最终结果输出。数据报表是对生产过程中系统监控对象状态的综合记录和规律总结。

1）实时数据报表

实时数据报表是将当前时间的数据变量按一定报告格式显示和打印出来。实时报表可以通过 MCGS 嵌入版组态软件中的自由表格构件来组态显示实时数据。

打开“用户窗口”平台，双击打开“数据报表”窗口，单击工具箱中的“标签”按钮，在“日期”和“时间”标签的左侧绘制一个大小合适的标签，在光标闪烁处输入文本“数据报表窗口”。双击打开该标签的“属性设置”对话框，选择“属性设置”选项卡，将填充颜色设置为“没有填充”，边线颜色选择“没有边线”，字符颜色选择“红色 FF0000”。单击字符字体设置按钮，设置文字字体为“宋体”、字形为“粗体”、大小为“二号”，其他属性设置采用默认值。组态效果如图 7-67 所示。

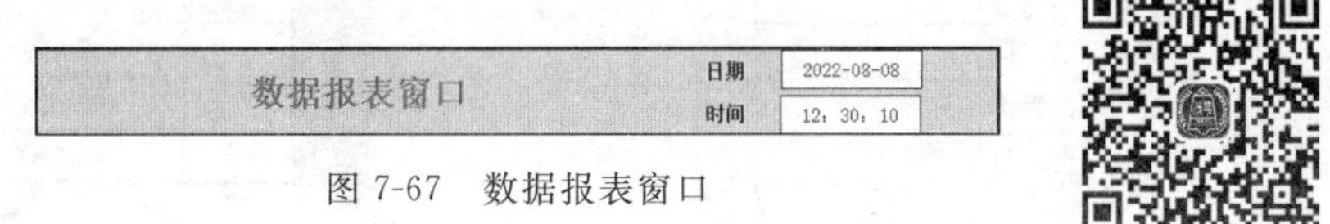

图 7-67 数据报表窗口

报表组态

创建自由表格的步骤如下。

(1) 在“数据报表窗口”界面，单击“工具箱”中的“标签”按钮，在“数据报表窗口”界面绘制三个大小适当的标签，在三个文本框中分别输入：实时报表、历史报表、存盘数据浏览报表，其他属性采用默认设置。

(2) 选取“工具箱”中的“自由表格”构件。鼠标指针呈十字形状后，在“实时报表”标签下方的适当位置，拖动鼠标至适当大小，松开鼠标左键就会生成一个自由表格，如图 7-68(a)所示。双击表格任意处，自由表格进入可编辑状态，如图 7-68(b)所示。如果要改变单元格大小，把鼠标指针移到单元格 A 与 B 或 1 与 2 之间，当鼠标指针发生变化时，按住并拖动单元格至合适大小，单击自由表格单元格，单元格处于选中状态，可对该单元格进行文本输入。

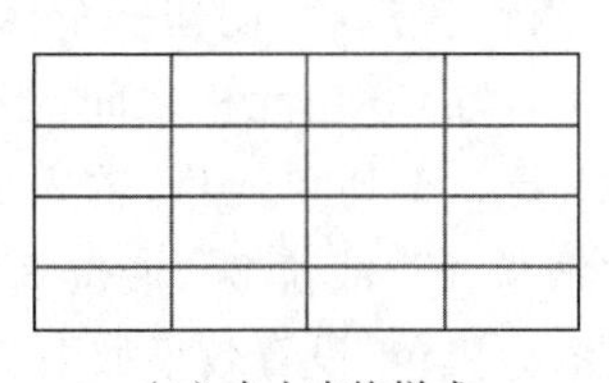

(a) 自由表格样式

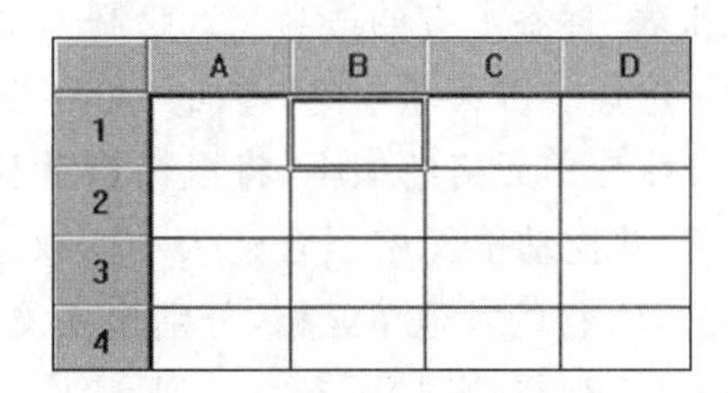

(b) 处于可编辑状态的自由表格

图 7-68 自由表格构件

(3) 要对自由表格的属性设置进行修改，可双击自由表格，自由表格进入可编辑状态。单击选中任意一个单元格，然后右击，弹出下拉菜单，通过菜单选项可以对表格的行和列进行删除或者增加，如选择“删除一列”，则自由表格自动删除一列。运用该操作，将表格变成 2 列 7 行的形式。双击 A1 单元格，输入文本“液位 1”，A 列其他单元格文本设置如图 7-69 所示。单击选择 B1 单元格，然后右击，在下拉菜单中单击“连接”，则自由表格变成"连接"状态模式。在"连接"状态模式下，用鼠标在 B1 单元格右击，弹出"变量选择"对话框，双击"液位 1"变量，则 B1 单元格显示"液位 1"。依次单击选择 B 列其他单元格，然后右击，在弹出的"变量选择"对话框中选择相应的变量。B 列各个单元格所选变量以及最终设置效果如图 7-70 所示。单击窗口的空白位置，退出自由表格的属性设置，此时自由表格状态与图 7-69 相同。该自由表格的 A 列为文本列，显示各个变量的名称，B 列连接各个变量，在运行状态下将会实时显示变量的值。

液位1	
液位2	
液位3	
水泵	
进水阀	
控制阀	
出水阀	

图 7-69　自由表格单元格设置

连接	A*	B*
1*		液位1
2*		液位2
3*		液位3
4*		水泵
5*		进水阀
6*		控制阀
7*		出水阀

图 7-70　自由表格连接变量设置

2）历史报表

历史报表是从历史数据库中提取数据记录，并以一定的格式显示历史数据。实现历史报表有两种方式：一种是用动画构件中的"历史表格"；另一种是利用动画构件中的"存盘数据浏览"。

（1）用历史表格构件实现历史数据报表。历史表格是利用 MCGS 嵌入版组态软件的历史表格构件来实现的。历史表格构件是基于"Windows 下的窗口"和"所见即所得"机制建立的，用户利用历史表格构件的格式编辑功能并结合 MCGS 组态软件的画图功能可制作各种报表。

打开"用户窗口"平台，双击打开"数据报表窗口"，选取"工具箱"中的"历史表格"构件，在"历史报表"标签下方的适当位置绘制一个大小合适的历史表格。双击历史表格，进入编辑状态。选择右键菜单中的"增加一行""删除一行"等选项，制作一个 4 行 4 列的历史表格。如要改变单元格的大小，将鼠标指针移至 C1 与 C2 单元格之间，当鼠标指针发生变化时，按住并拖动单元格至合适大小。双击 R1 行、C1 列单元格，输入文本"采集时间"，依次双击 R1 行的其他单元格，分别输入文本"液位 1""液位 2""液位 3"。按住鼠标左键从 R2 行、C1 列拖动到 R4 行、C4 列，表格会显示为黑色，设置效果如图 7-71 所示。

	C1	C2	C3	C4
R1	采集时间	液位1	液位2	液位3
R2				
R3				
R4				

图 7-71　历史表格属性设置

在表格中右击，在弹出的快捷菜单中选择"连接"命令，则表格进入"连接"状态模式。

从组态软件的菜单中单击“表格”，在“表格”的下拉菜单中选择“合并表元”命令，历史表格中的被选中区域会出现反斜杠，如图 7-72 所示。

连接	C1*	C2*	C3*	C4*
R1*				
R2*				
R3*				
R4*				

图 7-72　历史表格“连接”属性设置

在表格中的反斜杠处双击，弹出“数据库连接设置”对话框，主要设置基本属性、数据来源、显示属性、时间条件，其他设置保持不变，具体设置如图 7-73 所示，其中在设置“显示属性”时，“对应数据列”的内容是通过选择相应的下拉选项设置的，“显示内容”列不需要设置，图中显示的“显示记录”由系统自动生成。设置完成后单击“确认”按钮，退出对话框。

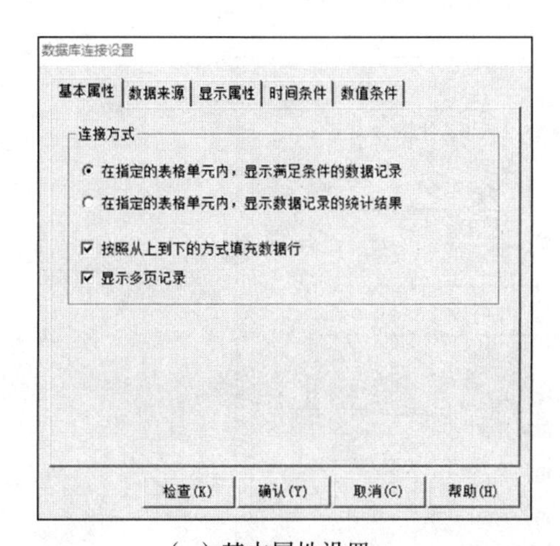

（a）基本属性设置

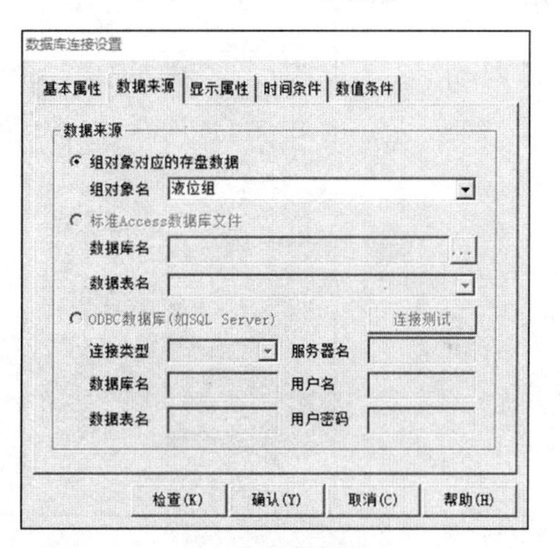

（b）数据来源设置

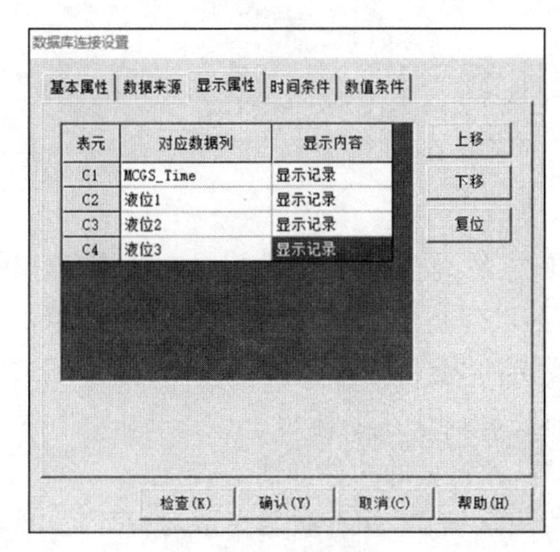

（c）显示属性设置

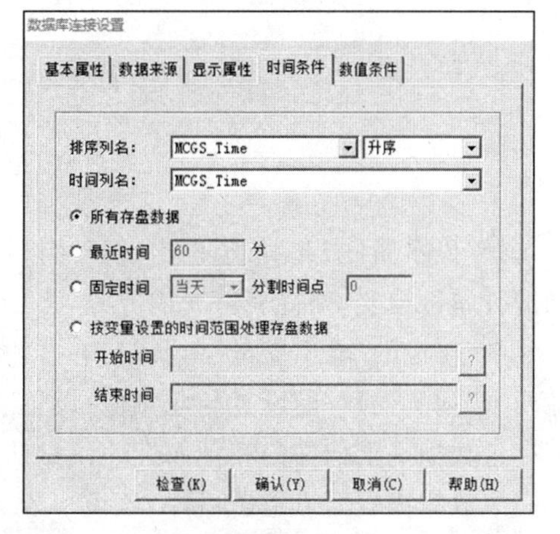

（d）时间条件设置

图 7-73　历史表格的“数据库连接设置”

(2) 用“存盘数据浏览”构件实现历史数据报表。打开“用户窗口”平台，双击打开“数据报表窗口”，单击“工具箱”中的“存盘数据浏览”构件，在“存盘数据浏览报表”标签下方的适当位置绘制一个大小合适的表格。单击该表格，如果要改变单元格大小，将鼠标指针移至第一列与第二列之间，当鼠标指针形状发生变化时，按住并拖动单元格至合适大小，如图 7-74 所示。

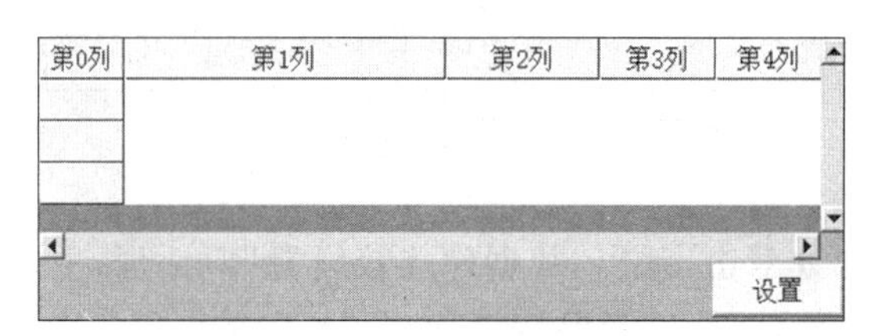

图 7-74 存盘数据浏览报表

双击表格打开“存盘数据浏览构件属性设置”对话框。选择“数据来源”选项卡，将“组对象对应的存盘数据”改为“液位组”，如图 7-75 所示。

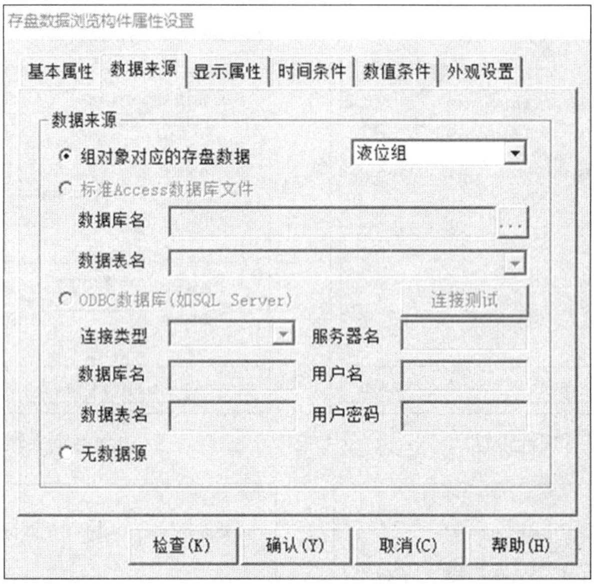

图 7-75 存盘数据浏览构件的“数据来源”设置

选择“显示属性”选项卡，单击“复位”按钮，则系统会自动对“数据列名”和“显示标题”两列进行属性设置，并将表格变成 5 列，多余的列已经被删除。在“输出变量”列，单击选中序号 02 对应的“输出变量”单元格，右击，在弹出的“变量选择”对话框中双击“液位 1”。其他两个“输出变量”的设置与此类似，设置后的效果如图 7-76 所示。

存盘数据浏览构件的其他属性使用默认设置，设置后的构件如图 7-77 所示。

完成数据报表窗口组态后，将该窗口设置为启动窗口，并下载至模拟运行环境中，运行效果如图 7-78 所示。

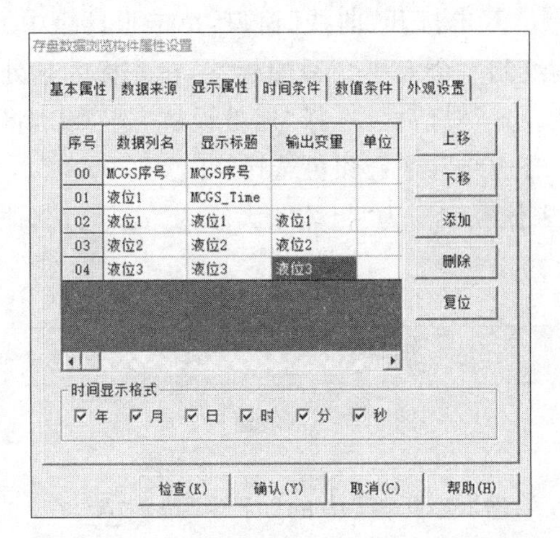

图 7-76　存盘数据浏览构件的“显示属性”设置

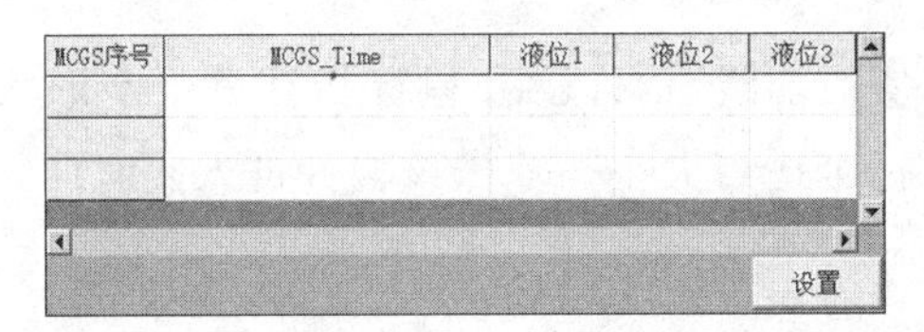

图 7-77　存盘数据浏览构件的属性设置效果

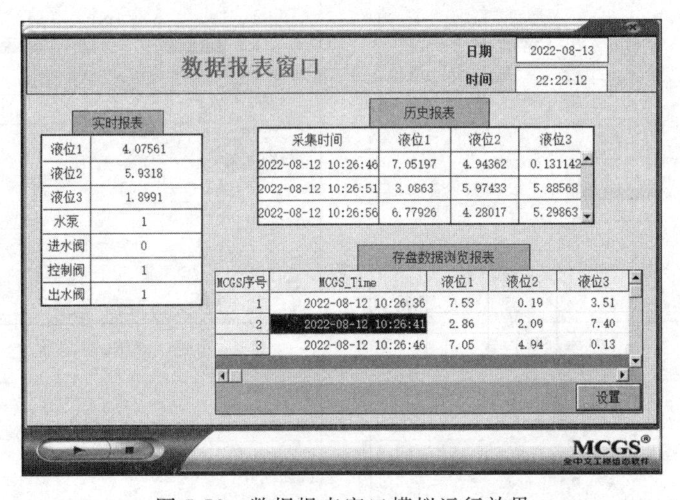

图 7-78　数据报表窗口模拟运行效果

7. 曲线显示

在实际生产过程控制中，对实时数据、历史数据的查看、分析是不可缺少的工作。但对大量数据仅做定量的分析还远远不够，必须根据大量的数据信息，画出曲线，分析曲线的变化趋势并从中发现数据变化规律。曲线处理在工控系统中也是一个非常重要的部分。

1）实时曲线

实时曲线的绘制是使用实时曲线构件来完成的。实时曲线构件可以用曲线显示一个或多个数据对象数值的动画图形，实时记录数据对象值的变化情况。

打开“用户窗口”平台，双击打开“曲线”窗口，单击工具箱中的“标签”按钮A，在“日期”和“时间”标签的左侧绘制一个大小合适的标签，在光标闪烁处输入文本“曲线窗口”。双击打开该标签的“属性设置”对话框，选择“属性设置”选项卡，将填充颜色设置为“没有填充”，边线颜色选择“没有边线”，字符颜色选择“红色 FF0000”。单击“字符字体设置”按钮，设置文字字体为“宋体”、字形为“粗体”、大小为“二号”，其他属性设置采用默认值。组态效果如图 7-79 所示。

图 7-79　曲线窗口界面

曲线组态

在“曲线窗口”界面，单击“工具箱”中的“标签”按钮A，在“曲线窗口”界面绘制两个大小适当的标签，在这两个文本框中分别输入实时曲线、历史曲线，其他属性采用默认设置。

单击“工具箱”中的“实时曲线”构件。鼠标指针呈十字形状后，在“实时曲线”标签下方的适当位置，拖动鼠标至适当大小。双击该构件进入实时曲线构件的属性设置界面，按图 7-80 所示进行设置。

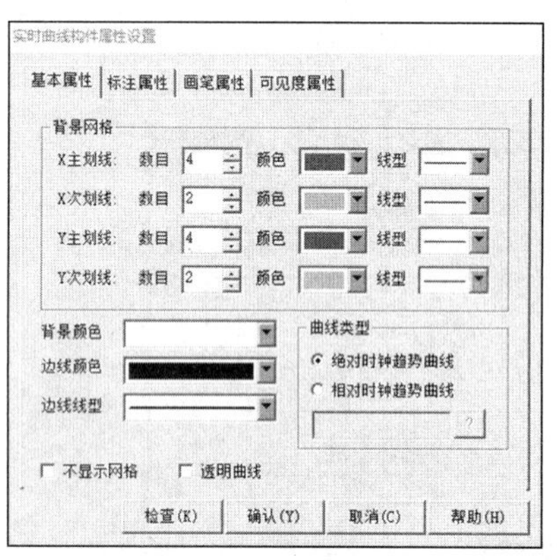

（a）基本属性设置

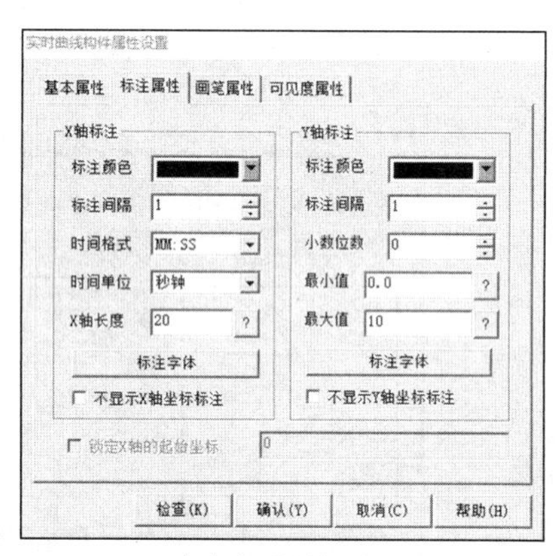

（b）标准属性设置

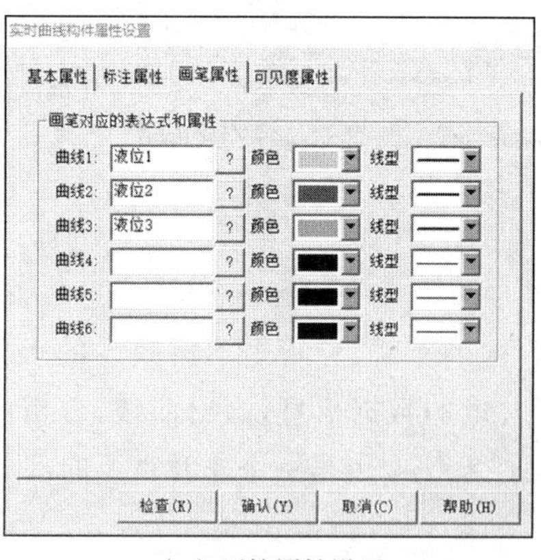

（c）画笔属性设置

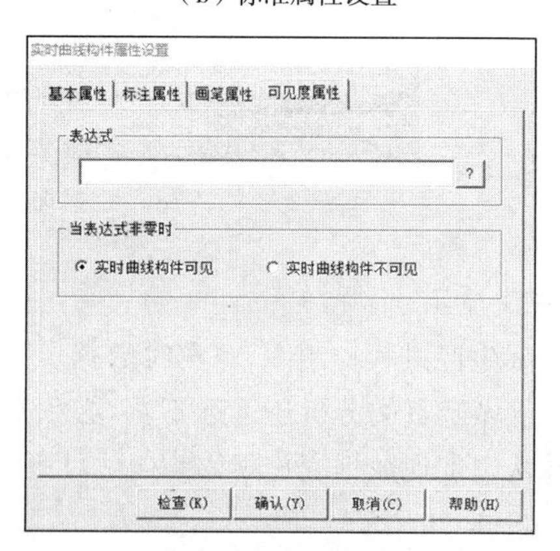

（d）可见度属性设置

图 7-80　实时曲线构件的属性设置

实时曲线构件属性设置完成后，单击“确认”按钮即可。将“曲线”窗口设置为启动窗口，将工程下载至模拟运行环境中，可以看到实时曲线，如图 7-81 所示。

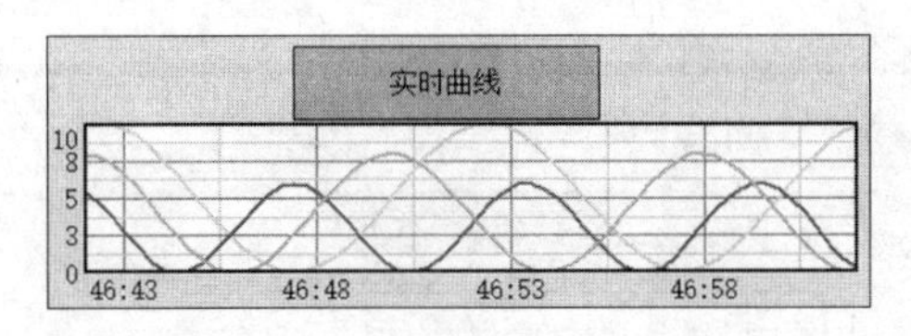

图 7-81　实时曲线模拟运行效果

2）历史曲线

历史曲线构件实现了历史数据的曲线浏览功能。运行时，历史曲线构件能够根据需要画出相应历史数据的趋势效果图。历史曲线主要用于事后查看数据和状态的变化趋势并总结规律。下面介绍具体的操作过程。

在“曲线窗口”界面，单击“工具箱”中的“历史曲线”构件。鼠标指针呈十字形后，在“历史曲线”标签下方的适当位置，拖动鼠标至适当大小。双击构件进入历史曲线构件的属性设置界面，按图 7-82 所示进行设置。在进行“曲线标识”属性设置时，“曲线内容”需要在下拉菜单中选择，要将三个液位的曲线设置为不同颜色，以便于区分。

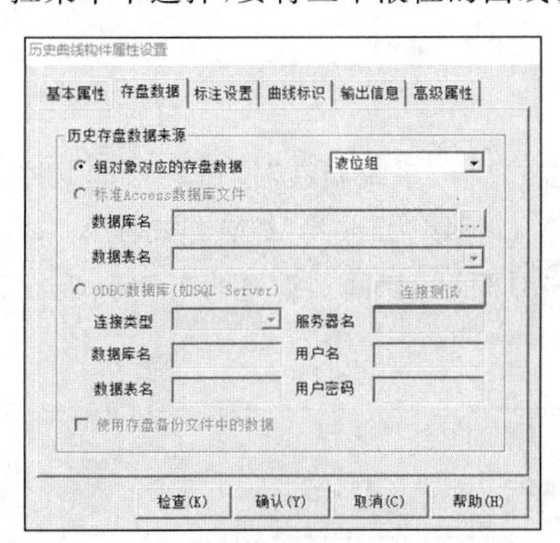

（a）存盘数据设置

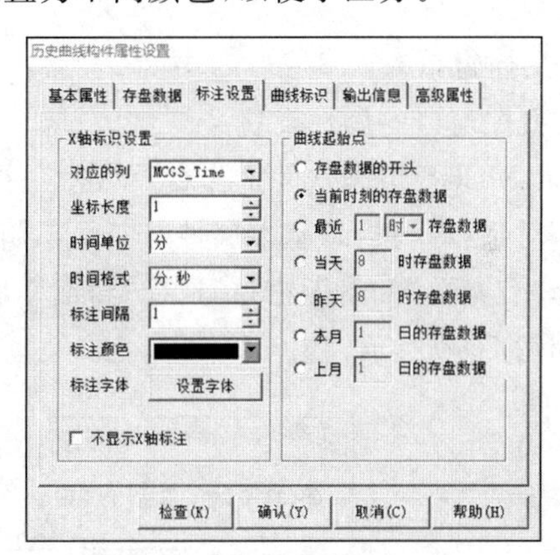

（b）标注设置

（c）曲线标识设置

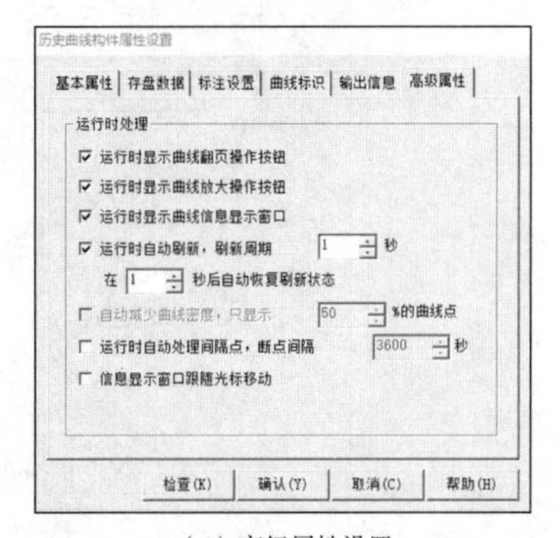

（d）高级属性设置

图 7-82　历史曲线构件的属性设置

历史曲线构件属性设置完成后,单击"确认"按钮即可。将"曲线窗口"设置为启动窗口,将工程下载至模拟运行环境中,可以看到曲线窗口的运行效果,如图 7-83 所示。

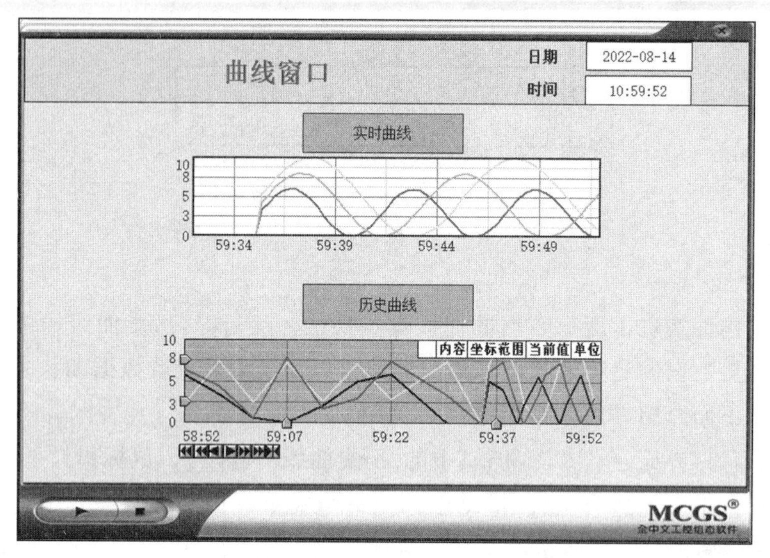

图 7-83　曲线窗口模拟运行效果

8. 主控窗口

1）主控窗口的属性设置

进入 MCGS 组态软件工作台,单击"主控窗口"→"系统属性"按钮,弹出"主控窗口属性设置"对话框。选择"基本属性"选项卡,将"窗口标题"修改为"综合组态工程","菜单设置"选择"有菜单","封面窗口"选择"封面",将"封面显示时间"设置为"5",其他设置保持不变,如图 7-84 所示。

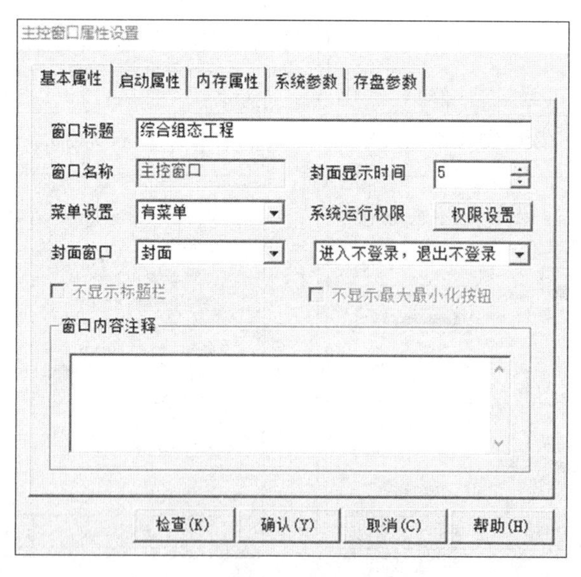

图 7-84　主控窗口的基本属性设置

选择“主控窗口属性设置”对话框中的“启动属性”选项卡，左侧的“用户窗口列表”中列出了所有定义的用户窗口名称。右侧为启动时自动打开的用户窗口列表。单击左侧用户窗口列表中的“循环水控制系统”，单击“增加”按钮，则“循环水控制系统”窗口将自动添加至“自动运行窗口”，如图7-85所示。

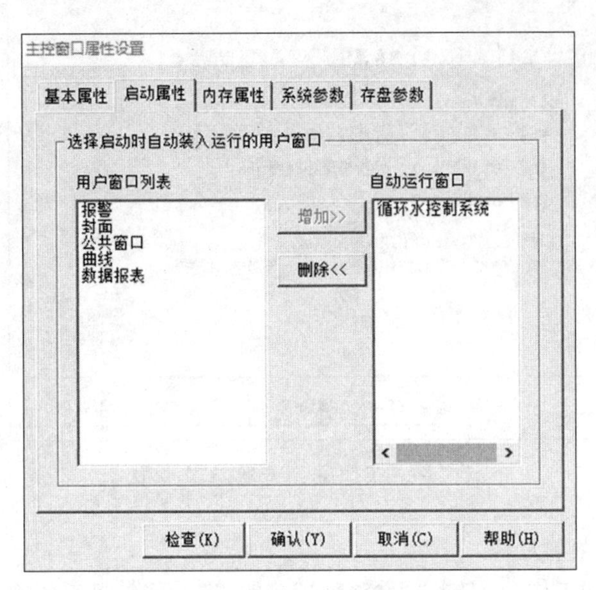

图7-85　主控窗口“启动属性”设置

选择“主控窗口属性设置”对话框中的“内存属性”选项卡，左侧的“用户窗口列表”中列出了所有定义的用户窗口名称。右侧为启动时自动打开的用户窗口列表。单击左侧用户窗口列表中的“循环水控制系统”，单击“增加”按钮，则“循环水控制系统”窗口将自动添加至“自动运行窗口”，如图7-86所示。

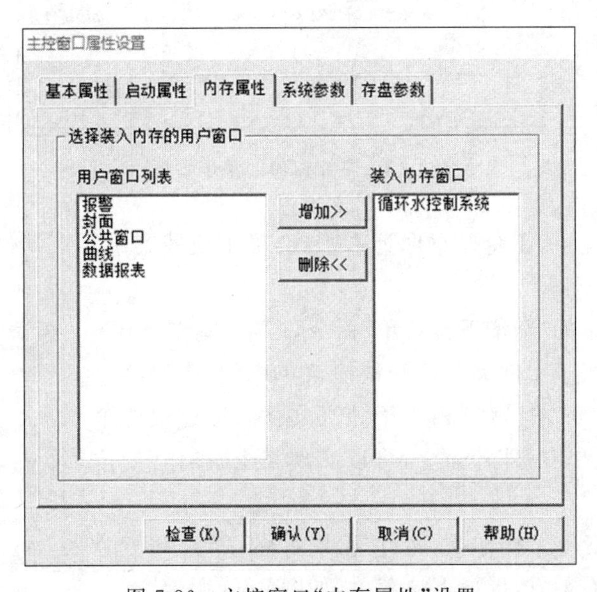

图7-86　主控窗口“内存属性”设置

选择“主控窗口属性设置”对话框中的“系统参数”选项卡，将快速、中速、慢速闪烁周期分别修改为100、200和300，闪烁周期参数变短，动画效果将更加明显，其他参数不做修改，如图7-87所示。

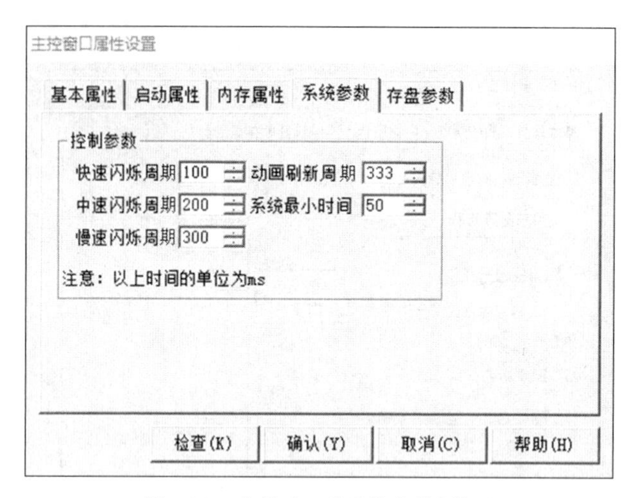

图7-87　主控窗口“系统参数”设置

2）主控窗口的菜单管理

打开组态环境的工作台，双击“主控窗口”按钮，进入菜单组态环境，如图7-88所示。

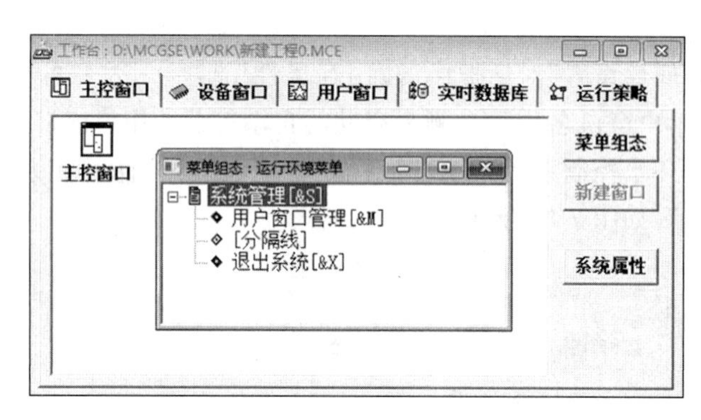

图7-88　主控窗口的菜单管理

在菜单组态环境中，在窗口空白处右击，会弹出快捷菜单，如图7-89所示。

选择快捷菜单中的“新增下拉菜单”命令，产生“操作集0”。“操作集”的作用相当于文件夹。选择快捷菜单中的“新增菜单项”命令，产生“操作0”，“操作”相当于独立文件。通过快捷菜单中“菜单左移”“菜单右移”等命令，可以实现某个“操作”的位置调整。

新增1个操作集、5个操作项，通过“菜单右移”命令，将五个操作项移至操作集右下方，形成下拉菜单，如图7-90所示。

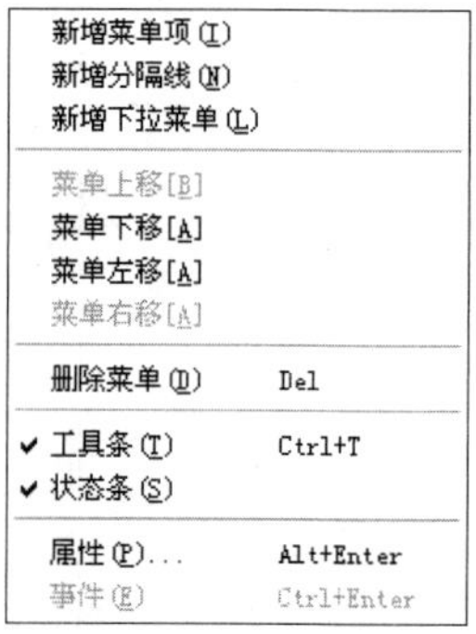

图7-89　快捷菜单

双击“操作集 0”，弹出“菜单属性设置”对话框，选择“菜单属性”选项卡，将“菜单名”修改为“工程管理菜单”，单击“确认”按钮退出，如图 7-91 所示。

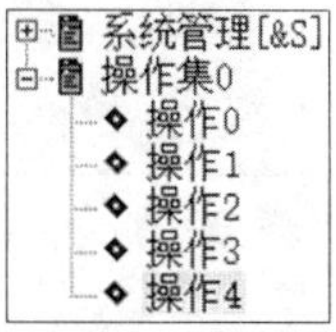

图 7-90 组态生成的菜单

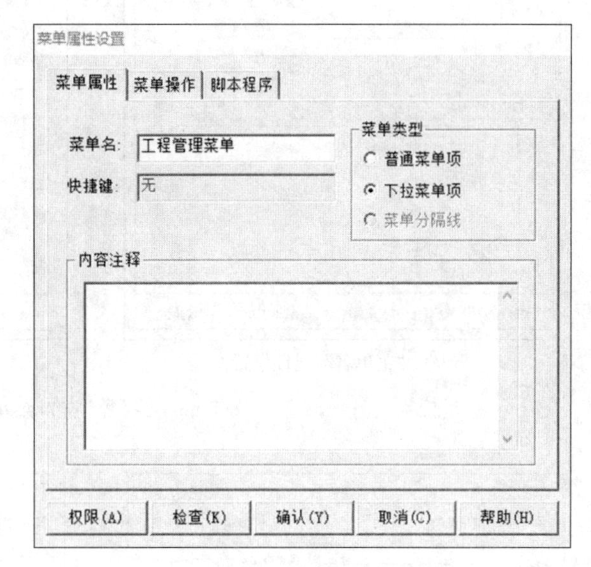

图 7-91 菜单属性设置

双击“操作 0”，弹出“菜单属性设置”对话框，选择“菜单属性”选项卡，将“菜单名”修改为“循环水控制系统”；选择“菜单操作”选项卡，勾选“打开用户窗口”复选框，并选择“循环水控制系统”窗口，其他属性采用默认设置，单击“确认”按钮退出，如图 7-92 所示。

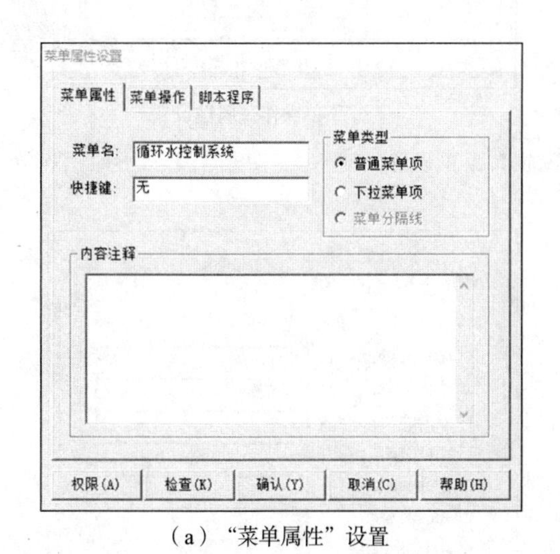

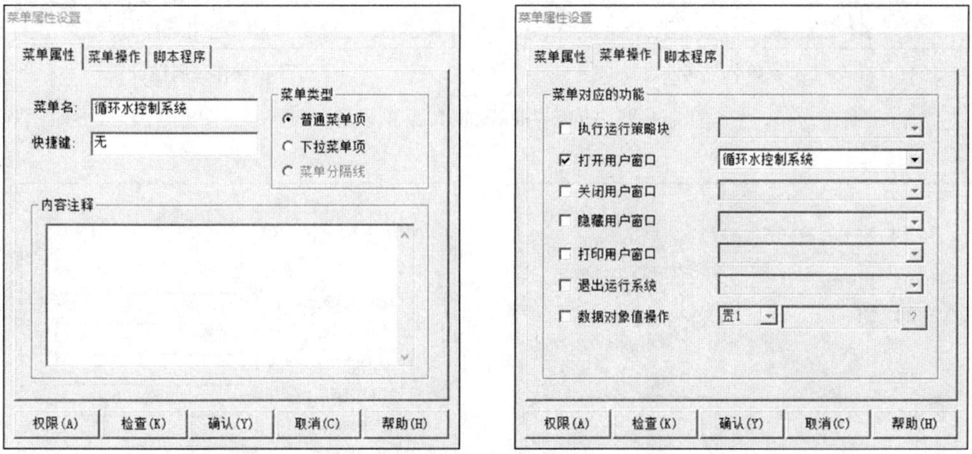

(a) “菜单属性”设置

(b) “菜单操作”设置

图 7-92 “循环水控制系统”窗口菜单设置

依次双击其他“操作 1”～“操作 4”选项，分别设置其他用户窗口菜单属性，如图 7-93～图 7-96 所示。

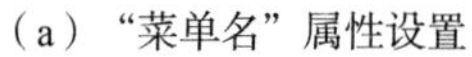

(a)“菜单名”属性设置

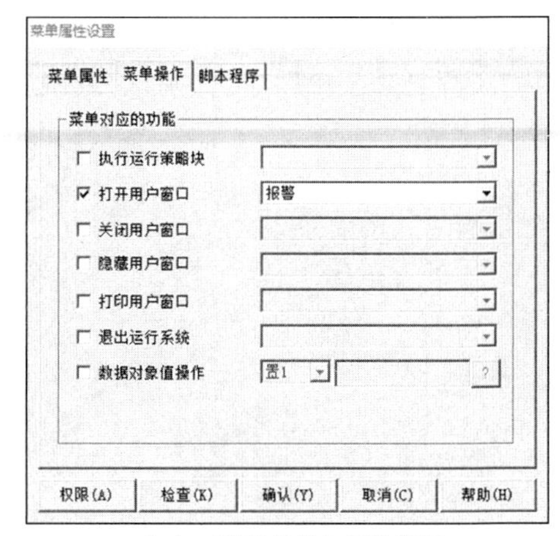

(b)“菜单操作”属性设置

图 7-93 “报警”窗口菜单设置

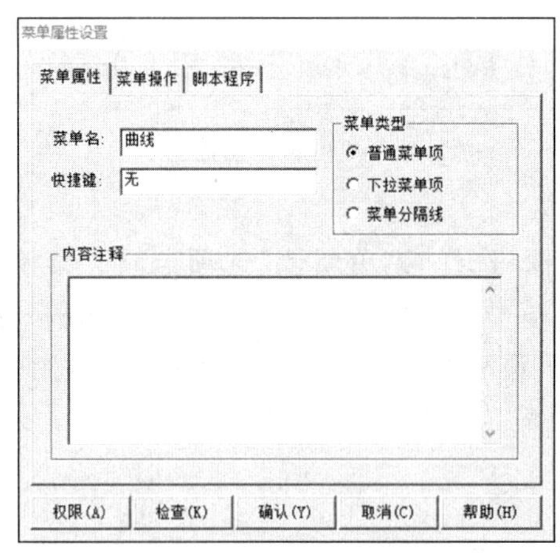

(a)“菜单名”属性设置

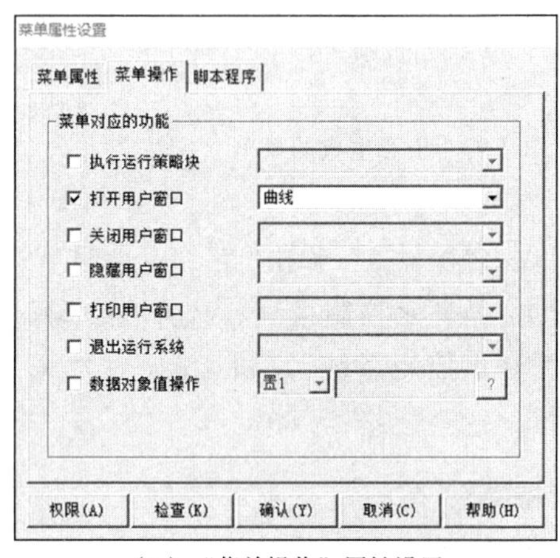

(b)“菜单操作”属性设置

图 7-94 “曲线”窗口菜单设置

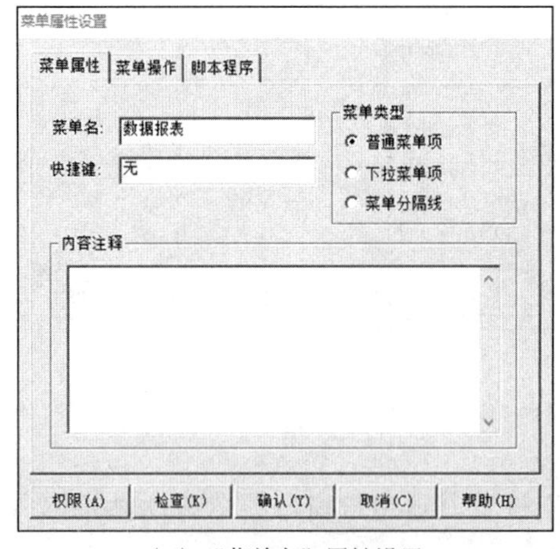

(a)“菜单名”属性设置

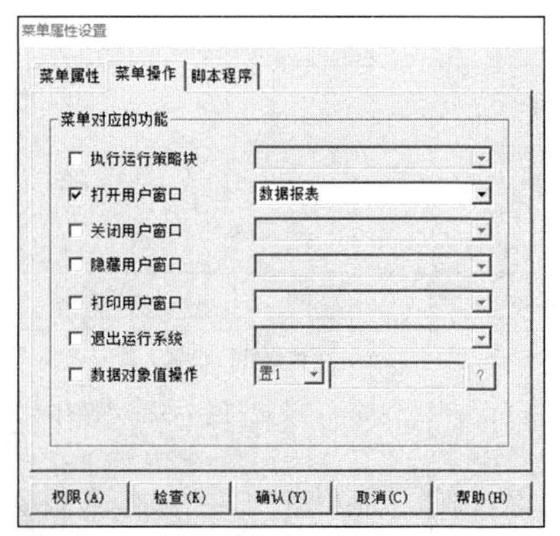

(b)“菜单操作”属性设置

图 7-95 “数据报表”窗口菜单设置

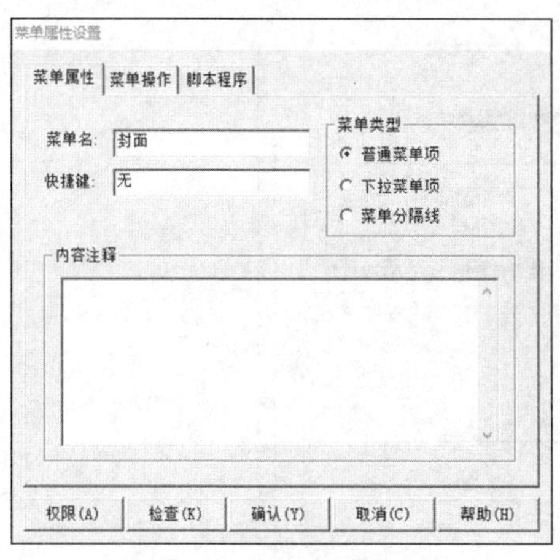

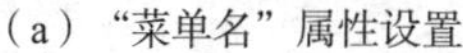
（a）“菜单名”属性设置

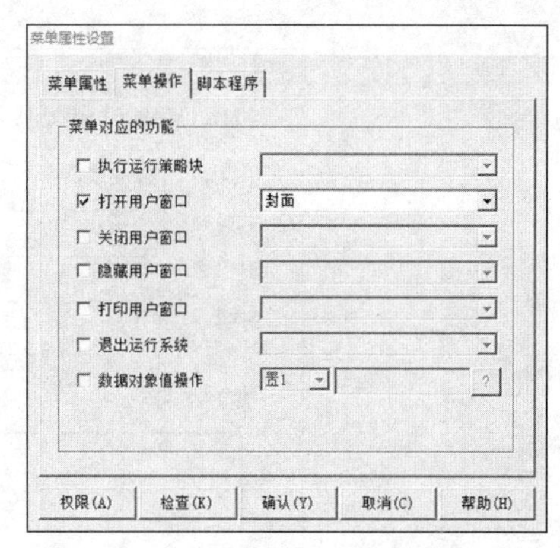

（b）“菜单操作”属性设置

图 7-96　“封面”窗口菜单设置

若新增 5 个操作项，不进行右移，对这 5 个操作项分别进行上述菜单属性设置，可以形成并排形式的菜单，其效果如图 7-97 所示。

（a）并排形式菜单设置

（b）并排形式菜单效果

图 7-97　并排形式的菜单设置及效果

9. 封面窗口组态

封面窗口并不是工程必须有的窗口。在封面窗口界面，一般显示工程性能、开发人员的简单介绍等相关信息。在主控窗口的“基本属性”选项卡中，设置是否开启“封面窗口”，以及封面显示时间。如图 7-98 所示。将“封面窗口”设置为“封面”，显示时间设置为 5 秒。

打开“用户窗口”平台，双击打开“封面”窗口，单击工具箱中的“标签”按钮 A，在“日期”和“时间”标签的左侧绘制一个大小合适的标签，在光标闪烁处输入文本“循环水控制系统工程”。双击打开该标签的属性设置对话框，单击选择属性设置选项，将填充颜色设置为“没有填充”，边线颜色选择“没有边线”，字符颜色选择“红色 FF0000”。单击“字符字体设置”按钮 Aª，设置文字字体为“宋体”、字形为“粗体”、大小为“二号”，其他属性采用默认设置。组态效果如图 7-99 所示。

图 7-98 主控窗口封面功能设置

图 7-99 “封面”窗口界面设置

单击“工具箱”中的“位图”构件。鼠标指针呈十字形状后，在适当的位置拖动鼠标至适当大小，形成一个位图，如图 7-100 所示。右击该位图，在弹出的快捷菜单中选择“装载位图”命令，弹出位图文件选择对话框，选择提前准备的图片(图片格式必须为 .bmp 或者 .jpg)，则位图会变成装载的图片，拖动图片以改变其大小，如图 7-101 所示。

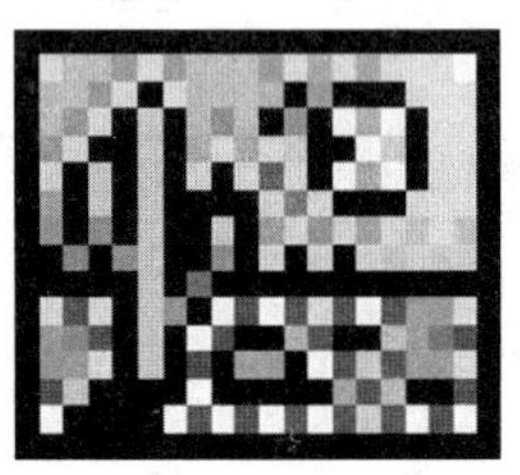

图 7-100 位图构件效果

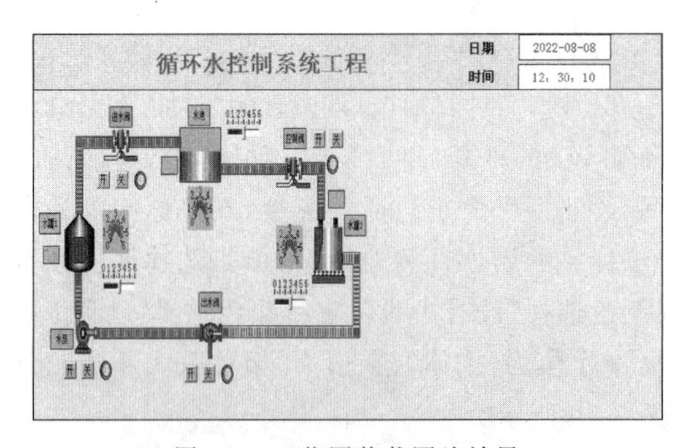

图 7-101 位图装载图片效果

单击“工具箱”中的“标签”按钮A。鼠标指针呈十字形后，在适当的位置拖动鼠标至适当大小，绘制一个标签。双击并打开该标签的属性设置对话框，选择“扩展属性”选项卡，在“文本内容输入”框中输入文本“系统概述：该控制系统能够实现水位控制，主要包括循环水控制系统、数据报表、曲线、报警等窗口，实时监测并显示液位值，能够实现液位报警功能。”，如图 7-102 所示。在进行文本输入时，可以按 Enter 键进行换行。单击选择“属性设置”选项卡，将填充颜色设置为“白色 FFFFFF”，边线颜色选择“没有边线”，字符颜色选择“红色 FF0000”。单击“字符字体设置”按钮，设置文字字体为“宋体”、字形为“粗体”、大小为“三号”，其他属性采用默认设置。

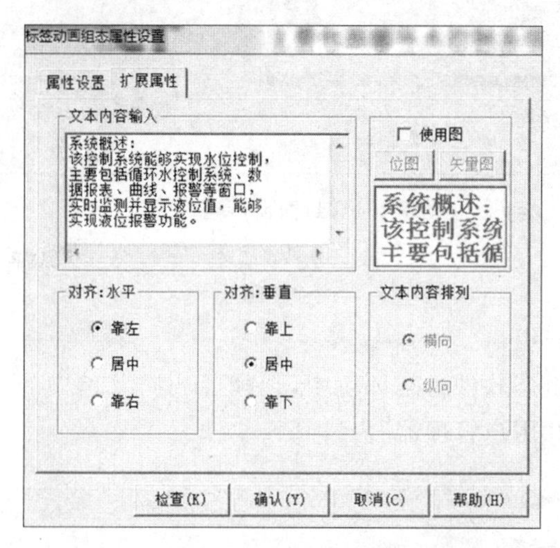

图 7-102 标签动画构件的“扩展属性”设置

单击“工具箱”中的“标准按钮”。鼠标指针呈十字形状后，在适当的位置拖动鼠标至适当大小，绘制一个标准按钮。双击打开该标签的属性设置对话框，选择“基本属性”选项卡，将“文本”框内容修改为“进入控制窗口”。选择“操作属性”选项卡，勾选“打开用户窗口”复选框，并选择“循环水控制系统”窗口，其他属性保持默认设置，单击“确认”按钮退出，如图 7-103 所示。

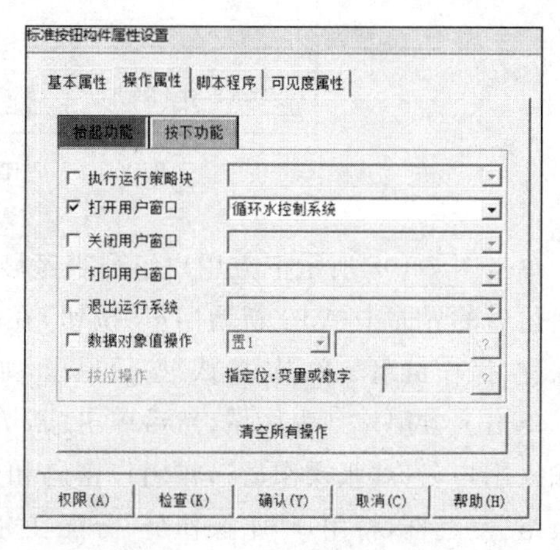

图 7-103 标准按钮属性设置

将项目下载至模拟运行环境中，封面窗口将保持设置时间 5 秒，之后自动打开“循环水控制系统”窗口，封面窗口效果如图 7-104 所示。

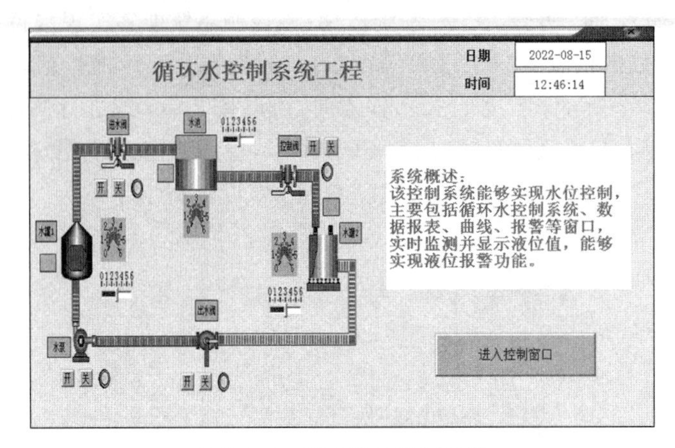

图 7-104 封面窗口运行效果

10. 安全管理

1）定义用户和用户组

在 MCGS 嵌入版组态软件组态环境中，选择“工具”菜单中“用户权限管理”菜单项，弹出如图 7-105 所示的“用户管理器”窗口。

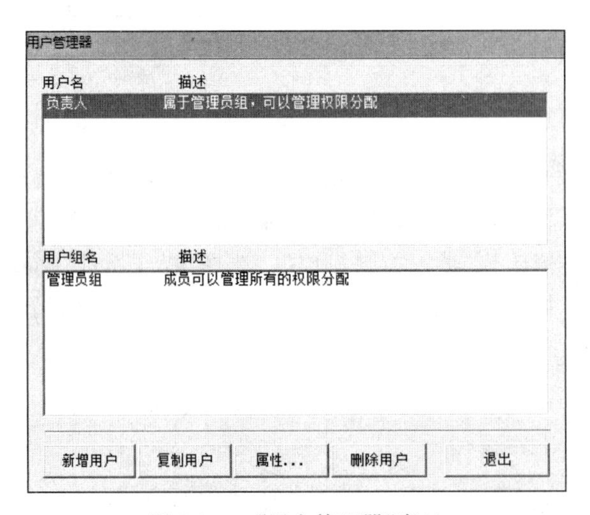

图 7-105 “用户管理器”窗口

安全管理

单击图 7-105 所示下方用户组列表区域中的“管理员组”，用户管理器界面发生变化，在变化后的界面中单击“新增用户”按钮，在弹出的“用户组属性设置”对话框中输入用户组名称“操作员组”，单击“确认”按钮退出，如图 7-106 所示。

单击上方用户列表区域，然后单击“新增用户”按钮，在弹出的“用户属性设置”对话框中输入用户名称“张操作员”，在用户密码和确认密码输入框中输入密码“123”，并勾选“操作员组”复选框，将用户“张操作员”分配在“操作员组”，如图 7-107 所示。

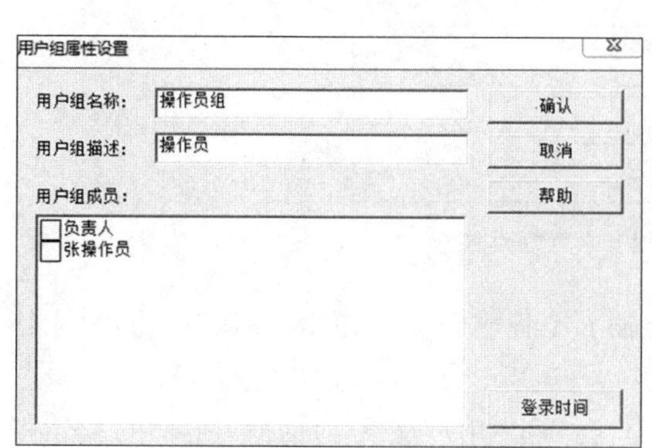
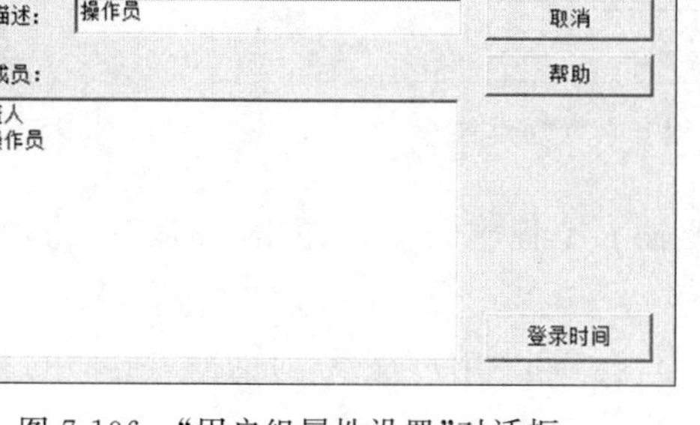

图 7-106 “用户组属性设置”对话框

图 7-107 用户属性设置

2）系统权限管理

打开 MCGS 嵌入版组态软件组态环境，在主控窗口中单击“系统属性”按钮，进入“主控窗口属性设置”对话框，选择“基本属性”选项卡，将系统进入和退出模式设置为“进入登录，退出不登录”，如图 7-108 所示。单击“权限设置”按钮，弹出“用户权限设置”对话框，保持默认的参数设置。

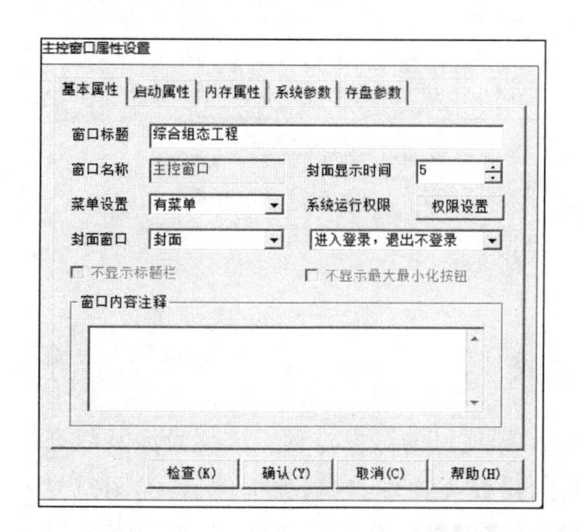

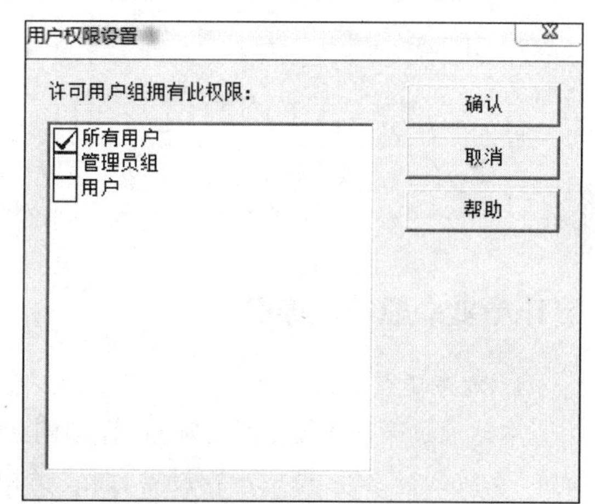

图 7-108 主控窗口属性设置

3）工程安全管理

在“工具”菜单中选择“工程安全管理”选项，然后选择“工程密码设置”选项，弹出“修改工程密码”对话框。若之前没有设置工程密码，则“旧密码”处空着即可，直接输入新密码并再次确认密码。若之前设置过工程密码，需要输入旧密码，并重新设置新密码和确认密码。将新密码设置为 123，并进行确认，单击“确认”按钮退出即可，如图 7-109 所示。工程加密即可生效，再次打开该工程时需要输入密码。

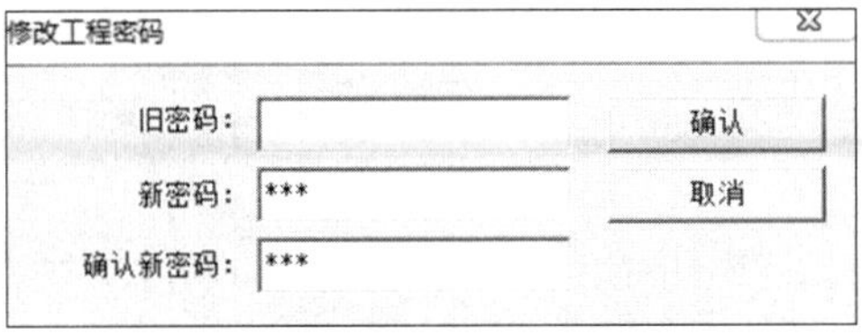

图 7-109 工程安全管理设置

关闭工程并重新打开，弹出对话框，需要输入工程密码 123，单击“确认”按钮，才能打开进入工程，如图 7-110 所示。

将工程下载至模拟运行环境中，启动工程，会弹出“用户登录”对话框，选择用户名“张操作员”，输入密码 123，将进入运行环境，如图 7-111 所示。

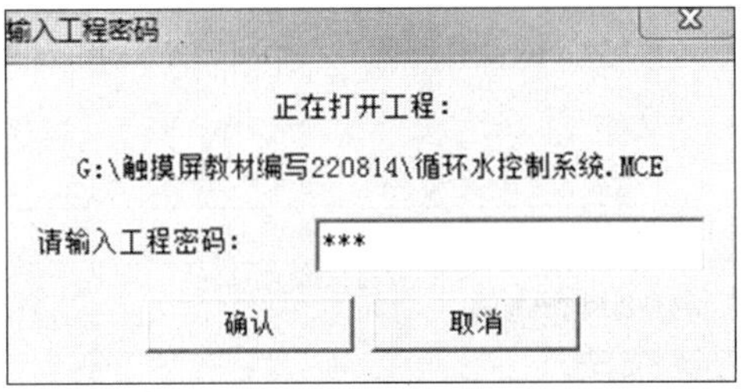

图 7-110 进入工程输入密码界面

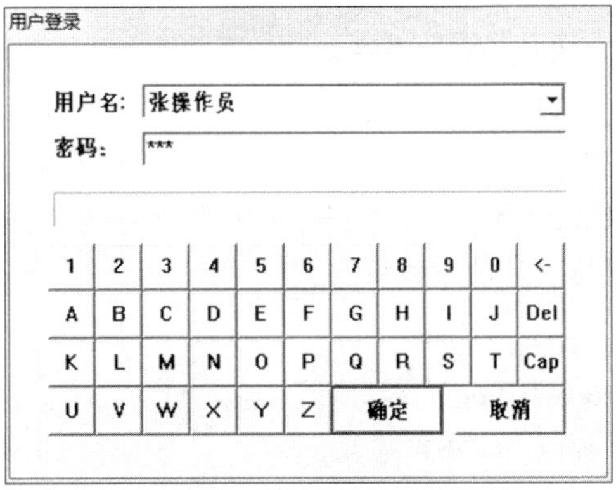

图 7-111 用户登录界面

本章要点总结及评价

1. 本章要点总结

本章通过循环水控制系统项目，详细阐述了工程项目的开发过程。该项目涉及组态菜单、系统运行参数、模拟运行设备、曲线类构件、报警类构件、数据类构件、各类图符对象、各类变量、编写脚本程序、安全管理等内容，以水资源循环利用为背景，讲解 MCGS 嵌入版组态软件的开发特点。本章用到的各类对象，在实际工程项目开发中的应用较为普遍。

本章内容完成后需要撰写循环水控制系统项目总结报告。撰写项目总结报告是工程技术人员在项目开发过程中必须具备的能力。项目总结报告应包括摘要、目录、正文、附录等。其中，正文部分一般包括总体设计思路、硬件需求、程序设计思路、仿真结果、系统综合运行结果、调试及结果分析等。

2. 本章知识学习效果评价

本章的评价指标及评价内容在评价体系中所占分值、自评、互评及教师评价在本章考核成绩中的比例如表 7-2 所示。

表 7-2　考核评价体系表

序号	评价指标	评价内容	分值	自评（30%）	互评（30%）	教师评价（40%）
1	理论知识	掌握 MCGS 嵌入版组态软件主控窗口功能	5			
2		掌握 MCGS 嵌入版组态软件设备窗口功能	5			
3		掌握 MCGS 嵌入版组态软件用户窗口功能	5			
4		掌握 MCGS 嵌入版组态软件实时数据库功能和类型	5			
5		掌握 MCGS 嵌入版组态软件运行策略功能和类别	5			
6		掌握 MCGS 嵌入版组态软件安全管理	5			
7	项目实施	实现项目的菜单功能	10			
8		组态设置模拟运行设备参数	10			
9		用户窗口界面组态正确、美观	10			
10		脚本程序编写正确	10			
11		工程安全管理设置合理	10			
12	答辩汇报	撰写项目总结报告，熟练掌握项目所涵盖的知识点	20			

知识能力拓展

按照图 7-112 所示，组态“水位控制工程”项目。功能要求：改变滑块位置，设置水罐 1 和水罐 2 的水位值，两个水罐水位发生变化时，对应的旋转仪表数值也发生变化。在水位上限输入框和水位下限输入框中改变水位 1 和水位 2 的上限和下限值。当滑动输入器的设定值达到上限或者下限值时，报警输出栏显示报警信息。

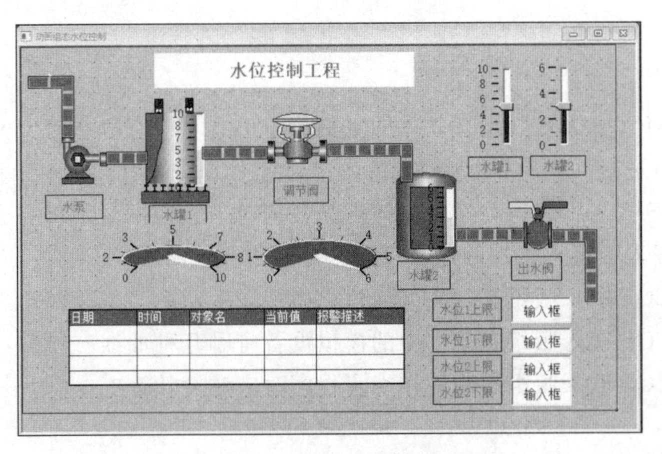

图 7-112　水位控制工程效果图

所需建立的变量，如图 7-113 所示。

名字	类型	注释
InputETime	字符型	系统内建数据对象
InputSTime	字符型	系统内建数据对象
InputUser1	字符型	系统内建数据对象
InputUser2	字符型	系统内建数据对象
报警灯1	开关型	水罐1水位超限报警指示
报警灯2	开关型	水罐2水位超限报警指示
出水阀	开关型	控制出水阀打开、关闭
调节阀	开关型	控制调节阀打开、关闭
水泵	开关型	控制水泵启动、停止的变量
水位1	数值型	水罐1的水位高度，用来控制水罐1的水位变化
水位1上限	数值型	用来在运行环境下设定水罐1的上限报警值
水位1下限	数值型	用来在运行环境下设定水罐1的下限报警值
水位2	数值型	水罐2的水位高度，用来控制水罐2的水位变化
水位2上限	数值型	用来在运行环境下设定水罐2的上限报警值
水位2下限	数值型	用来在运行环境下设定水罐2的下限报警值
水位组	组对象	用于历史数据、历史曲线、报表输出等功能构件

图 7-113　水位控制工程变量

水位控制工程的运行效果如图 7-114 所示。可以看到，两个滑动输入器的值大于 0，两个水罐水位大于 0，水管里有水体流动。同时，水罐 2 的设定值超过了水位 2 的上限值 4，报警栏中出现了报警信息。

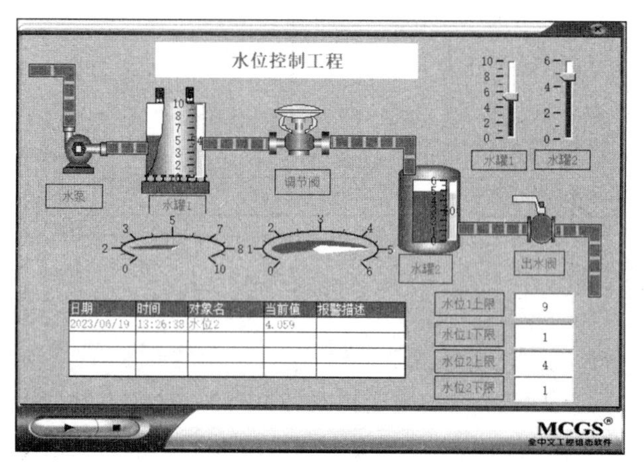

图 7-114　水位控制工程运行效果

课后习题

1. 什么是 MCGS 嵌入版组态软件的工具箱？工具箱中有哪些对象？
2. 在对窗口进行操作时，如何将窗口设置为启动窗口？
3. 在 MCGS 嵌入版组态软件中如何定义数据对象？数据对象都有哪些种类？
4. 什么是嵌入版组态软件的运行策略？都有哪些策略？
5. 使用 MCGS 嵌入版组态软件如何建立模拟设备？
6. 使用 MCGS 嵌入版组态软件中的模拟设备有哪几种曲线？
7. 使用 MCGS 嵌入版组态软件在编写程序时应注意什么？

第3篇　高级应用

第 8 章　交通灯组态工程实例

【知识目标】

(1) 掌握 MCGS 与 PLC 的连接方法。

(2) 掌握一个完整项目的组态方法。

(3) 掌握 MCGS 仿真与实际案例的相互关系。

【能力目标】

(1) 具备利用定时器进行时序控制系统的组态能力。

(2) 能够熟悉利用运行策略分模块编写脚本程序。

(3) 初步掌握交通灯监控系统的软硬件调试能力。

(4) 借助图形化构件对交通灯监控系统进行动画组态，达到交通灯的控制要求。

(5) 通过交通灯组态工程，掌握一个项目的流程，做到精益求精，敬业、精益、专注、创新，拥有家国情怀。

项目概述

1. 项目描述

交通灯在生活中很常见。本项目利用 MCGS 嵌入版组态软件设计交通灯监控系统组态工程，利用触摸屏与 PLC 控制器配合实现数据采集与处理、触摸屏画面显示以及交通灯工作流程控制等功能，通过触摸屏对交通灯进行实时动态监控，实现远程控制与监控功能。

2. 学习目标

(1) 掌握组态软件画面设计方法和绘图工具箱的使用。

(2) 实现组态动画控制效果，完成交通灯监控系统的画面制作。

(3) 熟悉组态软件的控制流程的设计、脚本程序的编写等。

(4) 交通灯组态运行效果如图 8-1 所示。

3. 项目设备

计算机一台，MCGS 嵌入版组态软件 1 套，MCGS 触摸屏 1 台及相应的数据通信线，西门 PLC1215C DC/DC/DC 1 台，西门子 1200 系列编程软件 TIA Portal 1 套。

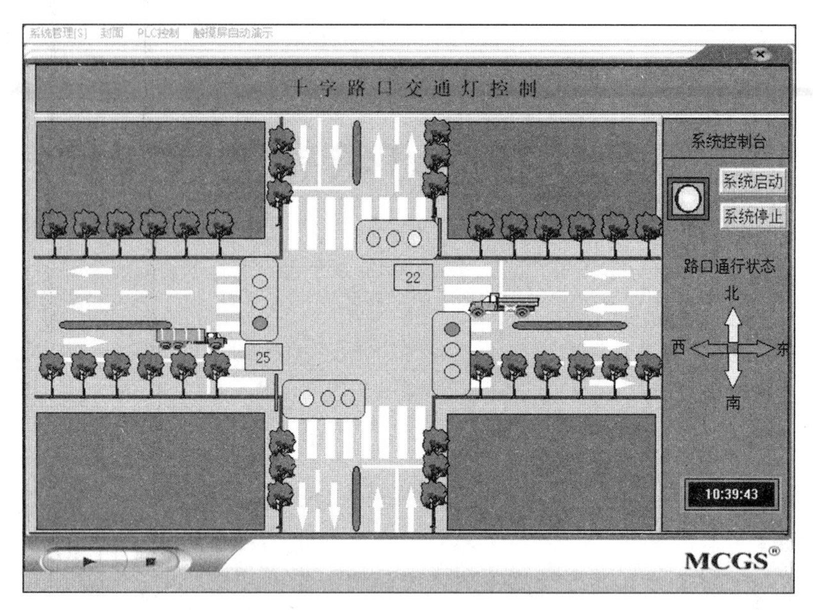

图 8-1 交通灯组态运行效果

项目实施

工作过程及控制要求如下。

(1) 分析实物交通灯的主要结构和控制工程要求。

(2) 利用 MCGS 嵌入版组态软件实现十字路口监视控制功能,包括交通灯的启停控制、交通灯的定时切换、实时监测交通灯的运行情况等信息。

(3) 将 MCGS 嵌入版组态软件的可视化和图形化功能用于交通灯的监控管理和运行维护,为维修和故障诊断提供诸多方便,并进行远程监控。

(4) 由组态软件通过动画构件显示真实交通灯的运行状态。

(5) 交通灯监控界面结合 PLC 控制器硬件,将交通灯现场硬件设备结合起来,组成完整交通灯监控系统。触摸屏实时控制外围电气设备并读取设备运行参数,对交通灯设备进行监控、报警和保护,实现现场的控制和管理。

交通灯是一种常见的控制系统,关系到一座城市的交通秩序。十字路口交通灯控制系统,是一个小型的控制系统,有东西方向的信号灯和南北方向的信号灯。东西方向和南北方向目前只有直行灯没有左转和右转灯,这是一个最简单的交通信号灯。东西方向两组信号灯源于同一组信号,南北方向两组信号灯源于同一组信号。三种颜色的信号灯分别为红色、黄色、绿色。窗口中设置了系统启动按钮和系统停止按钮。交通灯监控界面如图 8-2 所示。

本项目应用触摸屏和西门子 1200 通信,西门子程序对交通灯的控制,通过触摸屏显示出来更直观。同时实现触摸屏与西门子 1200 通信的信息交互,建立交互式人机界面。通过组态界面与各个构件的连接、变量的定义、定时器的使用,实现自动演示。

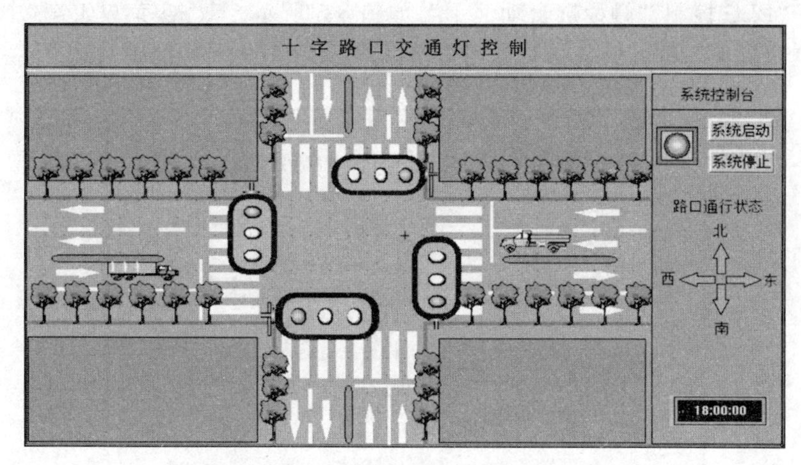

图 8-2　十字路口交通灯控制系统界面

1. 新建用户窗口

进入 MCGS 组态软件新建一个工程项目，在菜单“文件”中选择“工程另存为”选项，把新建工程保存为“D:\MCGSE\WORK\触摸屏项目交通灯”。进入 MCGS 组态平台，单击“用户窗口”平台，单击“新建窗口”按钮，分别创建 3 个新的用户窗口并分别命名为“欢迎”“PLC 控制”“触摸屏自动演示”，如图 8-3 所示。

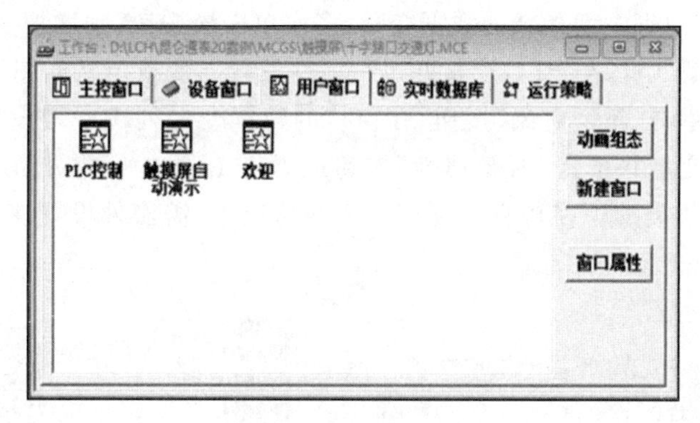

图 8-3　新建用户窗口

2. 主控窗口

主控窗口是工程的主窗口或主框架，是所有设备窗口和用户窗口的父窗口，负责这些窗口的管理和调度，并调度用户策略的运行。主控窗口的设计如下：在 MCGS 组态平台上右击“主控窗口”，打开“主控窗口”的属性设置窗口。将“基本属性”选项卡中的窗口标题设置为“交通灯”，将“封面窗口”设置为“欢迎”，封面显示时间改为 2 秒，再单击“权限设置”按钮，弹出“用户权限设置”对话框。在“权限设置”按钮下面选择“进入不登录，退出不登录”，菜单设置为“有菜单”。菜单管理效果如图 8-4 所示。

在 MCGS 组态平台上的“主控窗口”中，单击“菜单组态”按钮，打开菜单组态窗口。在“系统管理”下拉菜单下，单击工具条中的“新增普通菜单选项”按钮，增加 3 个菜单，分别为“封面”“PLC控制”“触摸屏自动演示”，如图8-5所示。双击“菜单组态”中的3个菜单，选择“菜单操作”，进入后勾选打开用户窗口，并选择与之对应的窗口名。

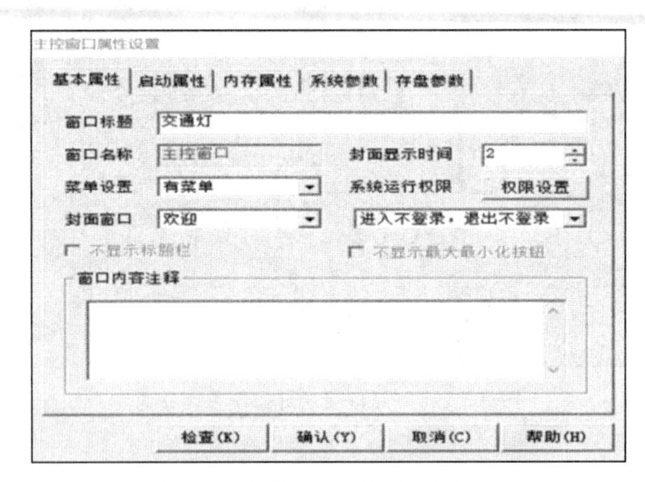

图8-4 “主控窗口属性设置”对话框

3. 实时数据库

实时数据库是工程各个部分的数据交换与处理中心，它把MCGS工程的各个部分连接成一个有机的整体。实时数据库的建立方法如下。

打开工作台的“实时数据库”选项卡，进入实时数据库窗口页。单击“新增对象”按钮，在窗口的数据变量列表中增加新的数据变量，多次单击该按钮，则增加多个数据变量。分别添加12个开关型变量，与PLC连接并进行属性设置。变量定义如图8-6所示。进入实时数据库窗口页，单击“新增对象”按钮，在窗口的数据变量列表中增设新的按钮，增加新的数据变量，选中变量并单击“对象属性”按钮或者双击选中变量，打开对象属性设置窗口，编辑变量为开关类型。在仿真交通灯工作的情况下，需额外设置变量，详细见后面的仿真部分。

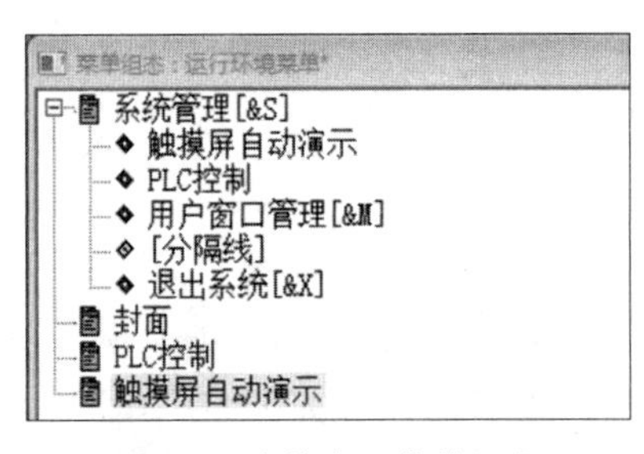

图8-5 主控窗口菜单组态

M00	开关型
M01	开关型
M10	开关型
M11	开关型
M12	开关型
M13	开关型
M14	开关型
M15	开关型
M16	开关型
M17	开关型
M20	开关型
M21	开关型

图8-6 PLC控制建立的变量图

4. 设备窗口

设备窗口是MCGS组态系统的重要组成部分，在设备窗口中建立系统与外部硬件设备的连接关系，使系统能够从外部设备读取数据并控制外部设备的工作状态，实现对工业过程的实时监控。设备窗口是连接和驱动外部设备的工作环境，MCGS嵌入版提供多种类型的"设备构件"作为系统与外部设备进行联系的媒介。进入设备窗口,从设备构件工具箱里选择相应的构件,将其配置到相应的窗口内并建立接口与通道。图 8-7 中的主控窗口属性可设置窗口连接关系,设置相关的属性,即完成了设备窗口的组态工作。运行时,系统会自动装载设备窗口及其含有的设备构件,并在后台独立运行,对用户来说,设备窗口是不可见的。在设备组态的时候一定要添加通用 TCP/IP 父设备 0,再添加设备西门子 1200 设备,双击后修改 IP 地址,远端 IP 地址为 PLC 的 IP 地址。然后,将各个变量连接起来。

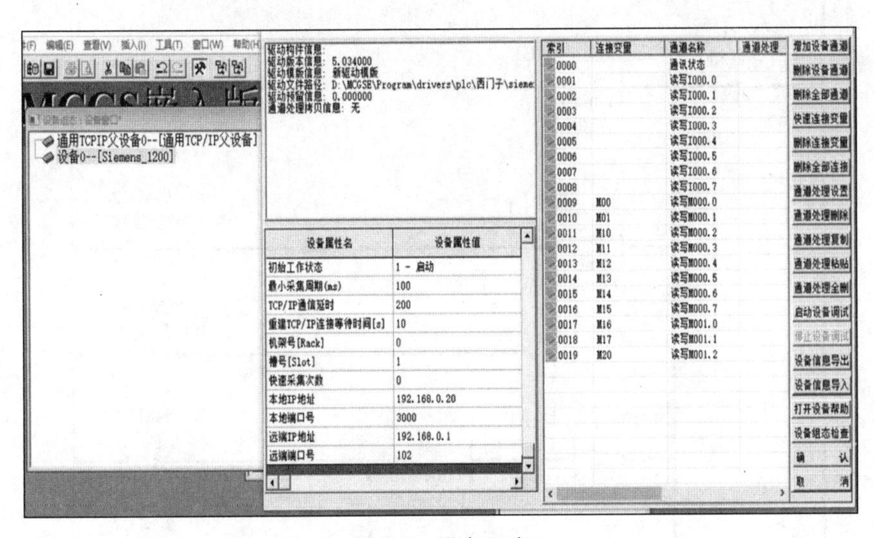

图 8-7　设备组态

5. 在 PLC 编程软件中输入程序并连接设备

西门子 1200 系列编程软件 TIA Portal,用于编写交通灯循环的程序,同时将 MCGS 的组态程序下载到触摸屏(触摸屏型号选用 TPC 7062KX 从触摸屏的标签上找),下载完成后并调试。

PLC 程序可以有很多种编写方法,只要满足交通灯的功能就可以。下面是一种编写方法,实现的功能为启动按钮按下时,东西方向红灯亮 30 秒后熄灭,东西方向绿灯亮 25 秒后熄灭,接着东西方向黄灯亮 3 秒;南北方向绿灯亮 27 秒后熄灭,南北方向黄灯亮 3 秒后熄灭,接着南北方向红灯亮 28 秒,依次东西方向红灯亮,南北方向绿灯亮。可以参考图 8-8 中的设计方法。

程序有不同的编程思路和方法。只要满足上述功能就可以,可以用一个定时器,也可以用 6 个定时器;可以用经验法编程,也可以用顺序功能编程。在这里只列举一种编程思路,大家可以尝试不同的编程方法和思路。PLC 中 M 位代表的意义在程序中已经说明,同时在 MCGS 中连接变量,可根据程序的具体要求连接 MCGS"PLC 控制"窗口中的灯变量。双击红绿灯图像,弹出"单元属性设置"对话框连接变量,M10 为南北红灯,M11 为南北黄灯,M12 为南北绿灯,M13 为东西红灯,M14 为东西黄灯,M15 为东西绿灯。MCGS 关联变量后,将 MCGS 组态项目下载到 MCGS 的硬件触摸屏中。将 PLC 程序下载至 PLC,连接 PLC 和 MCGS 屏幕,最后调试。

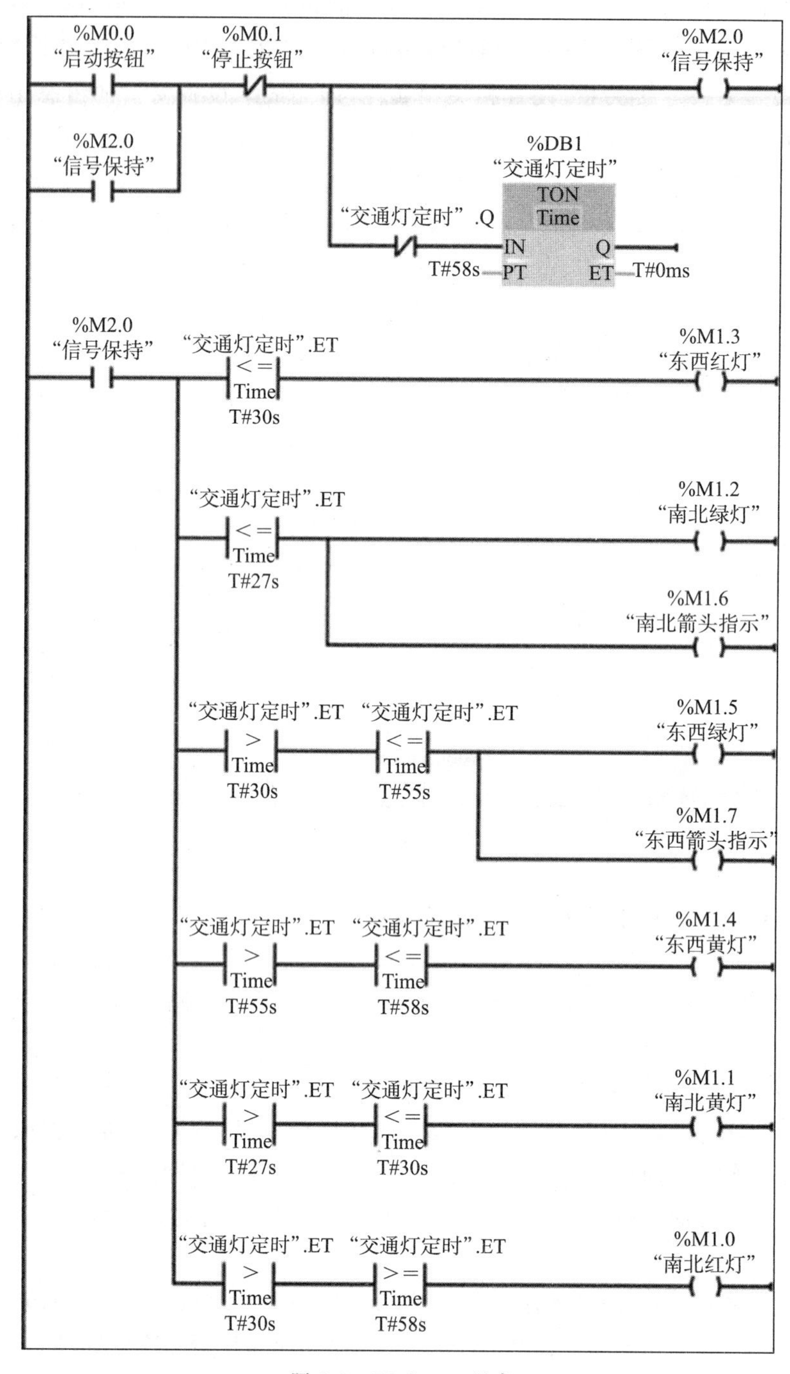

图 8-8 PLC1200 程序

6. 仿真

仿真只是将实际的控制效果模拟出来，然后用 MCGS 运行出来，供学习者强化学习触摸屏脚本编写功能。所以这里就用脚本程序及循环策略来演示，这样“触摸屏自动演示”和“PLC控制”画面是一样的，只是里面连接的变量不一样。“触摸屏自动演示”里面的变量有9个，如图8-9所示，再加上定时器用的变量，一个定时器需要下面这些变量：设定值、当前值、计时条件、复位条件、计时状态，这5个为一组，定时器才能正常使用。设定值为定时器的定时时间，是数值型对象；当前值为定时器开始工作的当前时间，从0开始到指定时间，是数值型对象；计时条件、复位条件和计时状态这三个变量的对象类型为开关。编写脚本的功能为启动按钮按下时，东西方向红灯亮30秒后熄灭，再东西方向绿灯亮25秒后熄灭，接着东西方向黄灯亮3秒；南北方向绿灯亮27秒后熄灭，再南北方向黄灯亮3秒后熄灭，接着南北方向红灯亮28秒，依次循环。

定时3开始	开关型	计时状态3	开关型
复位条件	开关型	计时状态4	开关型
复位条件1	开关型	计时状态5	开关型
复位条件2	开关型	开始定时	开关型
复位条件3	开关型	绿灯东西	开关型
复位条件4	开关型	绿灯南北	开关型
复位条件5	开关型	启动	开关型
红灯东西	开关型	当前值	数值型
红灯南北	开关型	当前值1	数值型
黄灯东西	开关型	当前值2	数值型
黄灯南北	开关型	当前值3	数值型
计时条件	开关型	当前值4	数值型
计时条件1	开关型	当前值5	数值型
计时条件2	开关型	定时0	数值型
计时条件3	开关型	设定值	数值型
计时条件4	开关型	设定值1	数值型
计时条件5	开关型	设定值2	数值型
计时状态	开关型	设定值3	数值型
计时状态1	开关型	设定值4	数值型
计时状态2	开关型	设定值5	数值型

图8-9 触摸屏自动演示的变量

在仿真过程中，一步都不能错。

脚本程序中利用MCGS内循环策略中的定时器，一共用了6个定时器，定时器的设定值直接在实时数据库中设置，6个变量中的“对象初始”值分别为30、25、3、27、3、28。这6个数值的单位为秒。在脚本中又添加了3个实时数据库，一个为数值型的“定时0”和两个开关型的“开始定时”“定时3开始”。因为是循环策略，所以在“定时0=0”时赋值，在完成一系列动作后“定时0”再加1，完成一次循环后“定时0”重新变成0，返回后再完成等于0时的赋值。参考程序如下：

```
IF 启动 = 1 THEN
  IF 定时 0 = 0 THEN
    开始定时 = 1
    定时 3 开始 = 1
    ENDIF
  IF 开始定时 = 1 THEN
    计时条件 = 1
    复位条件 = 0
    红灯东西 = 1
    黄灯东西 = 0
    绿灯东西 = 0
```

```
        IF 计时状态 = 1 THEN
          复位条件 = 1
          计时条件 = 0
          红灯东西 = 0
          绿灯东西 = 1
          开始定时 = 0
          ENDIF
    ENDIF
  IF 绿灯东西 = 1 THEN
    计时条件 1 = 1
    复位条件 1 = 0
          IF 计时状态 1 = 1 THEN
            计时条件 1 = 0
            复位条件 1 = 1
            红灯东西 = 0
            黄灯东西 = 1
            绿灯东西 = 0
            ENDIF
    ENDIF

IF 黄灯东西 = 1 THEN
  计时条件 2 = 1
  复位条件 2 = 0
      IF 计时状态 2 = 1 THEN
        计时条件 2 = 0
        复位条件 2 = 1
        红灯东西 = 1
        黄灯东西 = 0
        绿灯东西 = 0
    ENDIF
ENDIF
IF 定时 3 开始 = 1 THEN
  计时条件 3 = 0
  复位条件 3  = 1
  绿灯南北 = 0
  黄灯南北 = 1
  红灯南北 = 0
  定时 3 开始 = 0
  ENDIF
ENDIF
IF 黄灯南北 = 1 THEN
  计时条件 4 = 1
  复位条件 4 = 0
```

```
     IF 计时状态 4 = 1 THEN
        计时条件 4 = 0
        复位条件 4 = 1
        绿灯南北 = 0
        黄灯南北 = 0
        红灯南北 = 1
        ENDIF
ENDIF
IF 红灯南北 = 1 THEN
  计时条件 5 = 1
  复位条件 5 = 0
  IF 计时状态 5 = 1 THEN
     计时条件 5 = 0
     复位条件 5 = 1
     绿灯南北 = 1
     黄灯南北 = 0
     红灯南北 = 0
     ENDIF
ENDIF
     IF 计时状态 2 = 1 and 计时状态 5 =  1 THEN
        定时 0 = 0
        ELSE
        定时 0 = 1 + 定时 0
        ENDIF

IF 启动 = 0 then
  定时 0 = 0
  开始定时 = 0
  定时 3 开始 = 0
  绿灯南北 = 0
  黄灯南北 = 0
  红灯南北 = 0
  红灯东西 = 0
  黄灯东西 = 0
  绿灯东西 = 0
ENDIF
```

本章要点总结及评价

1. 本章要点总结

本章主要介绍了 MCGS 嵌入版组态交通灯项目，并通过与 PLC 相连，下载程序，实现触摸屏显示交通灯的项目，对 MCGS 嵌入版组态软件下载配置对话框参数进行说明，并实现了演示工程的下载和运行。

本章内容完成后需撰写交通灯项目总结报告，撰写项目总结报告是工程技术人员在项目开发过程中必须具备的能力。项目总结报告应包括摘要、目录、正文、附录等。其中，正文部分一般包括总体设计思路、硬件需求、程序设计思路、仿真结果、系统综合运行结果、调试及结果分析等。

2. 本章知识学习效果评价

本章的评价指标及评价内容在评价体系中所占分值、自评、互评及教师评价在本章考核成绩中的比例如表 8-1 所示。

表 8-1 考核评价体系表

序号	评价指标	评 价 内 容	分值	自评（30%）	互评（30%）	教师评价（40%）
1	理论知识	掌握 MCGS 嵌入版组态软件变量设置、画面组态、脚本编写和设备通信	10			
2		掌握 MCGS 嵌入版组态软件与 PLC 的通信	10			
3	项目实施	能实现 MCGS 嵌入版组态软件交通灯项目	25			
4		能实现项目的下载并运行	25			
5	答辩汇报	撰写项目总结报告，熟练掌握项目所涵盖的知识点	30			

知识能力拓展

1. 如果在考虑直行方向交通灯的基础上，同时考虑左转、右转方向灯，如何实现控制和监控呢？

2. 在仿真中，定时器的初始值都为 0，还有动画现象吗？

课后习题

1. 简述 MCGS 组态一个项目的流程。

2. 简述 PLC 在交通灯项目中哪些参数是和 MCGS 连接的。

第 9 章　全自动洗衣机工程实例

【知识目标】

（1）掌握 MCGS 中变量设置的类型和数量。

（2）掌握 MCGS 中脚本编写。

（3）掌握 MCGS 中的设备连接。

（4）掌握 MCGS 中的定时器的使用。

【能力目标】

（1）具备利用触摸屏的组态能力。

（2）能够熟悉利用运行策略分模块编写脚本程序；洗衣机监控系统的软硬件调试能力。

（3）借助图形化构件对抢答器监控系统进行动画组态，达到洗衣机的控制要求。

（4）通过全自动洗衣机画面监控案例，从身边的产品出发，从身边的事物出发，做好每一件小事、完成每一项任务。

项目概述

1. 项目描述

全自动洗衣机是家庭中常见的一个自动化产品，有的控制器可以通过单片机实现，也可以通过 PLC 来实现。全自动洗衣机的进水和排水分别由进水阀和排水阀来控制。进水时，通过电控系统使进水阀打开，经过水管将水注入洗衣机。排水时，通过电控系统使排水电磁阀打开，将水排出。洗涤正转、反转有洗涤电动机驱动波盘正、反转来实现。脱水时，通过电控系统将脱水电磁阀离合器合上，由电动机带动内桶正转进行甩干。高、低水位开关分别用来检测高、低水位；启动按钮用来启动洗衣机工作；停止按钮用来实现手动停止进水、排水、脱水；排水按钮用来实现手动排水。我们利用 MCGS 嵌入版组态软件设计全自动监控系统组态工程，利用触摸屏与 PLC 控制器配合实现数据采集与处理、触摸屏画面显示、报警处理等功能。本项目将通过触摸屏对洗衣机进行实时动态监控。

2. 学习目标

（1）掌握组态软件画面设计方法和绘图工具箱的使用。

（2）实现组态动画控制效果，完成全自动洗衣机监控系统的画面制作。

（3）熟悉组态软件控制流程的设计、脚本程序的编写等。

（4）全自动洗衣机运行界面如图 9-1 所示。

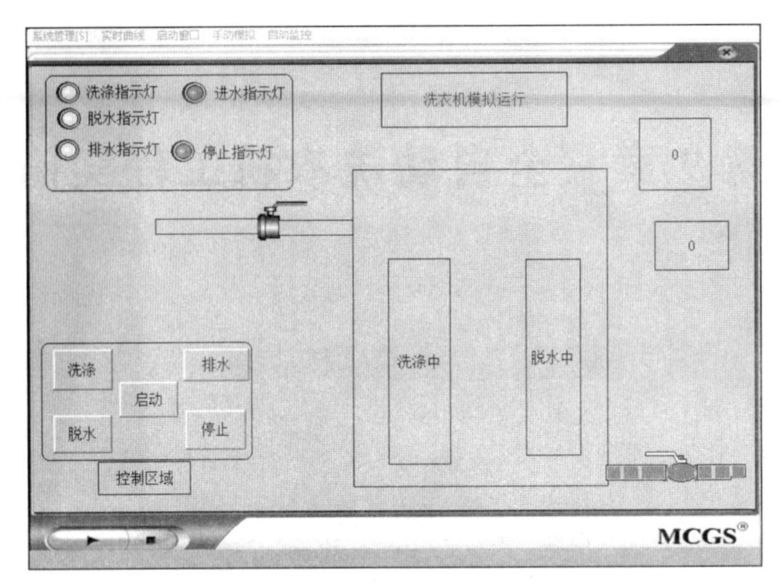

图 9-1　全自动洗衣机运行界面

3. 项目设备

计算机一台，MCGS 嵌入版组态软件 1 套，MCGS 触摸屏 1 台及相应的数据通信线，西门子 PLC1215C DC/DC/DC 1 台，西门子 1200 系列编程软件 TIA Portal 1 套。

项目实施

工作过程及控制要求如下。

(1) 分析洗衣机的控制工程要求。

(2) 利用 MCGS 嵌入版组态软件实现洗衣机监视控制功能，包括洗衣机的开关、运行状况和洗涤状况。

(3) 洗衣机监控界面结合 PLC 控制器硬件，将洗衣机现场硬件设备结合起来，组成完整的洗衣机器监控系统。触摸屏实时控制外围电气设备并读取设备运行参数，对洗衣机设备进行监控、报警和保护，实现现场的控制和管理。

1. 组态图形设计

本项目内容应用触摸屏和西门子 1200PLC 来实现对洗衣机系统的模拟控制工作，建立交互式人机界面。通过组态画面与各个构件的连接、变量的定义、定时器的相关设置，实现洗衣机系统的模拟控制作用。当洗衣人员按下启动按钮时，洗衣机开始工作，PLC 投入运行，启动时开始进水，水位达到高水位时停止进水并开始洗涤正转。正转 20 秒后暂停，暂停 3 秒后开始反转洗涤，反转洗涤 20 秒后暂停。3 秒后若正转、反转未满设定次数，则返回正转洗涤开始；若正转和反转已满设定次数，则开始排水。水位下降到低水位时开始脱水并继续排水。脱水后即完成了一次从进水到脱水的大循环过程。若未完成 3 次大循环，则返回从进水开始的全部动作，进行下一次大循环过程；若完成 3 次大循环，完成指示灯亮。

2. 用户窗口

进入MCGS组态软件新建一个工程项目，在菜单“文件”中选择“工程另存为”选项，把新建工程存为“D:\MCGSE\WORK\全自动洗衣机系统的监控系统”。进入MCGS组态平台依次单击“用户窗口”“新建窗口”按钮，创建4个新的用户窗口并分别命名为“手动”“自动监控”“启动窗口”和“实时曲线”，如图9-2～图9-5所示。“启动窗口”只要从计算机的图库中选择就可以，这里不再赘述。

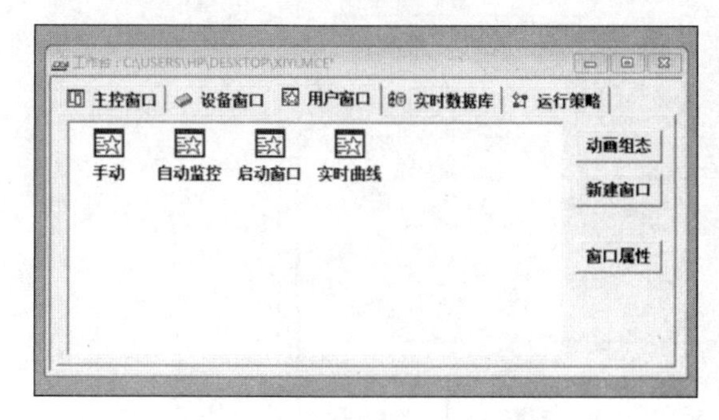

图9-2　用户窗口界面

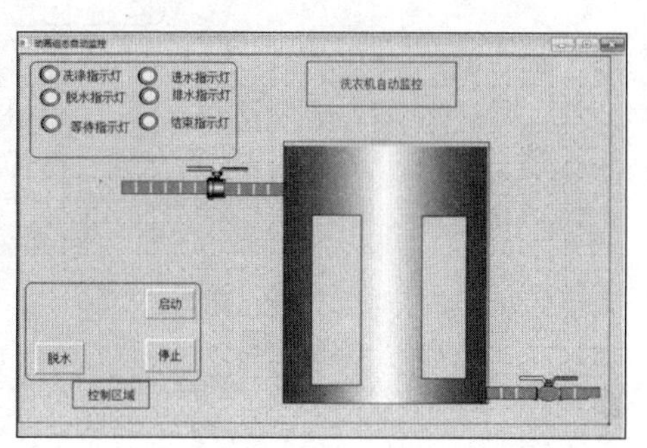

图9-3　自动监控画面

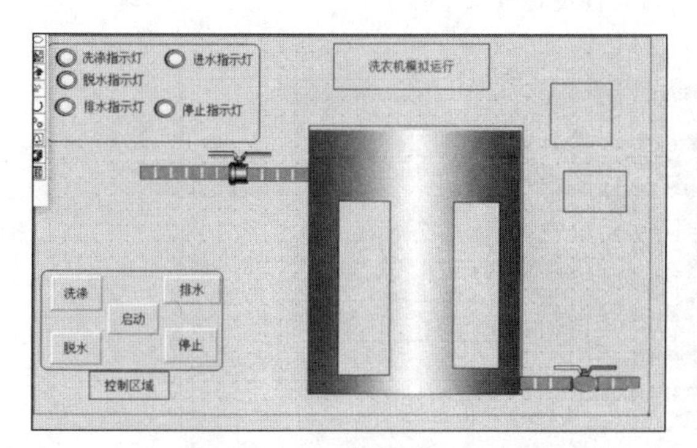

图9-4　手动模拟画面

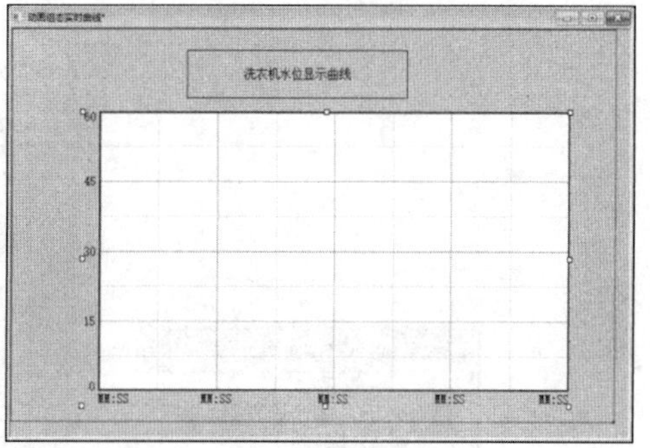

图9-5　实时曲线画面

3. 主控窗口

主控窗口是工程的主窗口或主框架，是所有设备窗口和用户窗口的父窗口，负责这些窗口的管理和调度，并调度用户策略的运行。主控窗口的设计如下：在MCGS组态平台上单击选中“主控窗口”，右击打开“主控窗口属性设置”窗口，如图9-6所示。将“基本属性”中的窗口标题设置为“洗衣机”，封面窗口设置为“启动窗口”，封面显示时间改为2秒，在“权限设置”按钮下面选择“进入不登录，退出不登录”，菜单设置为“有菜单”。菜单管理效果图如图9-6所示。

在MCGS组态平台上的“主控窗口”中，单击“菜单组态”按钮，打开“菜单组态”窗口。在“系统管理”下拉菜单下，单击工具栏中的“新增普通菜单选项”按钮，增加4个菜单，分别为“实时曲线”“启动窗口”“手动模拟”“自动监控”，接着分别双击各菜单，单击“菜单操作”，并勾选“打开用户窗口”，选择与对应菜单一样的窗口。如图9-7所示。

主控窗口属性设置

基本属性 | 启动属性 | 内存属性 | 系统参数 | 存盘参数

窗口标题 洗衣机

窗口名称 主控窗口　封面显示时间 2

菜单设置 有菜单　系统运行权限 权限设置

封面窗口 启动窗口　进入不登录，退出不登录

不显示标题栏　不显示最大最小化按钮

窗口内容注释

检查(K)　确认(Y)　取消(C)　帮助(H)

图 9-6 主控窗口属性设置效果

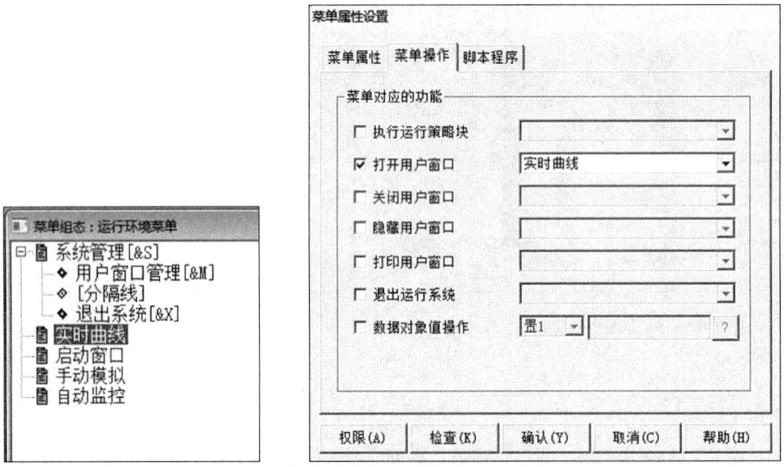

菜单组态：运行环境菜单

系统管理[&S]
- 用户窗口管理[&M]
- [分隔线]
- 退出系统[&X]

实时曲线
启动窗口
手动模拟
自动监控

菜单属性设置

菜单属性　菜单操作　脚本程序

菜单对应的功能

执行运行策略块
打开用户窗口 实时曲线
关闭用户窗口
隐藏用户窗口
打印用户窗口
退出运行系统
数据对象值操作 置1

权限(A)　检查(K)　确认(Y)　取消(C)　帮助(H)

图 9-7 菜单设置

4. 实时数据库

打开工作台的“实时数据库”选项卡,进入实时数据库窗口页。单击“新增对象”按钮,在窗口的数据变量列表中增加新的数据变量,多次单击该按钮,则增加多个数据变量。分别添加 11 个变量为开关变量和 1 个变量为数值变量,这是与 PLC 连接的变量并对它们进行属性设置。变量定义如图 9-8 所示。进入实时数据库窗口页,单击“新增对象”按钮,在窗口的数据变量列表中增设新的图标,增加新的数据变量,选中变量,单击“对象属性”按钮或者双击选中变量,打开对象属性设置窗口,编辑变量为开关类型和数值类型。在手动监控时,需额外设置变量,详细见后面的仿真部分。

m10	开关型
M100	开关型
M101	开关型
M102	开关型
m103	开关型
VW00	数值型
Q00	开关型
Q01	开关型
Q02	开关型
Q03	开关型
Q04	开关型
Q05	开关型

图 9-8　自动监控实时数据库

5. 设备窗口

按照图 9-9 所示进行变量和通道的连接设置，并设置本地 IP 地址和远端 IP 地址。

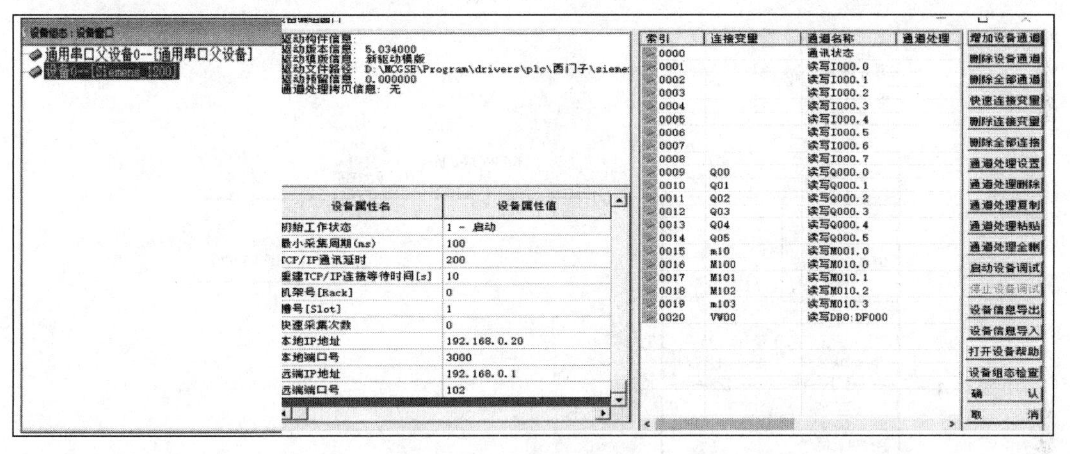

图 9-9　主控窗口属性设置

6. 在 PLC 编程软件中输入程序并连接设备

通过 PLC 编程软件 TIA Portal 将控制程序下载至 PLC。同时将 MCGS 的组态程序下载到触摸屏。下载完成后调试。PLC 程序可以有很多种编写方法，只要满足洗衣机的功能就可以，下面是一种程序编写方法，可实现在第一步提到的项目功能。PLC 中的 M 位和 Q 位代表的意义在程序中已经说明，同时在 MCGS 中连接变量，根据程序要求来连接 MCGS“自动监控”窗口中各元件的变量。洗涤指示灯“数据对象”中的“可见度”为 M103，进水指示灯“数据对象”中的“可见度”为 Q00，脱水指示灯“数据对象”中的“可见度”为 Q04，排水指示灯“数据对象”中的“可见度”为 Q03，等待指示灯“数据对象”中的“可见度”为 M10，结束指示灯“数据对象”中的“可见度”为 Q05。启动按钮、停止按钮和脱水按钮这三个按钮对应在“操作属性”中勾选的数值对象值操作，并选“取反”且后面选择 M100、M101 和 M102。“自动监控”窗口中的两个阀，上面的选择实时数据库中的 Q00，下面的选择实时数据库中的 Q03。MCGS 关联变量后，将 MCGS 组态项目下载到 MCGS 的硬件触摸屏中。将 PLC 程序下载至 PLC，连接 PLC 和 MCGS 屏幕，最后调试。PLC 程序有点多，其实也就是在学习 MCGS 过程中，我们需要掌握的 PLC 基本知识和技能，学习新东西一向都是要循序渐进的。

PLC 程序参考程序如图 9-10～图 9-19 所示。

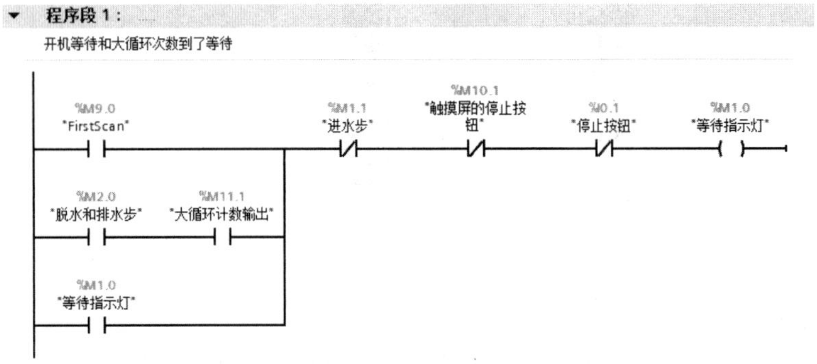

程序段 1：

开机等待和大循环次数到了等待

图 9-10　程序段 1

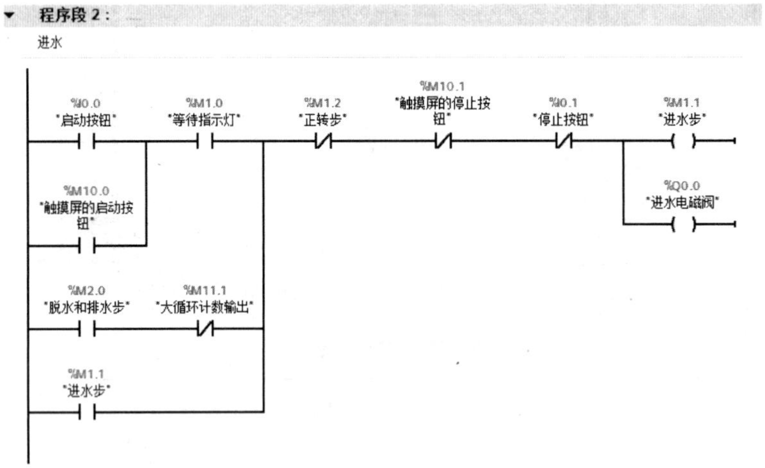

程序段 2：

进水

图 9-11　程序段 2

程序段 3：

正转并计时

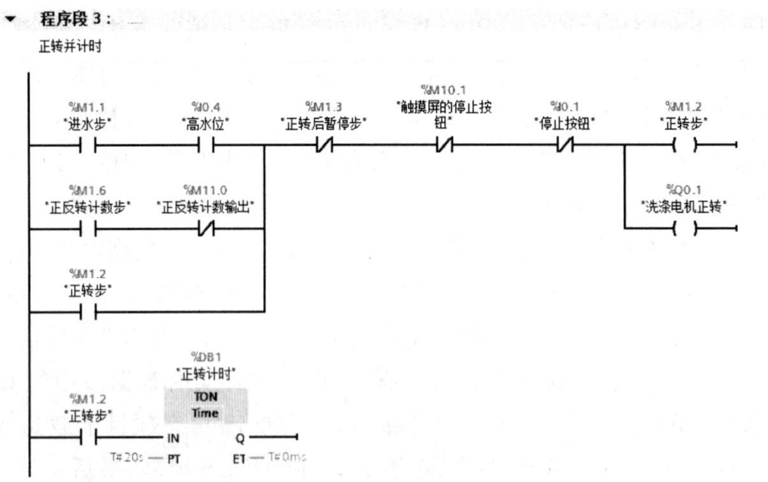

图 9-12　程序段 3

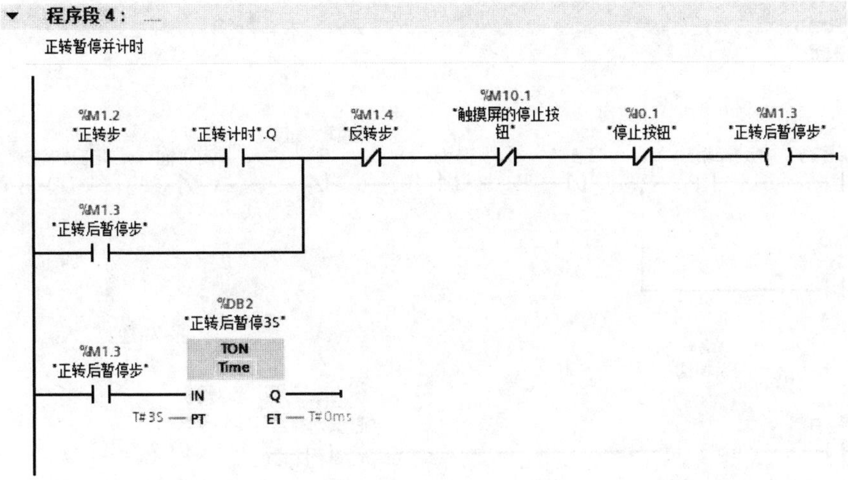

▼ 程序段 4： ......

正转暂停并计时

%M1.2 "正转步"　"正转计时".Q　%M1.4 "反转步"　%M10.1 "触摸屏的停止按钮"　%I0.1 "停止按钮"　%M1.3 "正转后暂停步"

%M1.3 "正转后暂停步"

%DB2 "正转后暂停3S" TON Time

%M1.3 "正转后暂停步"　IN　Q　T#3S — PT　ET — T#0ms

图 9-13　程序段 4

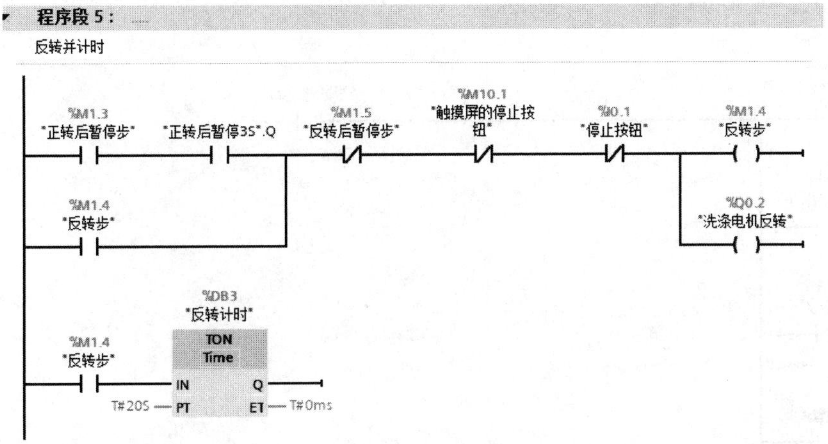

▼ 程序段 5： ......

反转并计时

%M1.3 "正转后暂停步"　"正转后暂停3S".Q　%M1.5 "反转后暂停步"　%M10.1 "触摸屏的停止按钮"　%I0.1 "停止按钮"　%M1.4 "反转步"

%M1.4 "反转步"　%Q0.2 "洗涤电机反转"

%DB3 "反转计时" TON Time

%M1.4 "反转步"　IN　Q　T#20S — PT　ET — T#0ms

图 9-14　程序段 5

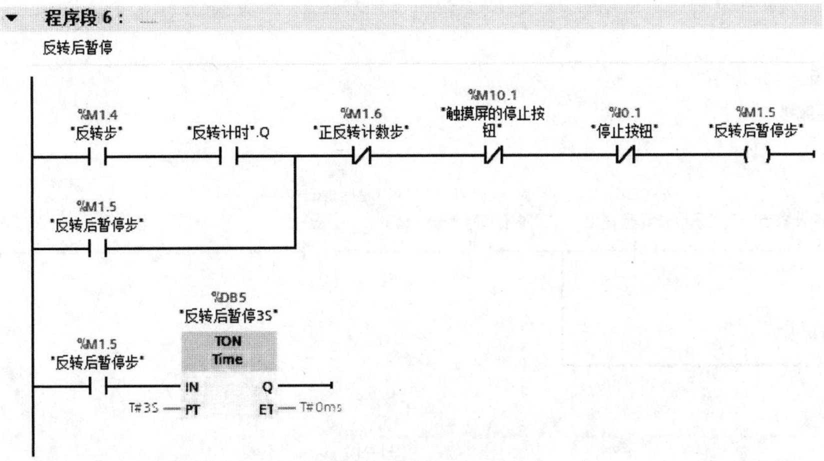

▼ 程序段 6： ......

反转后暂停

%M1.4 "反转步"　"反转计时".Q　%M1.6 "正反转计数步"　%M10.1 "触摸屏的停止按钮"　%I0.1 "停止按钮"　%M1.5 "反转后暂停步"

%M1.5 "反转后暂停步"

%DB5 "反转后暂停3S" TON Time

%M1.5 "反转后暂停步"　IN　Q　T#3S — PT　ET — T#0ms

图 9-15　程序段 6

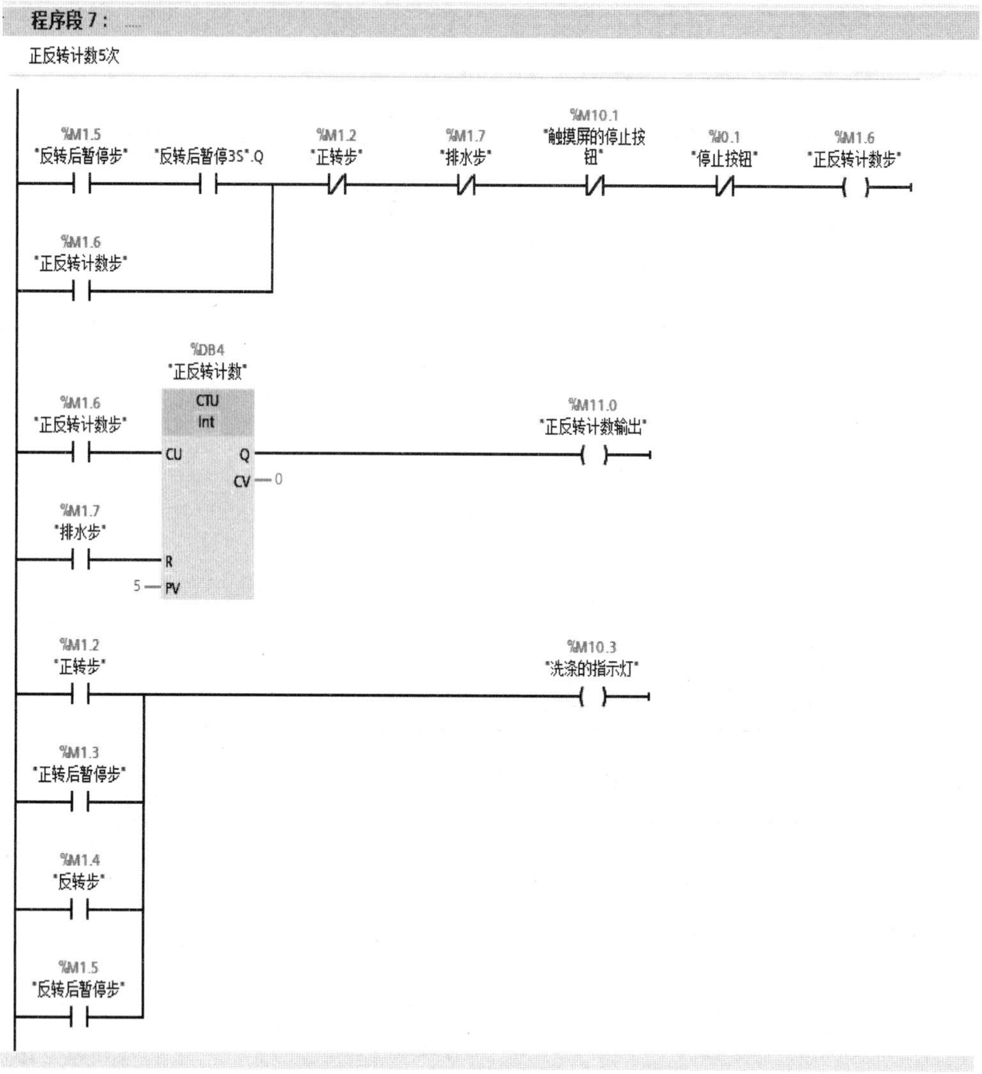

程序段 7： ......

正反转计数5次

%M1.5 "反转后暂停步" "反转后暂停3S".Q %M1.2 "正转步" %M1.7 "排水步" %M10.1 "触摸屏的停止按钮" %I0.1 "停止按钮" %M1.6 "正反转计数步"

%M1.6 "正反转计数步"

%DB4 "正反转计数" CTU Int CU Q CV—0 R 5—PV

%M1.6 "正反转计数步" %M1.7 "排水步" %M11.0 "正反转计数输出"

%M1.2 "正转步" %M1.3 "正转后暂停步" %M1.4 "反转步" %M1.5 "反转后暂停步" %M10.3 "洗涤的指示灯"

图 9-16 程序段 7

程序段 8： ......

满5次后就排水

%M1.6 "正反转计数步" %M11.0 "正反转计数输出" %M2.0 "脱水和排水步" %M10.1 "触摸屏的停止按钮" %I0.1 "停止按钮" %M1.7 "排水步"

%M1.7 "排水步"

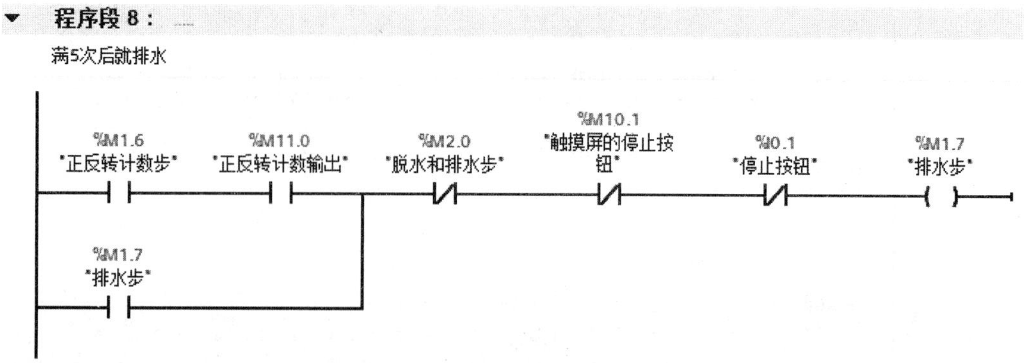

图 9-17 程序段 8

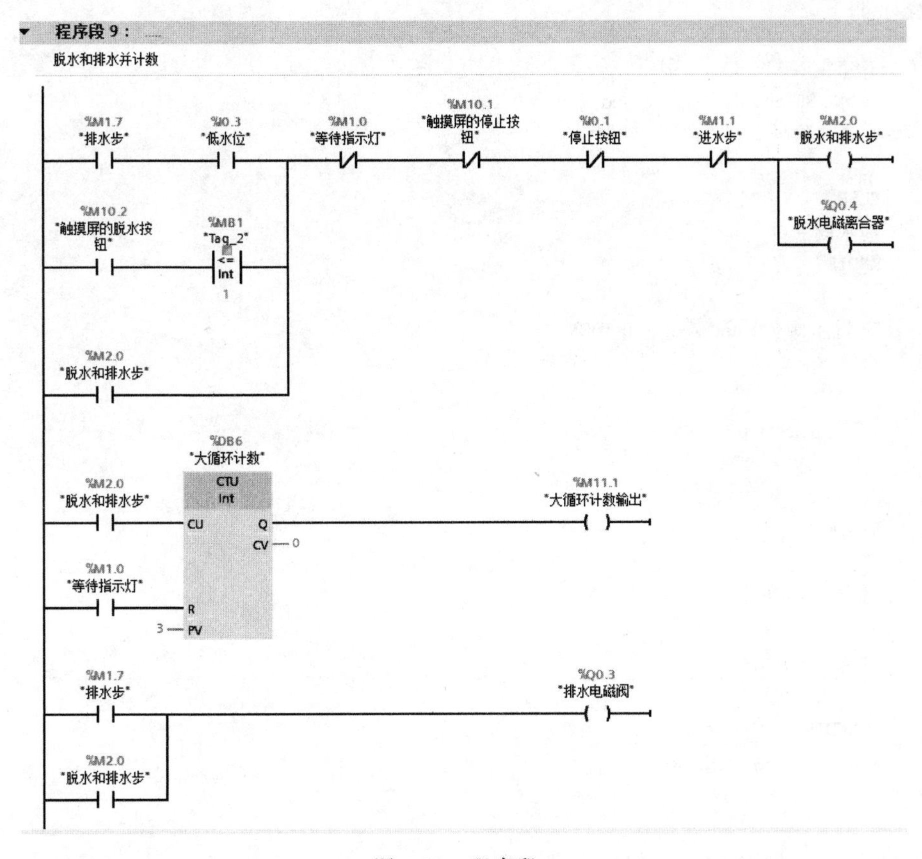

图 9-18 程序段 9

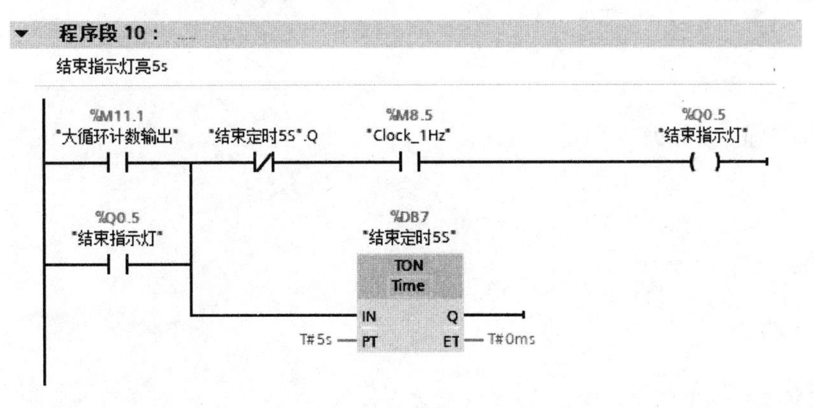

图 9-19 程序段 10

7. 仿真

仿真只是对实际控制效果的模拟，用脚本策略编写来实现。由于脚本编写的复杂性，所以在仿真中将实现的功能改成下面的这样的：按下启动按钮，洗衣机开始进水，进水阀打开，水从 0 增加到 80，水到 80 后开始洗涤，洗涤 10 秒后排水，水从 80 减到 0，接着开始脱水 5 秒，完成后，所有动作停止。模拟运行 MCGS 项目，然后下载运行实现上述功能。

脚本程序如下。

```
IF 启动 = 1 and 停止 = 0 THEN
    IF 水<80 and 出水阀 = 0 and 停止 = 0 THEN
      进水阀 = 1

    ELSE
    进水阀 = 0
    ENDIF

    IF 进水阀 = 1 and 停止 = 0 THEN
    水 = 水 + 1

        IF 水 > = 80 THEN
          水 = 80
      ENDIF
    ENDIF

IF 出水阀 = 1 THEN
  水 = 水 - 1
    IF 水 < = 0 THEN
        水 = 0
      ENDIF
    ENDIF
ENDIF

IF 启动 = 1 and 水 = 80 and 停止 = 0 THEN
  复位条件 = 0
  复位条件 1 = 0
  bu1 = 1
ENDIF

IF bu1 = 1 and 停止 = 0 THEN
  洗涤 = 1
ENDIF

IF 洗涤 = 1 and 停止 = 0 THEN
  设定值 1 = 10
  计时条件 1 = 1

    IF 计时状态 1 = 1 THEN
      复位条件 1 = 1
      计时条件 1 = 0
      排水 = 1
      出水阀 = 1
      洗涤 = 0
      bu1 = 0
      bu2 = 1
    ENDIF
ENDIF
```

```
IF 水 = 0 and bu2 = 1 and 停止 = 0 THEN
  脱水 = 1
  排水 = 1
ENDIF

IF 排水 = 1 and 脱水 = 1 THEN
  设定值 = 5
  计时条件 = 1

    IF 计时状态 = 1 THEN

      复位条件 = 1
      计时条件 = 0
      排水 = 0
      出水阀 = 0
      bu2 = 0
      脱水 = 0
      启动 = 0
  ENDIF
ENDIF
```

本章要点总结及评价

1. 本章要点总结

本章主要介绍了 MCGS 嵌入版组态全自动洗衣机的实时监控画面，并通过与 PLC 相连，下载程序，实现触摸屏对全自动洗衣机工作状态动画显示的工程项目、MCGS 嵌入版组态软件下载配置对话框参数说明，并实现演示工程的下载和运行。

本章内容完成后需撰写全自动洗衣机项目总结报告，撰写项目总结报告是工程技术人员在项目开发过程中必须具备的能力。项目总结报告应包括摘要、目录、正文、附录等。其中，正文部分一般包括总体设计思路、硬件需求、程序设计思路、仿真结果、系统综合运行结果、调试及结果分析等。

2. 本章知识学习效果评价

本章的评价指标及评价内容在评价体系中所占分值、自评、互评及教师评价在本章考核成绩中的比例如表 9-1 所示。

表 9-1 考核评价体系表

序号	评价指标	评 价 内 容	分值	自评（30%）	互评（30%）	教师评价（40%）
1	理论知识	MCGS 嵌入版组态软件变量设置、画面组态、脚本编写和设备通信	10			
2		MCGS 嵌入版组态软件与 PLC 的通信	10			

续表

序号	评价指标	评 价 内 容	分值	自评（30%）	互评（30%）	教师评价（40%）
3	项目实施	能实现 MCGS 嵌入版组态软件全自动洗衣机项目	25			
4		能实现项目的下载并运行	25			
5	答辩汇报	撰写项目总结报告，熟练掌握项目所涵盖的知识点	30			

知识能力拓展

1. 如果将全自动洗衣机改成半自动洗衣机，需要如何设置变量？

2. 在仿真中，利用全自动洗衣机项目实现下列功能：按下启动按钮，洗衣机开始进水，进水阀打开，水从 0 增加到 100，水到 100 后开始洗涤，洗涤 20 秒后排水，水从 100 减到 0，完成后所有动作就停止。请根据这个功能组态一个仿真的项目。

课后习题

1. 简述 MCGS 组态画面组态后连接变量的作用。

2. 简述在全自动洗衣机项目中，PLC 的哪些参数是和 MCGS 连接的。

第10章　MCGS触摸屏在“现代电气控制安装与调试”赛项上的应用

【知识目标】

（1）掌握MCGS嵌入版组态软件用户管理。

（2）掌握MCGS嵌入版组态软件脚本程序。

（3）掌握MCGS触摸屏与电机。

【能力目标】

（1）能在MCGS嵌入版组态软件中实现多用户管理功能。

（2）能编写多用户登录、退出等判断程序。

（3）会撰写MCGS触摸屏在“现代电气控制系统安装与调试”赛项上的应用设计总结报告。

（4）通过触摸屏组态实现现代电气控制安装与调试竞赛项目，提升学生对我国制造业的信心和爱国情怀，培养学生的民族自豪。

项目概述

1. 项目描述

全国职业院校技能大赛“现代电气控制安装与调试”赛项是一个融合了电机与电气控制、触摸屏组态监控、PLC应用技术、交直流调速、工业现场网络等多项专业技能的综合性比赛项目，自举办以来各院校积极参与，竞赛水平逐年提高，在行业内的影响力也越来越大，参赛选手特别是获奖选手很受用人单位欢迎。本项目以某年度该赛项国赛试题为依托，选取三个与MCGS密切关联的模块，全面系统地介绍MCGS如何对PLC、变频器等自动化设备进行控制，进而建立起完整的工业自动化的概念。

2. 项目目标

（1）使用MCGS，完成工程项目安全管理功能，实现对不同用户的管理。

（2）使用触摸屏、西门子PLC实现对电机的控制。

（3）使用触摸屏、西门子PLC、变频器等实现对多台电机的控制。

3. 项目设备

安装了西门子1200系列TIA Portal编程软件和MCGS嵌入版组态软件的计算机一台，MCGS触摸屏1台、网线，西门门PLC1215C DC/DC/DC 1台，交流异步电动机等。

项目实施

1. 工程安全管理功能实现

要求如下:在用户注册界面,最多可注册 3 个用户,每个用户可选择不同的权限(权限 1 可进入通信测试模式,权限 2 可进入通信测试模式和手动操作模式,权限 3 可进入全部模式),注册成功的用户权限显示在右侧列表中。当注册第四个用户并单击“确定”按钮时,屏幕显示“用户超出上限无法创建,任意单击确认”,此时单击屏幕任意位置,返回“注册界面”。如图 10-1 所示为“注册界面”。

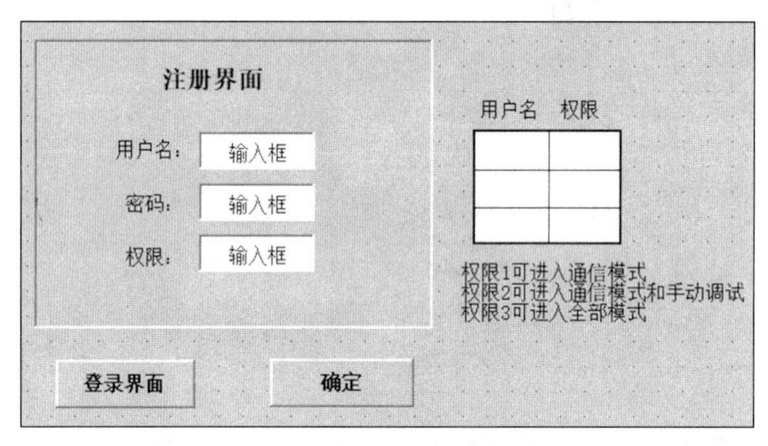

图 10-1 “注册界面”界面

单击“注册界面”中的“登录界面”按钮,弹出用户登录界面,图 10-2 所示为用户登录界面,在该界面中输入相应的用户名和密码后,单击“登录”按钮,即可完成相关用户的登录。未输入或输入错误的用户名或密码时,显示“未登录”;输入已注册的用户名和密码,可成功登录,“登录界面”显示“已登录”,单击“退出”按钮,可退出当前登录界面。图 10-3 所示为弹出窗口,当注册第四个用户,并单击“确定”按钮时,弹出此窗口。

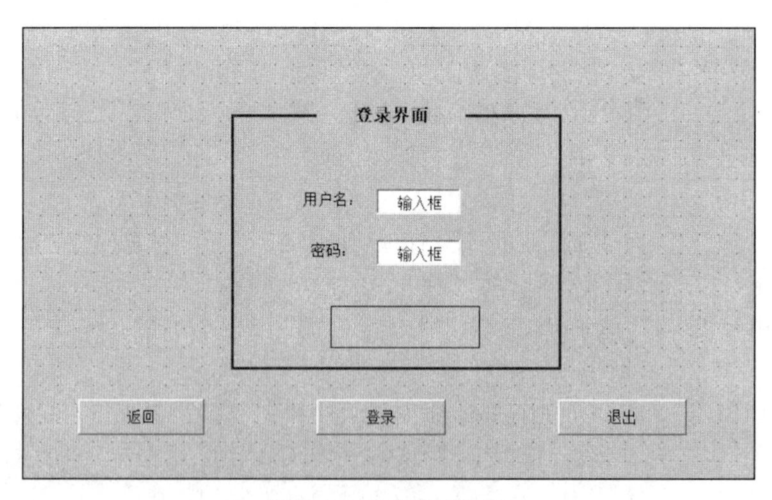

图 10-2 用户登录界面

图 10-3　用户超员弹出提示界面

工程安全管理组态步骤如下。

(1) 打开 MCGS 组态环境，新建一个工程，将工程名称取为国赛试题用户注册与登录，选择实时数据库，在实时数据库中新建 16 个变量，如图 10-4 所示。

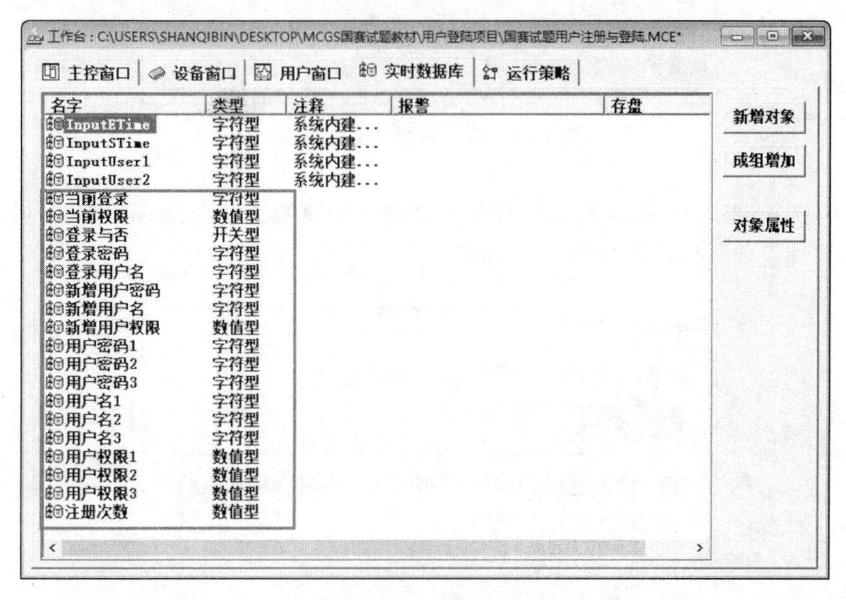

图 10-4　新建变量

(2) 在用户窗口中创建两个窗口，在窗口属性中将其改名为注册界面、登录界面。分别打开这两个画面，在其中添加相关的元件，添加后的画面如图 10-1 和图 10-2 所示。

(3) 在注册界面中双击用户名对应的输入框，打开输入框属性设置对话框，单击“操作属性”选项卡下面的“?”按钮，打开变量选择对话框，选择“新增用户名”变量，将其填入对应数据对象名称下方的方框，即可完成用户名与所对应的变量的关联，如图 10-5 所示。

用同样的方式关联密码输入框对应的变量“新增用户密码”和权限输入框对应的变量“新增用户权限”。

图 10-1 中注册界面右侧对应的用户名、权限有三行共 6 个输入框，分别对应用户名 1、用户权限 1、用户名 2、用户权限 2、用户名 3、用户权限 3 这 6 个变量。其输入的过程：在左侧三个输入框中输入相应的用户名、密码、权限后单击“确定”按钮，该用户名和对应的权限就会被输入右侧第一行。其余两组用户名和权限也采用同样的操作方法。

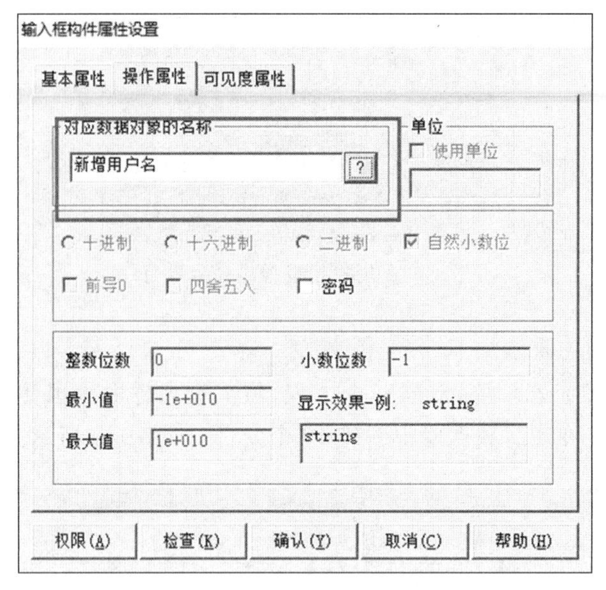

图 10-5 输入框构件属性设置

(4) 用户名、密码、权限的传送过程是通过脚本实现的。单击“确定”按钮，进入“标准按钮构件属性设置”对话框，如图 10-6 所示。

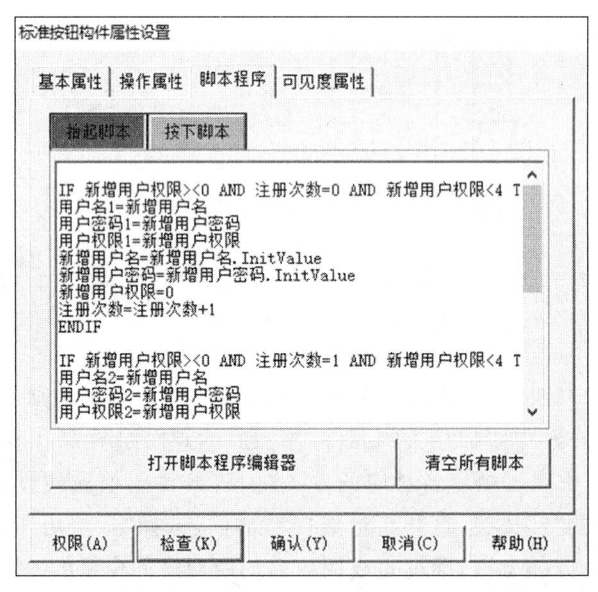

图 10-6 “确定”标准按钮构件脚本程序编辑界面

选择脚本程序选项卡，在“抬起脚本”程序编写框中输入以下代码：

```
IF 新增用户权限><0 AND 注册次数 = 0 AND 新增用户权限<4 THEN
    用户名 1 = 新增用户名
    用户密码 1 = 新增用户密码
```

```
    用户权限 1 = 新增用户权限
    新增用户名 = 新增用户名.InitValue
    新增用户密码 = 新增用户密码.InitValue
    新增用户权限 = 0
    注册次数 = 注册次数 + 1
ENDIF

IF 新增用户权限><0 AND 注册次数 = 1 AND 新增用户权限<4 THEN
    用户名 2 = 新增用户名
    用户密码 2 = 新增用户密码
    用户权限 2 = 新增用户权限
    新增用户名 = 新增用户名.InitValue
    新增用户密码 = 新增用户密码.InitValue
    新增用户权限 = 0
    注册次数 = 注册次数 + 1
ENDIF
IF 新增用户权限><0 AND 注册次数 = 2 AND 新增用户权限<4 THEN
    用户名 3 = 新增用户名
    用户密码 3 = 新增用户密码
    用户权限 3 = 新增用户权限
    新增用户名 = 新增用户名.InitValue
    新增用户密码 = 新增用户密码.InitValue
    新增用户权限 = 0
    注册次数 = 注册次数 + 1
ENDIF
```

脚本程序由三段 IF...THEN...ENDIF 语句构成，分别对应三组用户名、密码、权限。第一句是条件判断语句，每次在传递前先判断新增用户权限是否在1～3(大于0，小于4)，满足条件后才将左侧输入的用户名、密码、权限传递到右侧表格中，第一次输入时传递到第一行，第二次传递到第二行，第三次传递到第三行。

当在注册界面第四次输入用户名、密码、权限并单击“确定”按钮后，用户名、密码、权限三个输入框均变为空白显示，并弹出窗口，即图 10-2 所示。这一功能也是通过脚本实现的，如图 10-7 所示。

变量名.InitValue 为定义变量时的初始值，由于初始值没有输入，即空白。

弹出窗口的实现过程：双击弹出窗口，在其“标签动画组态属性设置”对话框中，选择“扩展属性”选项卡，在表达式中输入“注册次数＝4”，单击“确定”按钮即可实现，如图 10-8 所示。

(5) 在图 10-2 所示的登录界面中，在用户名和密码的输入框中输入已注册的用户名和相应的密码，单击“确定”按钮，即可完成用户登录，该过程通过脚本来实现。单击“登录”按钮，弹出“标准按钮构件属性设置”对话框，选择“脚本程序”选项卡，选择“按下脚本”按钮，在其下方的程序输入框中输入以下代码，如图 10-9 所示。

图 10-7　登录用户数量超过限制时的判断程序

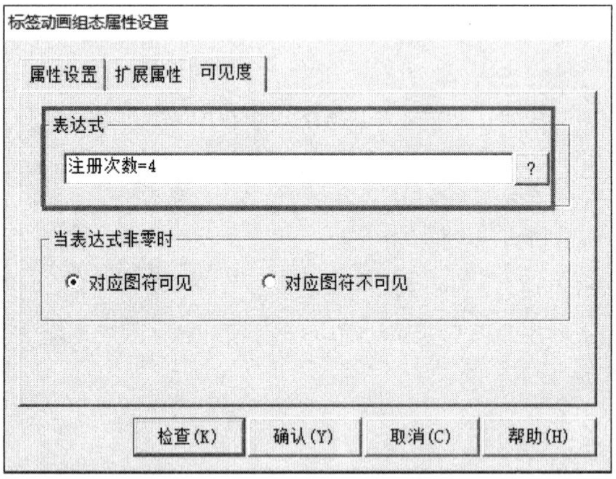

标签动画组态属性设置

属性设置　扩展属性　可见度

表达式

注册次数=4

当表达式非零时

对应图符可见　对应图符不可见

检查(K)　确认(Y)　取消(C)　帮助(H)

图 10-8　标签动画组态属性设置

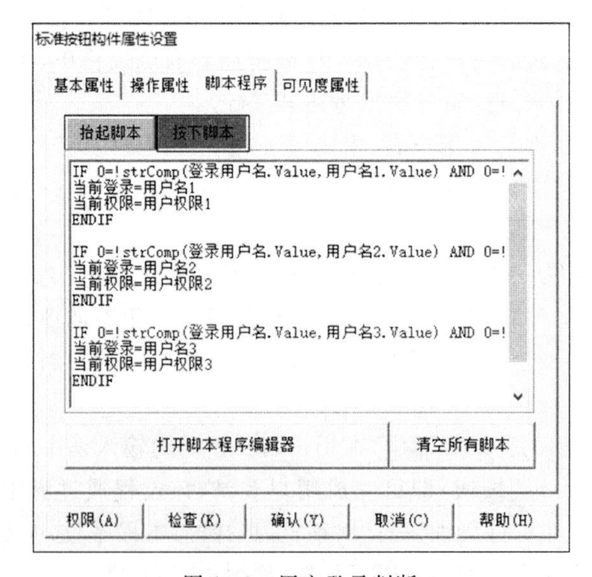

图 10-9　用户登录判断

对应的脚本代码如下：

```
登录与否 = 0
IF 0 = !strComp(登录用户名. Value, 用户名 1.Value)AND 0 = !strComp(登录密码.Value, 用户密
码 1.Value)THEN
    当前登录 = 用户名 1
    当前权限 = 用户权限 1
    登录与否 = 1
ENDIF
IF 0 = !strComp(登录用户名.Value, 用户名 2.Value)AND 0 = !strComp(登录密码.Value, 用户密
码 2.Value)THEN
    当前登录 = 用户名 2
    当前权限 = 用户权限 2
    登录与否 = 1
ENDIF
IF 0 = !strComp(登录用户名.Value, 用户名 3.Value)AND 0 = !strComp(登录密码.Value, 用户密
码 3.Value)THEN
    当前登录 = 用户名 3
    当前权限 = 用户权限 3
    登录与否 = 1
ENDIF
```

在程序的起始处将变量“登录与否”赋值为 0，然后分别判断登录的用户名和密码是否和已注册的三组用户名和密码相一致，如果和其中的一组一致，则将“登录与否”变量赋值为 1，否则赋值为 0，通过该变量的 0 或 1 来控制显示“未登录”或“已登录”，如图 10-10 所示。

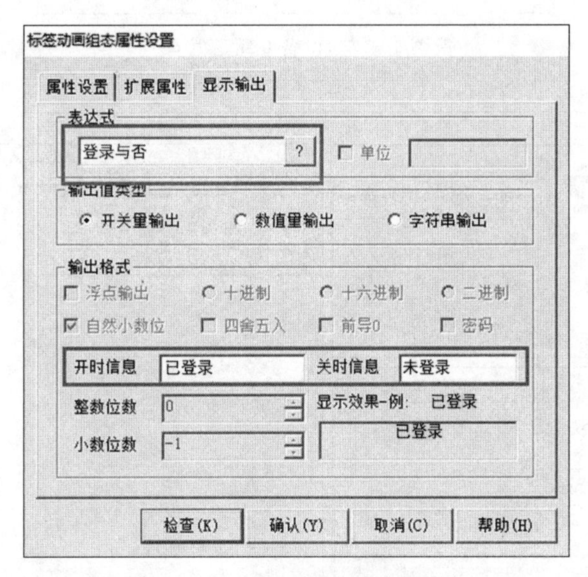

图 10-10　登录与否显示判断

2. 取水泵电机调试

首先设定循环次数，按下触摸屏开始调试按钮，取水泵 1＃电机低速运行 3 秒后，高

速运行 2 秒，再切换为取水泵 2＃电机运行 3 秒，达到循环设定次数后，取水泵组电机调试完毕。在调试过程中，按下触摸屏停止调试按钮，取水泵组电机调试结束。

（1）打开 MCGS 组态环境，选择实时数据库，并在其中设置图 10-11 中框内变量。

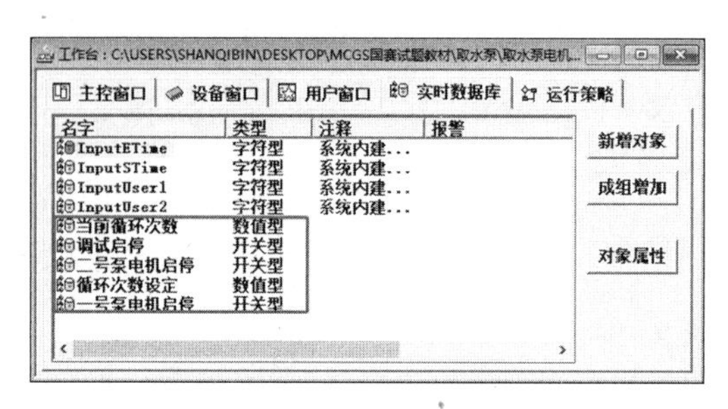

图 10-11　新建变量

（2）单击“设备窗口”标签，双击“设备窗口”按钮，在设备管理中添加通用 TCP/IP 父设备 0，在其下添加设备 0--[Siemens_1200]，双击设备 0，在设备编辑窗口中添加设备通道，并建立变量与 PLC 变量的连接。在设备属性中，将本地 IP 地址设为：192.168.0.3，将远端 IP 地址（PLC 地址）设为：192.168.0.1，如图 10-12 和图 10-13 所示。

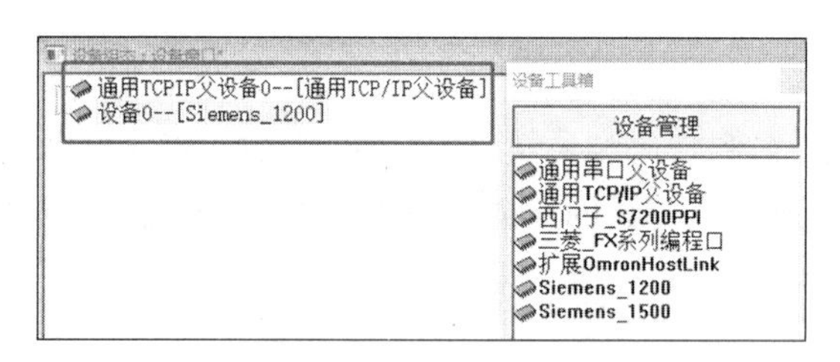

图 10-12　设备 0 组态管理

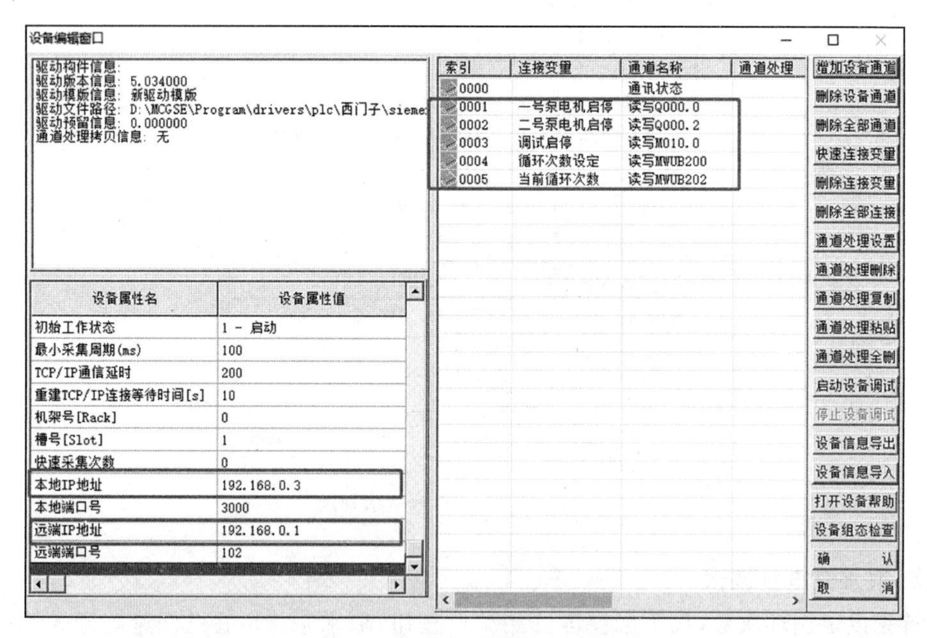

图 10-13　设备编辑窗口组态

（3）在用户窗口中建立一个窗口，取名为“取水泵”，打开该窗口后，在其中添加相应的元件，并连接相关变量，如图 10-14 所示。例如，循环次数所对应的输入框连接变量的过程：双击输入框，进入输入框构件属性设置，单击“操作属性”选项卡，在对应的数据属性名称旁，单击“?”按钮，在弹出的变量选择中选择“循环次数设定”变量，即可完成连接，如图 10-15 所示。其余的变量依此方式进行关联。

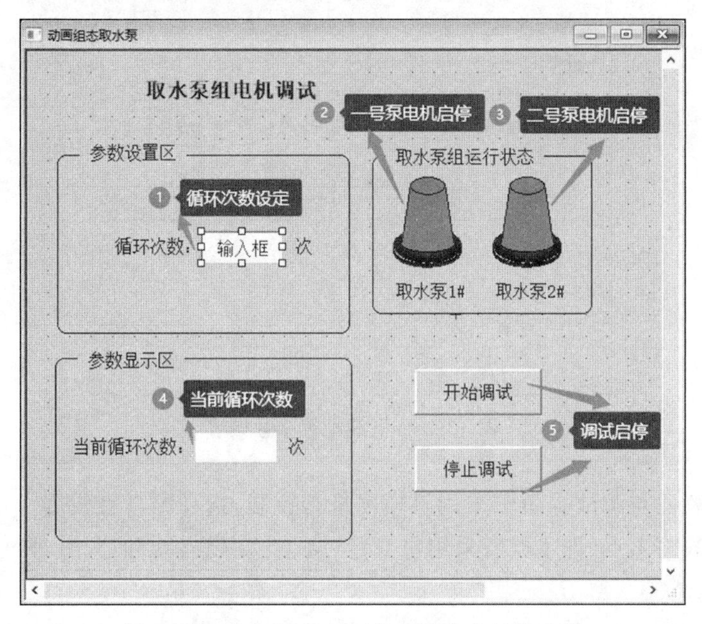

图 10-14　“取水泵”界面各个对象变量的连接

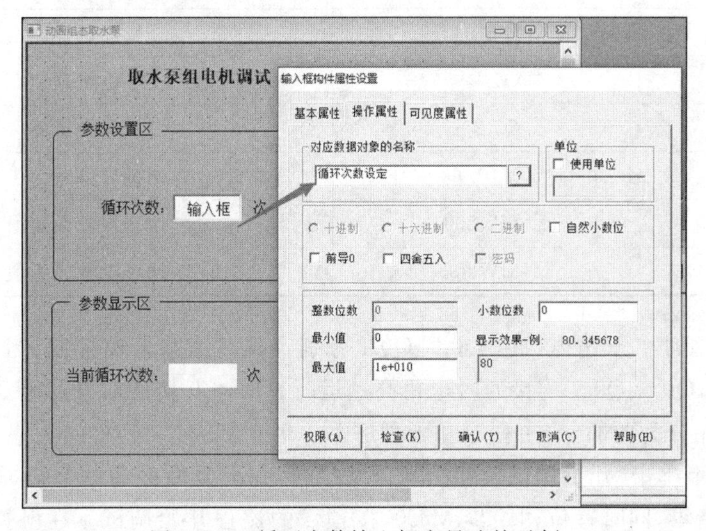

图 10-15　循环次数输入框变量连接示例

（4）全部完成后，单击菜单栏中的“工具”→“下载配置”，打开“下载配置”窗口，单击“连机运行”按钮，连接方式选择“TCP/IP 网络”，在“目标机名”中输入触摸屏的 IP 地址，即192.168.0.3，全部完成后单击“工程下载”按钮，将组态工程下载到触摸屏中，如图10-16所示。

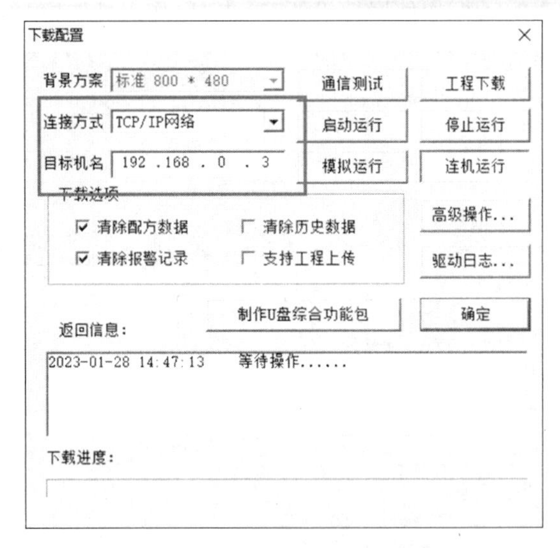

图10-16 下载配置参数设置

(5) PLC编程与调试。由于采用触摸屏进行控制，指令源自触摸屏上的相关按钮，故可以省去相应的输入点(即I点)，采用位变量(M点)实现启动和停止，地址及相应的功能如表10-1所示。

表10-1 输入/输出地址与相应的功能

序号	输入/输出地址	功能
1	Q0.0	一号电机低速
2	Q0.1	一号电机高速
3	Q0.2	二号电机启停
4	M10.0	调试启停
5	MW200	循环次数设定值
6	MW202	循环次数实际值

(6) PLC程序。双速电机由Q0.0、Q0.1分别实现高速和低速控制，当Q0.0接通时，电机低速运行，Q0.0、Q0.1均接通时电机高速运行。M10.0接通时开始调试，断开时停止调试，PLC程序分为两部分：主程序和子程序。

在触摸屏上单击“开始调试按钮”，M10.0接通，在上升沿接通一个扫描周期，将Q0.0至Q0.7全部清零，同时置位初始步M4.0，按预设的流程开始调试。在触摸屏上单击“停止调试”按钮，在M10.0的下降沿将QB0中的8位全部断开，同时将MB4的8位清零，为下次的运行做准备。

主程序如图10-17所示。

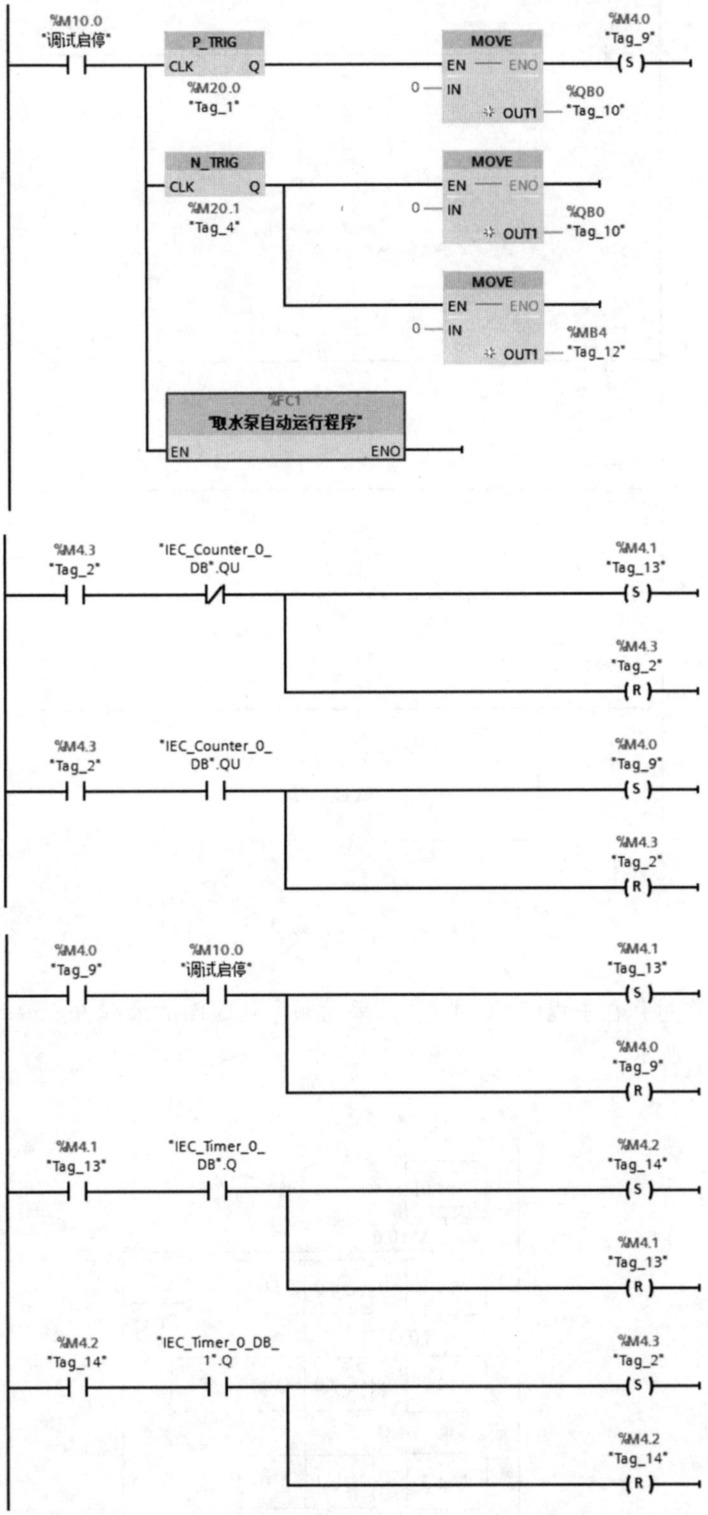

%M10.0 "调试启停" P_TRIG CLK Q %M20.0 "Tag_1" MOVE EN ENO 0 IN OUT1 %QB0 "Tag_10" %M4.0 "Tag_9" (S)

N_TRIG CLK Q %M20.1 "Tag_4" MOVE EN ENO 0 IN OUT1 %QB0 "Tag_10"

MOVE EN ENO 0 IN OUT1 %MB4 "Tag_12"

%FC1 "取水泵自动运行程序" EN ENO

%M4.3 "Tag_2" "IEC_Counter_0_DB".QU %M4.1 "Tag_13" (S) %M4.3 "Tag_2" (R)

%M4.3 "Tag_2" "IEC_Counter_0_DB".QU %M4.0 "Tag_9" (S) %M4.3 "Tag_2" (R)

%M4.0 "Tag_9" %M10.0 "调试启停" %M4.1 "Tag_13" (S) %M4.0 "Tag_9" (R)

%M4.1 "Tag_13" "IEC_Timer_0_DB".Q %M4.2 "Tag_14" (S) %M4.1 "Tag_13" (R)

%M4.2 "Tag_14" "IEC_Timer_0_DB_1".Q %M4.3 "Tag_2" (S) %M4.2 "Tag_14" (R)

图 10-17　主程序

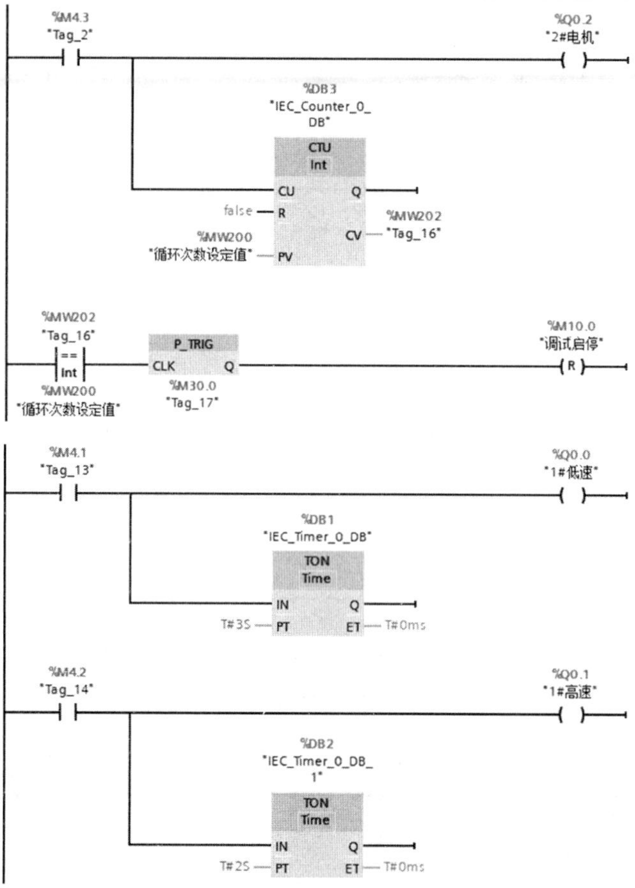

图 10-17(续)

预设的动作过程在子程序 FC 中进行，采用顺序功能图的编程方式编写程序，顺序功能图如图 10-18 所示。

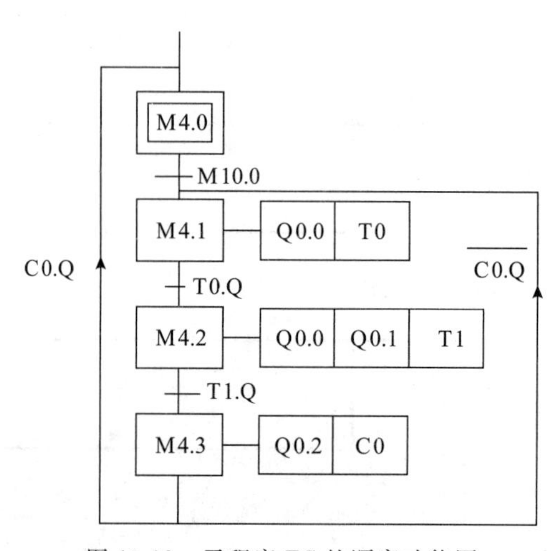

图 10-18 子程序 FC 的顺序功能图

3. 供水泵组电机调试

要求如下：按下触摸屏“开始调试”按钮，供水泵电机开始以 10Hz 的频率运行，每 3 秒增加 10Hz，增加到 50Hz 并运行 3 秒后，停止运行。重新按下“开始调试”按钮，可以重复之前的动作过程。在过程中的任意时刻按下“停止调试”按钮，变频器将停止运行。

该控制功能要求采用变频器进行频率控制，采用西门子 G120CPN 变频器，通过通信的方式来控制变频器的转速。采用基于 PROFINET 的周期过程数据交换和变频器参数访问，PROFINET IO 控制器可以将控制字和主给定值等过程数据周期性地发送至变频器，并从变频器周期性地读取状态字和实际转速等过程数据。

(1) 打开 MCGS 组态环境，新建一个工程，选择“实时数据库”选项卡，新建两个变量，分别是开关型变量“调试启停”和数值型变量“供水泵运行速度”，如图 10-19 所示。

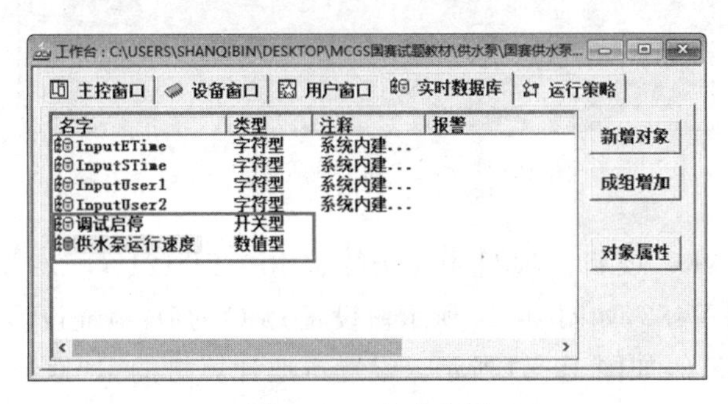

图 10-19　新建变量

(2) 选择“设备窗口”，添加通用 TCP/IP 父设备 0 和设备 0--[Siemens_1200]。双击设备 0--[siemens_1200]，进入“设备编辑”窗口，连接两个 PLC 变量。本地 IP 地址为 192.168.0.3（触摸屏的地址），远端 IP 地址为 192.168.0.1（PLC 的地址）。组态效果如图 10-20 所示。

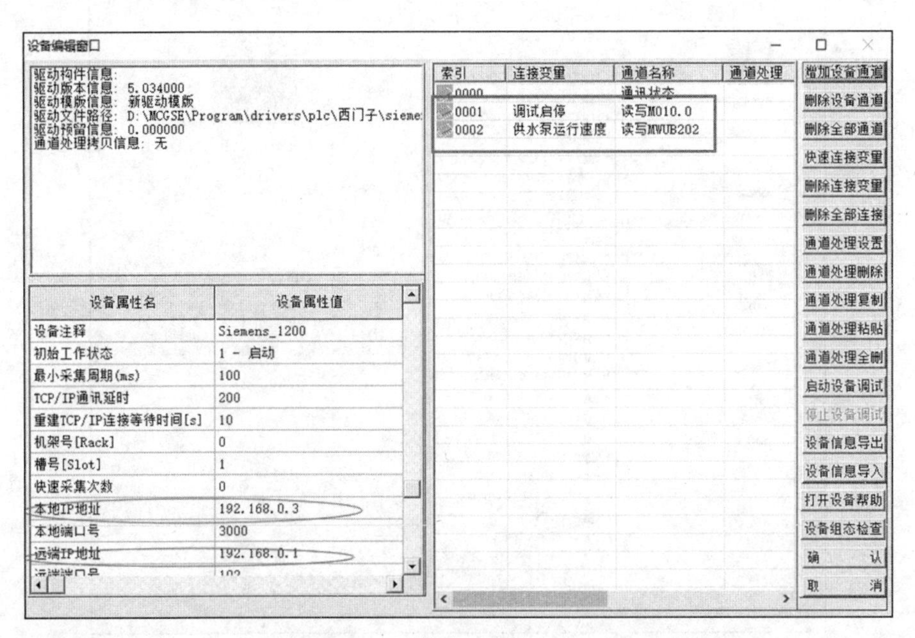

图 10-20　“设备编辑窗口”组态

(3) 选择“用户窗口”，单击右侧的“新建窗口”按钮，将窗口 0 的窗口属性修改为“供水泵”，双击供水泵窗口，进入窗口界面。在窗口中分别连接“供水泵运行速度”和“调试启停”两个变量，如图 10-21 所示。保存设置，将组态工程下载至触摸屏中。

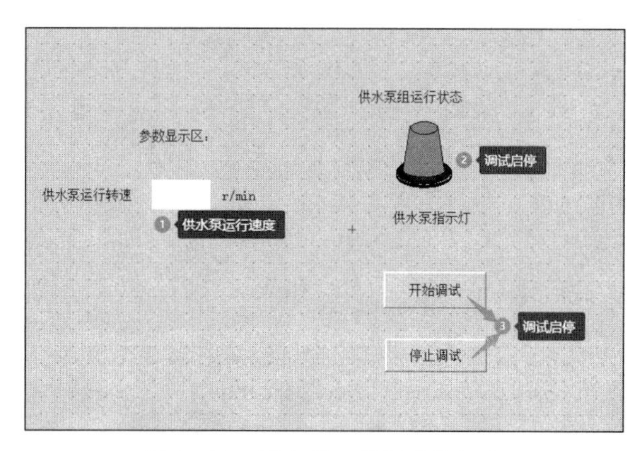

图 10-21 用户窗口的创建及组态

(4) 创建一个 PLC 项目。项目中按要求选用 CPU1212C DC/DC/DC 西门子 S7-1200PLC，版本号为 V4.2，如图 10-22 所示。设置 PLC 的 IP 地址设为 192.168.0.1，子网掩码为 255.255.255.0，如图 10-23 所示。设置本地计算机的 IP 地址为 192.168.0.3，子网掩码为 255.255.255.0。

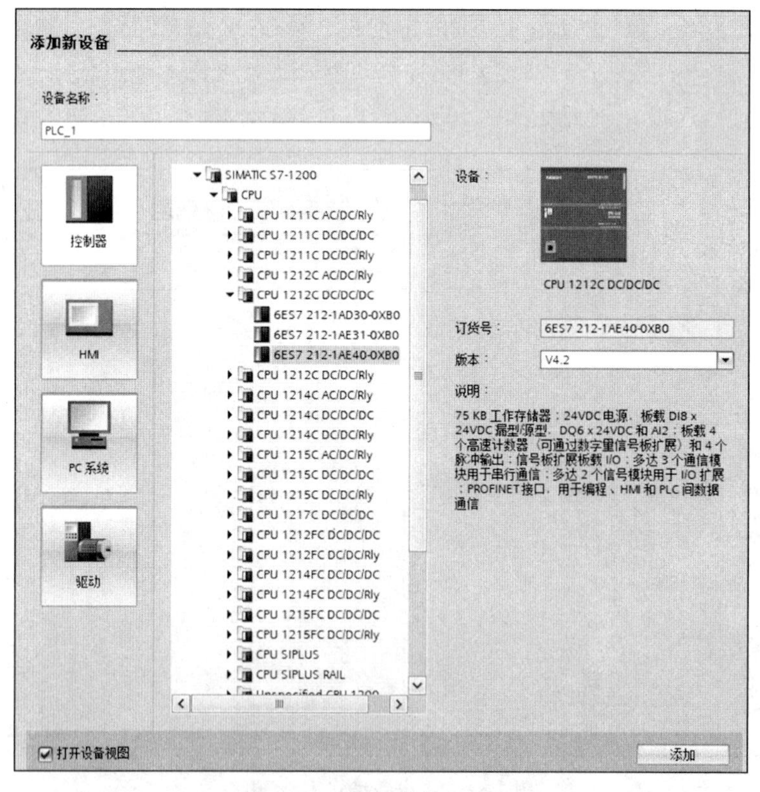

图 10-22 添加新设备 PLC

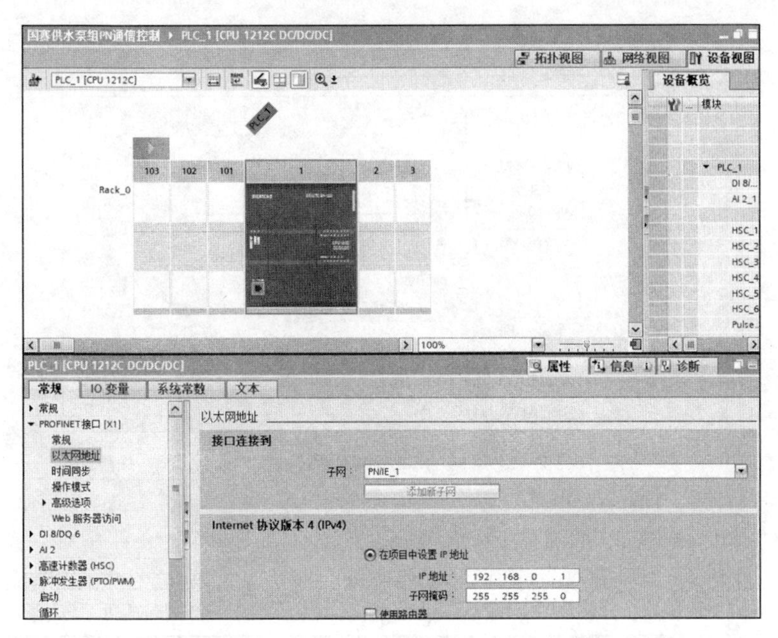

图 10-23　设置 PLC

（5）在设备和网络中添加西门子变频器 G120C-PN，选择主站“PLC_1. PROFINET 接口_1”，完成变频器与 IO 控制器的网络连接，如图 10-24 所示。

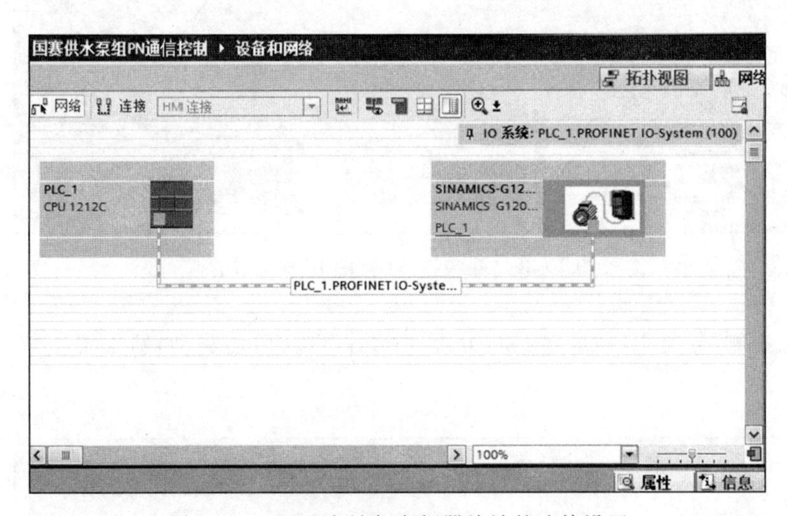

图 10-24　PLC 主站与变频器从站的连接设置

（6）组态 G120 的报文：将硬件目录中的 Standard telegram1，PZD—2/2 模块拖动到“设备概览”视图的插槽中，系统自动分配了输入输出地址，本示例中分配的输入地址为 IW68 和 IW70，输出地址为 QW68 和 QW70；设置变频器的 IP 地址 192. 168. 0. 2，子网掩码为 255. 255. 255. 0。取消“自动生成 PROFINET 设备名称”，并将 PROFINET 设备名称修改为 g120cpn，如图 10-25 所示。

（7）分配 G120 的 IP 地址。

① 在图 10-26 中选择“更新可访问的设备”，并单击“在线并诊断”。

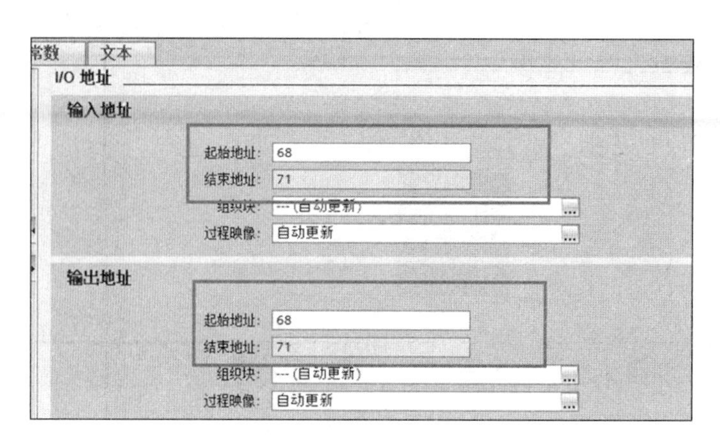

图 10-25 变频器的输入地址和输出地址设置

② 单击“分配 IP 地址”标签，右侧出现“分配 IP 地址”界面。

③ 设置 G120 的 IP 地址为 192.168.0.2，子网掩码为 255.255.255.0，如图 10-26 所示。

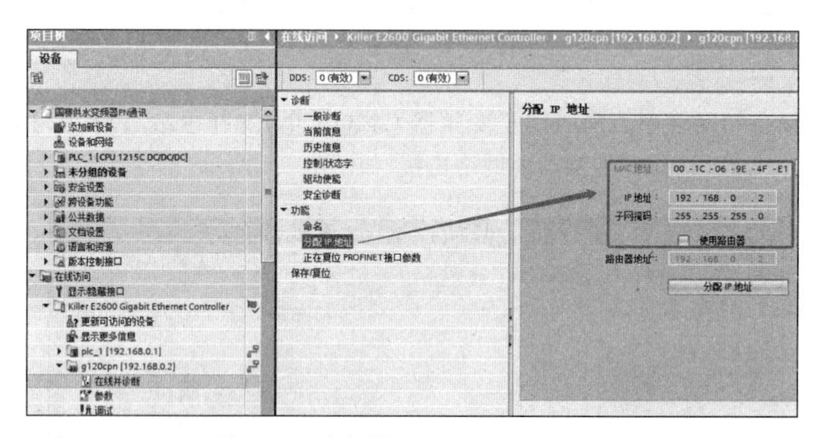

图 10-26 变频器 G120 的 IP 地址设置

④ 单击右侧“分配 IP 地址”按钮，分配完成后，重新启动驱动，新配置生效，如图 10-27 所示。

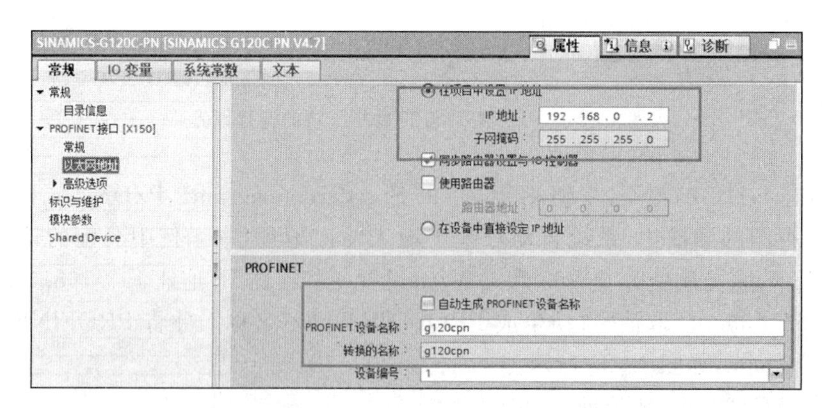

图 10-27 变频器 G120 的 IP 地址

(8) 控制字、状态字、主设定值、实际转速值与PLC输入地址和输出地址的对应关系如表10-2所示。

表10-2 变频器与PLC相关数据设置

数据方向	PLC的输入/输出地址	变频器过程数据	数据类型
PLC至变频器	QW68	PZD1-控制字1	16进制
	QW70	PZD2-主设定值	16进制
变频器至PLC	IW68	PZD1-状态字1	16进制
	IW70	PZD2-实际转速	16进制

(9) 编写PLC程序。由于采用的是通信方式控制变频器的启动和停止及速度控制，控制报文采用标准报文PZD—2/2格式。变频器参数P15=7,即“现场总线控制”。控制字1(STW1)控制启停:STW1=047E,变频器停止;STW1=047F,变频器启动,具体程序如图10-28所示。

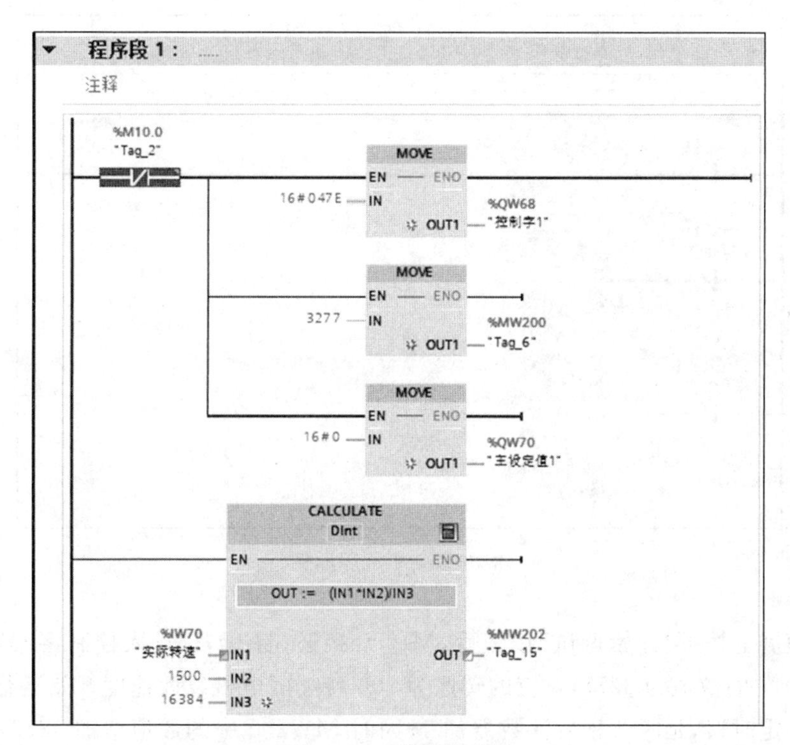

图10-28 程序段示例

047E(16进制)—OFF停车;047F(16进制)—正转启动

M10.0信号来自触摸屏上的调试按钮,当按钮没有动作时,M10.0断开,此时停车控制字047E(16进制)被送入QW68,主设定值QW70为0,控制变频器处于待机停止状态。变频器接收十进制有符号整数16384,对应于100%的速度,即1500转/分,300转/分对应的十进制数值为3277。IW70为变频器送入PLC的转速标准化数值,0~16384对应的0~100%的转速,通过四则运算指令将其转化为实际转速,存放在MW202中,并在触摸屏上显示出来。主程序如图 10-29 所示。

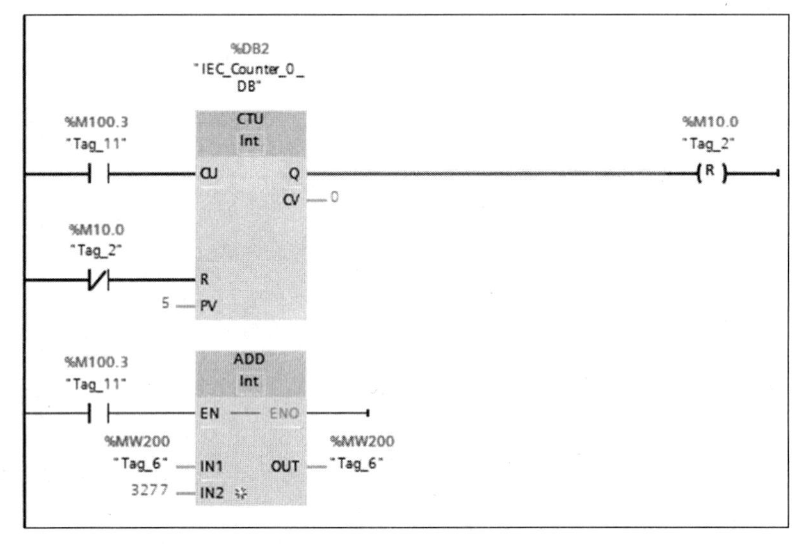

图 10-29　主程序示例

当触摸屏上按下“开始调试”按钮后，M10.0 接通，将 047F 送入控制字 QW68，主设定值 QW70 中的数值为 3277，对应的转速为 300 转/分，电机以此速度开始运行。M10.0 接通启动了定时器，延时 3 秒后计数器加 1，同时 MW200 中的数值增加 3277，即主设定值变成了 600 转/分，连续执行 4 次后复位 M10.0，电机停止运行，再次启动运行，再按一次“开始调试”按钮即可。

本章要点总结及评价

1. 本章要点总结

本章项目以国家职业技能竞赛赛题为依托，采用三个具体案例，详细讲解 MCGS 在自动化系统中的应用。该项目实现了工程项目中对不同类别用户的管理，实现了触摸屏、西门子、变频器等组网，联合对电机的调速控制。

本章内容完成后需要撰写MCGS触摸屏在“现代电气控制系统安装与调试”赛项上的应用项目总结报告。撰写项目总结报告是工程技术人员在项目开发过程中必须具备的能力。项目总结报告应包括摘要、目录、正文、附录等。其中，正文部分一般包括总体设计思路、硬件需求、程序设计思路、仿真结果、系统综合运行结果、调试及结果分析等。

2. 本章知识学习效果评价

本章的评价指标及评价内容在评价体系中所占分值、自评、互评及教师评价在本章考核成绩中的比例如表10-3所示。

表10-3 考核评价体系表

序号	评价指标	评价内容	分值	自评（30%）	互评（30%）	教师评价（40%）
1	理论知识	MCGS嵌入版组态软件用户管理	10			
2		西门子PLC的特点及应用	10			
3		变频器的应用	10			
4	项目实施	能实现不同类别的用户管理	10			
5		能实现对取水泵电机的控制	15			
6		能实现对供水泵组电机的控制	15			
7	答辩汇报	撰写项目总结报告，熟练掌握项目所涵盖的知识点	30			

知识能力拓展

在自动化控制系统中，触摸屏和PLC一般位于现场控制区域，实现对现场设备的近距离控制，同时系统中也配有上位机，在上位机中安装组态监控软件，形成监控系统。目前国内外市场上的主流上位机组态监控软件有两类：一类是由国外厂商设计提供的组态软件，如FX、Intouch、WinCC、LabView等；另一类是由国内厂商提供的组态软件，如力控、组态王、世纪星等。

在全国职业技能竞赛中，实现由触摸屏、PLC、上位机组成的控制系统较为普遍，如“风光互补发电系统安装与调试”、“光伏电子工程的设计与实施”等赛项。在这类赛项中，参赛选手不仅需要完成触摸屏的组态，而且要完成上位机的组态，从而实现整个系统的监控功能。扫描右侧二维码，查看国赛真题：“上位机组态功能设计与调试”。

国赛真题：“上位机组态功能设计与调试”

课后习题

1. 简述如何实现不同权限的用户登录。
2. 简述在实现PLC和触摸屏通信时，应注意什么。
3. MCGS嵌入版组态软件在编写脚本程序时要注意哪些地方？
4. MCGS嵌入版组态软件的工程安全管理系统权限是如何进行设置的？

第 11 章 机器人系统集成工程设计

【知识目标】

(1) 掌握 MCGS 嵌入版组态软件的组态过程、操作方法和实现功能等。

(2) 熟悉 MCGS 嵌入版组态软件的动画制作、控制流程的设计、脚本程序的编写、数据对象的设计等多项组态操作。

(3) 学会使用 MCGS 嵌入版组态软件实现模拟控制的全过程。

【能力目标】

(1) 能在 MCGS 嵌入版组态软件中实现多用户管理功能。

(2) 能编写执行单元、分拣单元等用户程序。

(3) 会撰写 MCGS 触摸屏在"机器人系统集成应用技术"赛项上的应用设计总结报告。

(4) 通过本项目的学习,了解最新的智能制造相关技术,如机器人技术、感知技术、复杂制造系统、智能信息处理技术等。初步形成以新型传感器、智能控制系统、工业机器人、自动化成套生产线为代表的智能制造装备产业体系,提升学生对我国制造业的信心和爱国情怀,培养学生的民族自豪感。

项目概述

1. 项目描述

当按下开始按钮时,机器人由伺服电动机带动前往仓储单元,在到达仓储单元后,根据任务要求通过机器人运动将仓储单元内的轮毂取出。取出轮毂后,机器人抓取轮毂归位至安全状态,确定机器人进入安全状态后启动伺服电动机,由电动机带动机器人将轮毂放置于打磨单元。打磨单元启动后,将轮毂夹紧,机器人由伺服电动机带动前往工具单元更换工具,然后返回打磨单元进行打磨操作。打磨完成后,由打磨单元将轮毂从打磨工位翻转至旋转工位,机器人由伺服电动机带动前往工具单元更换工具,再次前往打磨单元进行夹取。机器人回到安全位置,在机器人回到安全位置后,伺服电动机将机器人移动至检测单元,将轮毂放置于检测单元上方 10～20 厘米处,检测单元进行检测,将检测结果反馈给机器人,机器人回到安全位置,启动伺服电动机将机器人移动至分拣单元,机器人将轮毂放置于分拣单元的传送带上。机器人回到安全位置后将检测单元的检测结果发送 PLC,PLC 控制分拣单元根据检测结果将轮毂输送至分拣单元的对应道口中。

2. 项目目标

以汽车行业轮毂加工流程为样例,实现欢迎界面、执行单元、仓储单元、打磨单元、检测单元、分拣单元这 6 个部分的集成联调。完成后的窗口界面如图 11-1～图 11-6 所示。

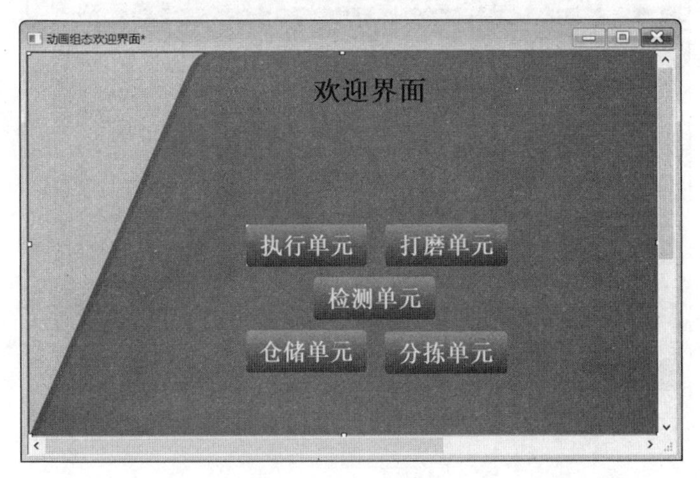

图 11-1　欢迎界面

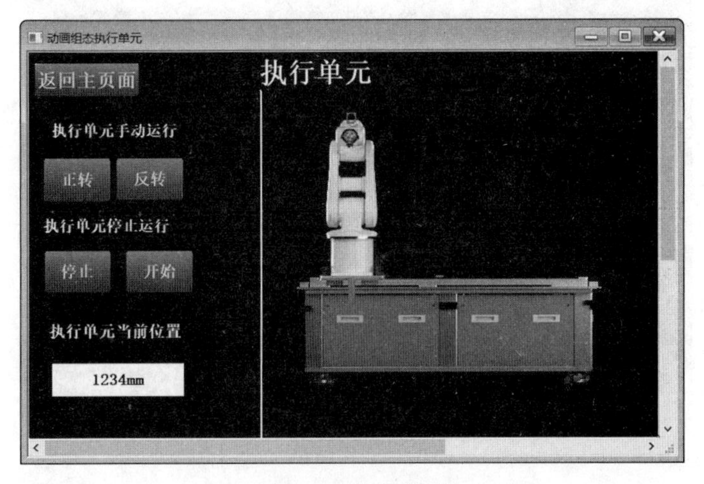

图 11-2　执行单元

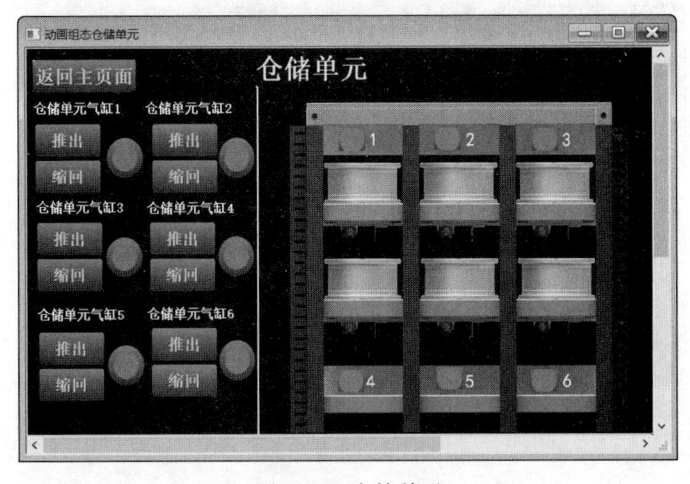

图 11-3　仓储单元

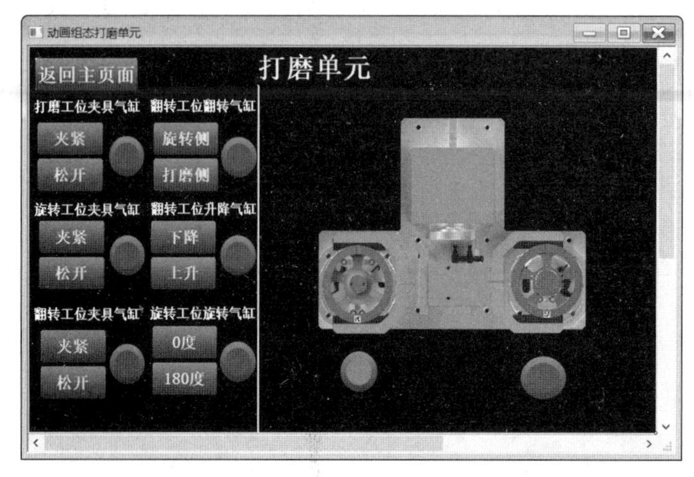

图 11-4　打磨单元

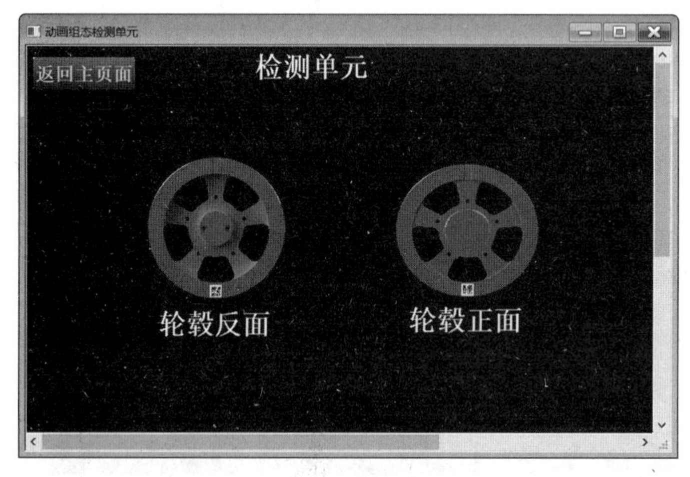

图 11-5　检测单元

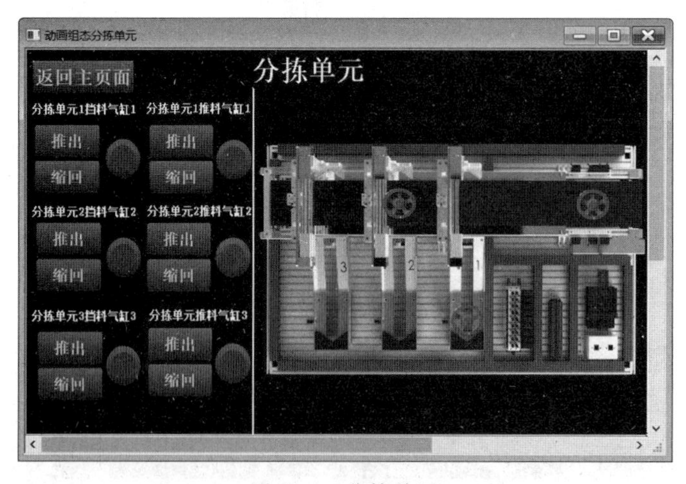

图 11-6　分拣单元

3. 项目设备

计算机 1 台、MCGS 嵌入版组态软件 1 套、西门子 Siemens_1200 的 PLC 1 台、TP717B 型 MCGS 触摸屏 1 台。

项目实施

1. 工程框架结构

系统集成系统触摸屏应用 MCGS 嵌入版组态软件进行设计，该系统由 6 个用户窗口组成，分别是欢迎界面、执行单元、仓储单元、打磨单元、检测单元和分拣单元。

此系统集成系统只有一个控制过程，控制过程进行联调时要求达到多单元统一，从而完成任务要求。

2. 建立工程

进入 MCGS 嵌入版组态软件，新建一工程，在“文件”菜单中选择“工程另存为”选项，把新建工程存为 D:\MCGSE\WORK\机器人系统集成触摸屏系统设计。单击“新建窗口”按钮，创建 6 个新的用户窗口，以图标形式显示，分别命名为欢迎界面、执行单元、仓储单元、打磨单元、检测单元和分拣单元。选中其中一个窗口，单击“窗口属性”按钮，弹出“用户窗口属性设置”对话框，将“窗口标题”改为所需的名称，在“窗口位置”中选中“最大化显示”，其他属性设置不变，单击“确认”按钮完成设置。对其他新建的窗口也进行相同的设置。完成后的用户窗口如图 11-7 所示。

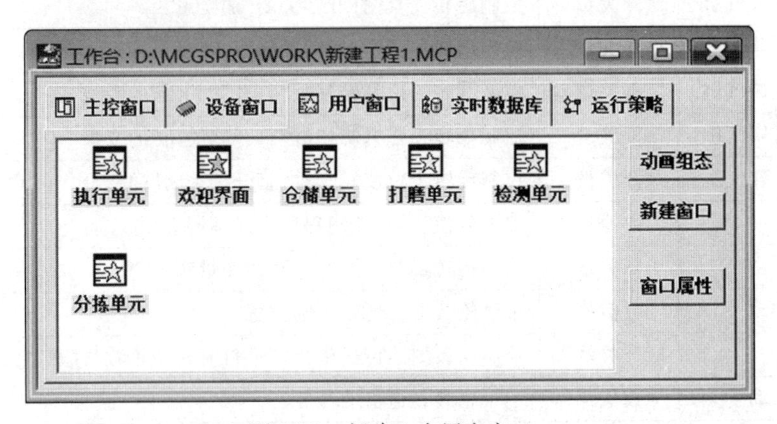

图 11-7 新建 6 个用户窗口

数据对象是构成实时数据库的基本单元，建立实时数据库的过程就是创建数据对象的过程。定义数据对象包括以下几个。

（1）指定数据对象的名称、类型、初始值和数值范围。

（2）确定与数据变量存盘相关的参数，如存盘周期、存盘时间范围等。

打开工作台，选择“实时数据库”选项卡，进入实时数据库窗口页面。单击“新增对象”按钮，在窗口的数据变量列表中增加数据变量，分别添加 30 个变量并进行属性设置。选中一个变量，单击“对象属性”按钮或双击该变量，则打开“数据对象”属性设置窗口。在实时数据库中添加正转、反转、水平移动、停止、仓储气缸 1、仓储气缸 2、仓储气缸 3、仓储气缸 4、仓储气缸 5、仓储气缸 6、打磨工位夹具气缸、旋转工位夹具气缸、翻转工位夹具气缸、翻转工位翻转气缸、翻转工位升降气缸、旋转工位旋转气缸、检测成果、开始分拣、分拣水平移动、轮毂消失、分拣垂直移动、开始、轮毂 1、轮毂 2、挡料气缸 1、挡料气缸 2、挡料气缸 3、推料气缸 1、推料气缸 2、推料气缸 3 等实时数据库的数据对象。实时数据库的数据对象如表 11-1 所示。

表 11-1 数据对象变量及说明

对 象 名	对象类型	说 明
正转	开关量	控制机器人进行向左移动
反转	开关量	控制机器人进行向右移动
水平移动	数值量	记录机器人的实时位置
停止	开关量	控制机器人随时停止
仓储气缸 1	开关量	控制仓储 1“打开”“关闭”的变量
仓储气缸 2	开关量	控制仓储 2“打开”“关闭”的变量
仓储气缸 3	开关量	控制仓储 3“打开”“关闭”的变量
仓储气缸 4	开关量	控制仓储 4“打开”“关闭”的变量
仓储气缸 5	开关量	控制仓储 5“打开”“关闭”的变量
仓储气缸 6	开关量	控制仓储 6“打开”“关闭”的变量
打磨工位夹具气缸	开关量	控制打磨夹具“打开”“关闭”的变量
旋转工位夹具气缸	开关量	控制旋转夹具“打开”“关闭”的变量
翻转工位夹具气缸	开关量	控制翻转夹具“打开”“关闭”的变量
翻转工位翻转气缸	开关量	控制翻转工位翻转气缸“打开”“关闭”的变量
翻转工位升降气缸	开关量	控制翻转工位升降气缸“打开”“关闭”的变量
旋转工位旋转气缸	开关量	控制旋转工位旋转气缸“打开”“关闭”的变量
检测成果	数值量	根据数值不同,控制程序进入不同选项
开始分拣	开关量	控制传送带“打开”“关闭”的变量
分拣水平移动	数值量	记录轮毂在传送带上的位置
轮毂消失	开关量	控制轮毂到达传送带指定道口时转换轮毂“打开”“关闭”的变量
分拣垂直移动	数值量	记录轮毂在道口的位置
开始	开关量	控制整体联调的“打开”“关闭”的变量
轮毂 1	开关量	控制轮毂 1“拿出”“入仓”的变量
轮毂 2	开关量	控制轮毂 2“拿出”“入仓”的变量
挡料气缸 1	开关量	控制挡料气缸 1“打开”“关闭”的变量
挡料气缸 2	开关量	控制挡料气缸 2“打开”“关闭”的变量
挡料气缸 3	开关量	控制挡料气缸 3“打开”“关闭”的变量
推料气缸 1	开关量	控制推料气缸 1“打开”“关闭”的变量
推料气缸 2	开关量	控制推料气缸 2“打开”“关闭”的变量
推料气缸 3	开关量	控制推料气缸 3“打开”“关闭”的变量

以水平移动变量的属性设置为例展示数据对象的建立过程。进入“工作台”打开“实时数据库”,在实时数据库中单击“新增对象”,待新增对象出现后,双击新增对象或单击对象属性打开“数据对象属性设置”窗口,将对象名称设置为“水平移动”,将对象类型设置为“浮点数”。不要修改“报警属性”选项卡中的内容。设置完成之后,单击“检查”按钮,确保自己的设置没有问题,然后单击“确认”按钮,如图 11-8 和图 11-9 所示。

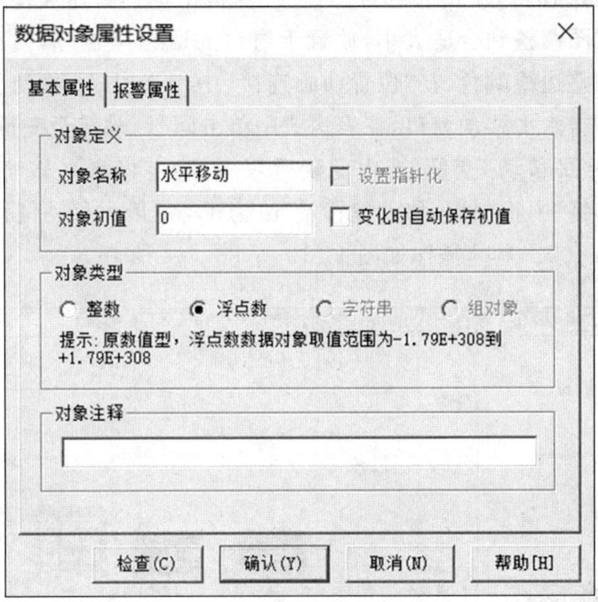

数据对象属性设置
基本属性
报警属性
对象定义
对象名称
水平移动
设置指针化
对象初值
0
变化时自动保存初值
对象类型
整数
浮点数
字符串
组对象
提示:原数值型,浮点数数据对象取值范围为-1.79E+308到+1.79E+308
对象注释
检查(C)
确认(Y)
取消(N)
帮助[H]

图 11-8　数据对象属性下设置

数据对象属性设置
基本属性
报警属性
自动保存产生的报警信息
序号
报警类型
报警基准
触发误差
解除误差
报警分组
提示:1)右键可追加、插入、删除、剪切、粘贴
2)双击可修改
3)报警保存后60秒才会存盘
检查(C)
确认(Y)
取消(N)
帮助[H]

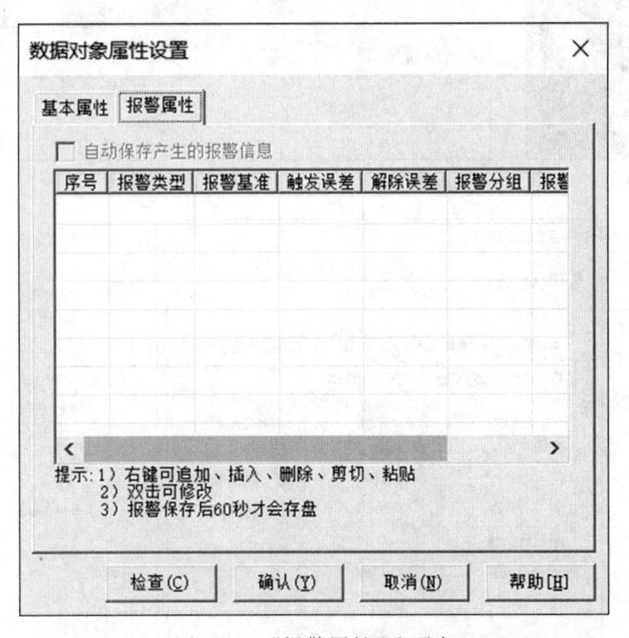

图 11-9　“报警属性”选项卡

3. 动画链接

上述过程完成后，模拟监控系统还需要将各个图素与数据库中的相应变量进行连接，才能够使画面动起来。建立动画连接后，根据实时数据库中的变量变化，图形对象还可以按照动画连接的要求发生变化。以下是模拟监控主窗口的动画连接过程。

打开执行单元窗口，单击打开工具箱，当工具箱打开后单击位图，在窗口中放置自定义图片。右击出现选择栏，单击装载位图，从计算机中选择自定义图片，将自定义图片装载到窗口中。将位图调整到合适大小，放置于窗口的适当位置，然后双击位图打开“动画组态属性设置”，调整边线颜色，在“位置动画连接”中勾选“水平移动”，勾选后出现“水平移动设置”窗口，单击水平移动窗口，在表达式中单击问号，跳转至变量选择窗口。在变量选择窗口中找到“水平移动”变量，选中变量后双击，确定将水平移动变量添加到表达式中，在“水平移动连接”中将“最小移动偏移量”改为 1，将“最大移动偏移量”改为 240，将表达式的值改为 0 和 100。具体操作如图 11-10 所示。

(a) 工具箱位置

(b) 位图

(c) 自定义图片

(d) 位置装载

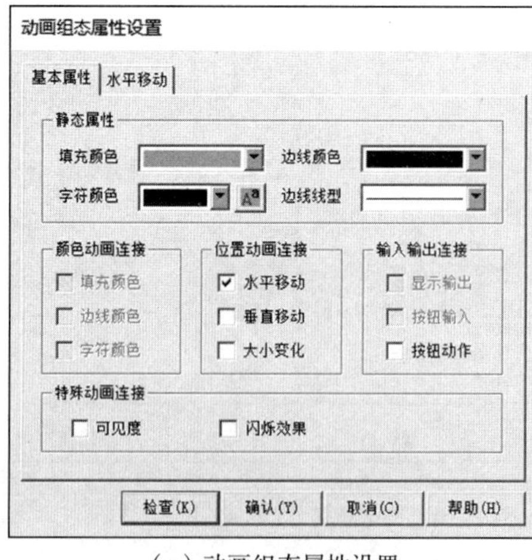

(e) 动画组态属性设置

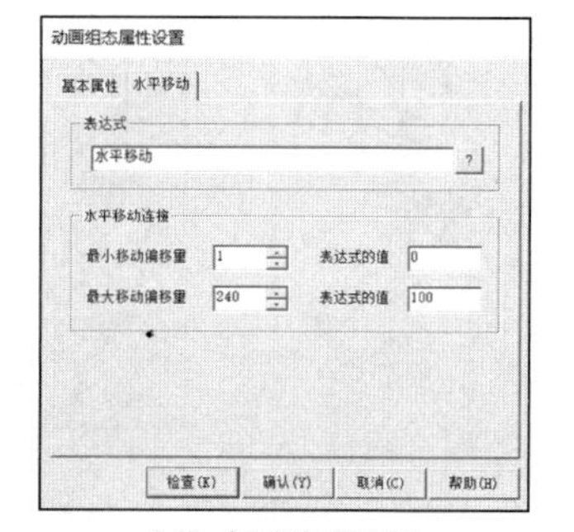

(f) 水平移动连接

图 11-10 水平移动动画设置

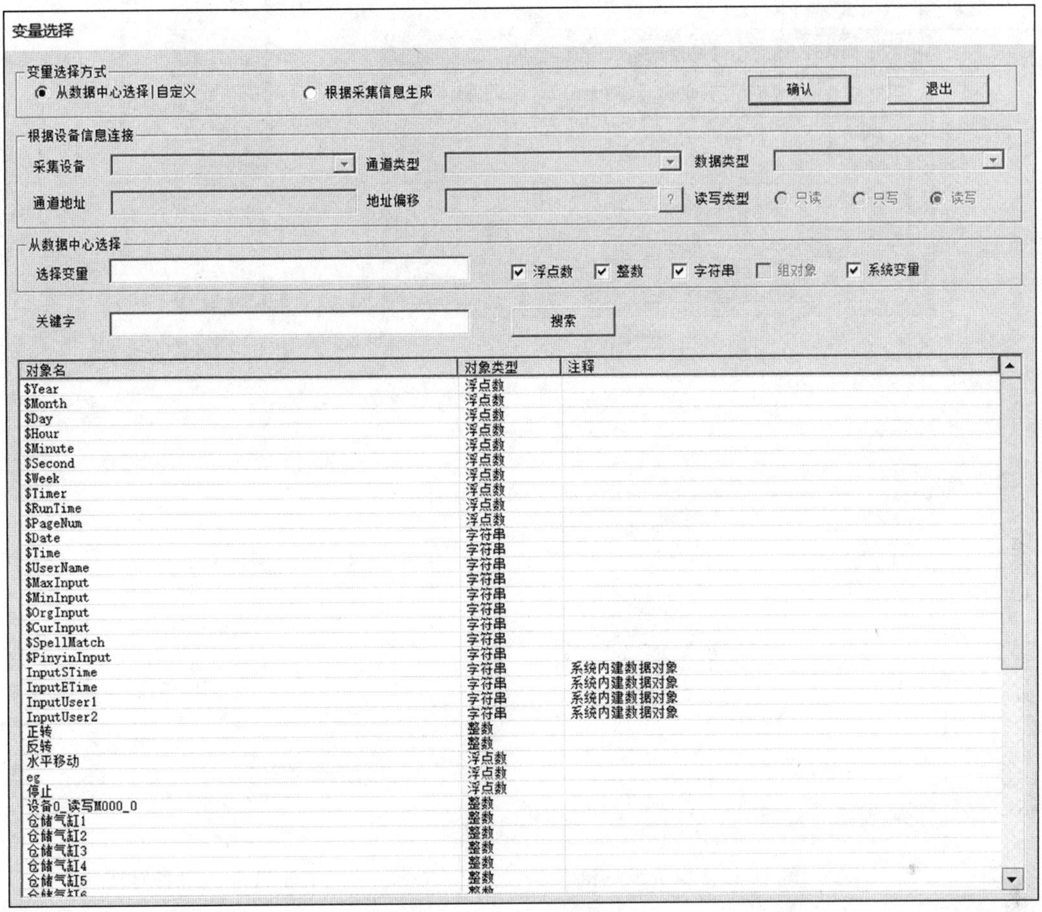

（g）变量选择

图　11-10（续）

4. 制作流程

打开工作台的设备窗口，出现后双击设备窗口，将其打开，然后右击设备工具箱，在设备工具箱中选择"设备管理"，会看到很多不同型号的设备。先选择通用设备，打开"通用设备"文件夹，在通用设备文件夹中选择"通用 TCP/IP 父设备"，双击，使其进入设备管理选择框，在选择框中双击通用 TCP/IP 父设备，将设备选择到设备窗口中，然后再次打开设备管理，打开 PLC 文件夹，选择其中的西门子文件夹，因为我们用的是西门子 1200，所以选择通用 TCP/IP 父设备下面的 Siemens_1200，这样设备组态就完成了。双击设备，打开"设备编辑窗口"。单击设备通道"基本属性设置"，先单击增加设备通道等，待"添加设备通道窗口"弹出后，基本属性设置栏的"通道类型"中就会出现 I 输入继电器、Q 输出继电器、M 内部继电器和 V 数据寄存器。选择 M 内部继电器。"数据类型"中包含"有通道的 00 位"至"有通道的 07 位"，自行选择通道地址，通道数量自定，待变量出现后双击变量更改备注，如 M2.0。

选择通道类型为 M 内部继电器、通道地址为 2、数据类型为通道的 00 位、通道数量为 1。具体操作如图 11-11～图 11-19 所示。

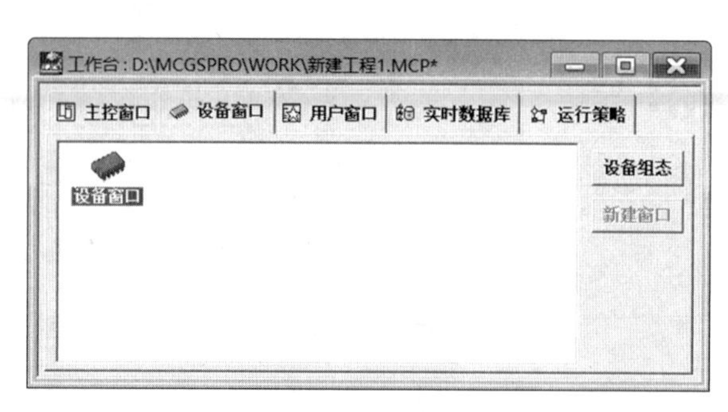

图 11-11 工作台

图 11-12 设备窗口

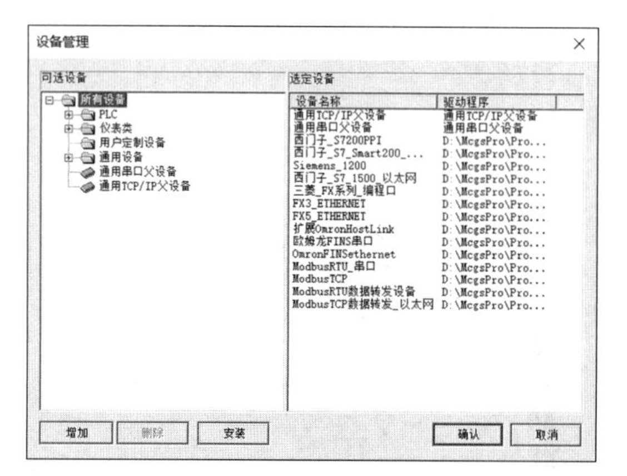

图 11-13 设备工具箱

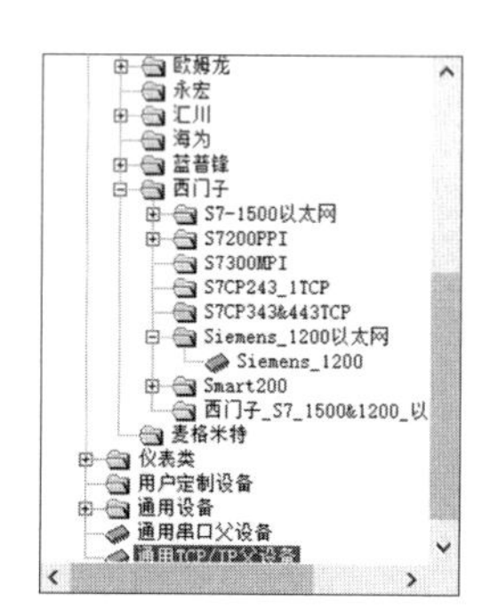

图 11-14 设备管理

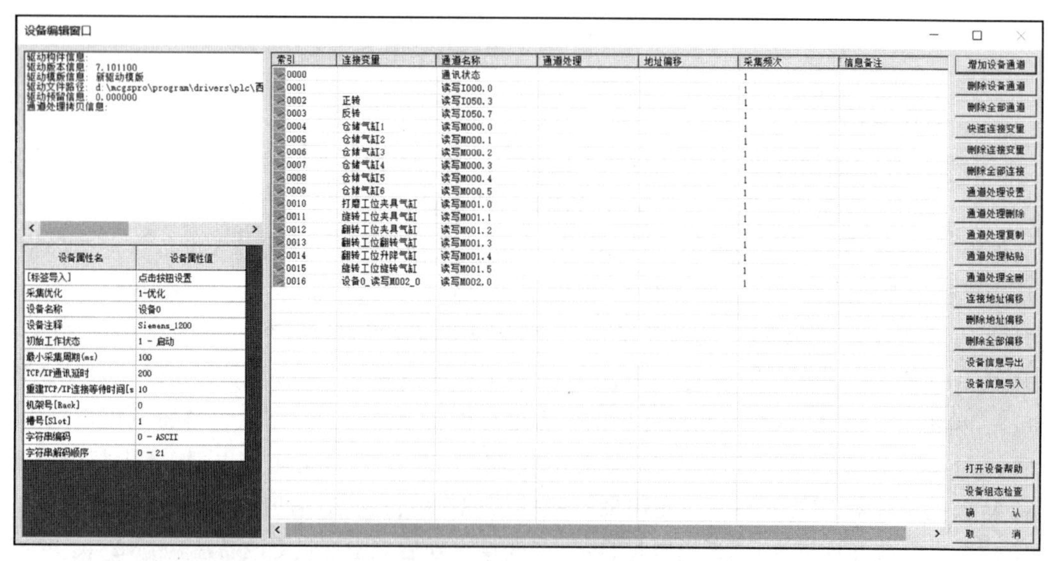

图 11-15 设备编辑窗口

添加设备通道

基本属性设置
通道类型 I输入继电器　数据类型 通道的第00位
通道地址 0　通道个数 1
连接变量 ?　地址偏移 ?
通道处理 ?　采集频次 1 (周期)
读写方式 ○只读 ○只写 ◉读写

扩展属性设置
扩展属性名 字符串长度　扩展属性值 128

确认　取消

图 11-16　添加设备通道

基本属性设置
通道类型 I输入继电器　数据类型 通道的第00位
I输入继电器
Q输出继电器
M内部继电器
V数据寄存器
通道地址　通道个数 1
连接变量 ?　地址偏移 ?
通道处理 ?　采集频次 1 (周期)
读写方式 ○只读 ○只写 ◉读写

图 11-17　基本属性设置

变量选择

变量选择方式
◉从数据中心选择|自定义　○根据采集信息生成　确认　退出

根据设备信息连接
采集设备　通道类型　数据类型
通道地址　地址偏移 ?　读写类型 ○只读 ○只写 ◉读写

从数据中心选择
选择变量 正转　☑浮点数 ☑整数 □字符串 □组对象 □系统变量

关键字　搜索

对象名	对象类型	注释
正转	整数	
反转	整数	
水平移动	浮点数	
eg	浮点数	
停止	浮点数	
设备0_读写M000_0	整数	
仓储气缸1	整数	
仓储气缸2	整数	
仓储气缸3	整数	
仓储气缸4	整数	
仓储气缸5	整数	
仓储气缸6	整数	
打磨工位夹具气缸	整数	
旋转工位夹具气缸	整数	
翻转工位夹具气缸	整数	
翻转工位翻转气缸	整数	
翻转工位升降气缸	整数	
旋转工位旋转气缸	整数	
检测成果	浮点数	
设备0_读写M002_0	整数	
开始分拣	浮点数	
分拣水平移动	浮点数	
轮毂消失	浮点数	
分拣垂直移动	浮点数	
开始	浮点数	
轮毂1	浮点数	
轮毂2	浮点数	
挡料气缸1	浮点数	
挡料气缸2	浮点数	
挡料气缸3	浮点数	
推料气缸1	浮点数	
推料气缸2	浮点数	
推料气缸3	浮点数	

图 11-18　变量选择

图 11-19　变量名称

进入工作台，打开其中的用户窗口，新建 6 个窗口，右击窗口 1，将其设置为启动窗口，再次右击窗口 1，选择“属性”选项，打开“用户窗口属性设置”对话框，选择“基本属性”选项卡，在“窗口名称”框中将名称改为欢迎窗口。按同样的方法将窗口 1 至窗口 6 的名称分别改为执行单元、仓储单元、打磨单元、检测单元和分拣单元。设置过程如图 11-20 所示。

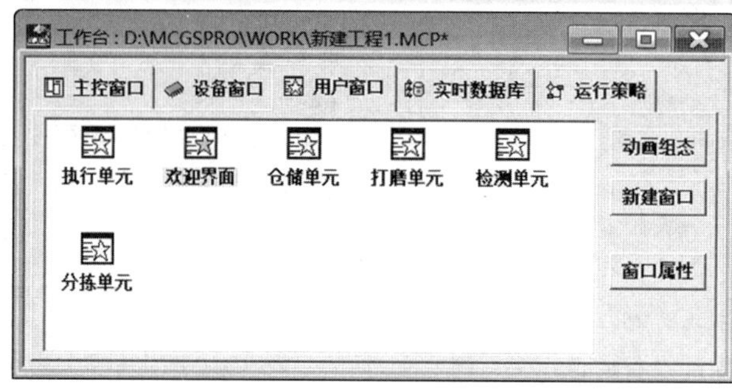

（a）建立6个用户窗口

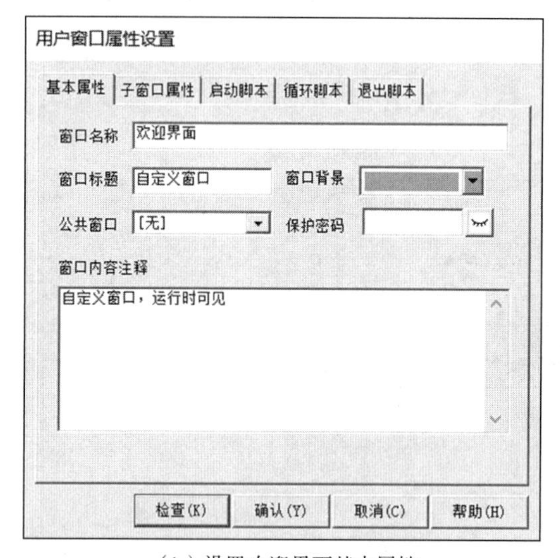

（b）设置欢迎界面基本属性

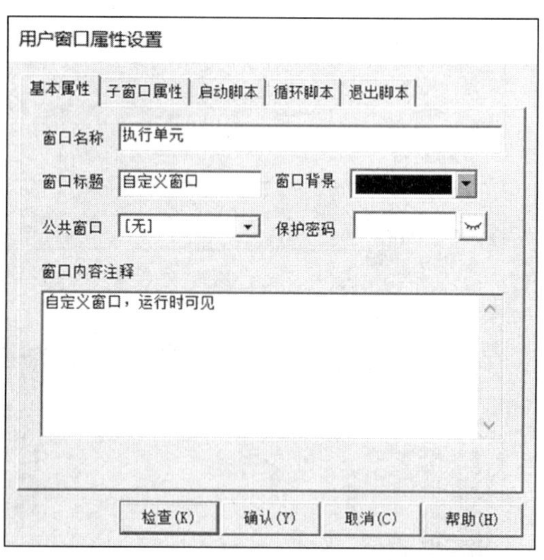

（c）设置执行单元基本属性

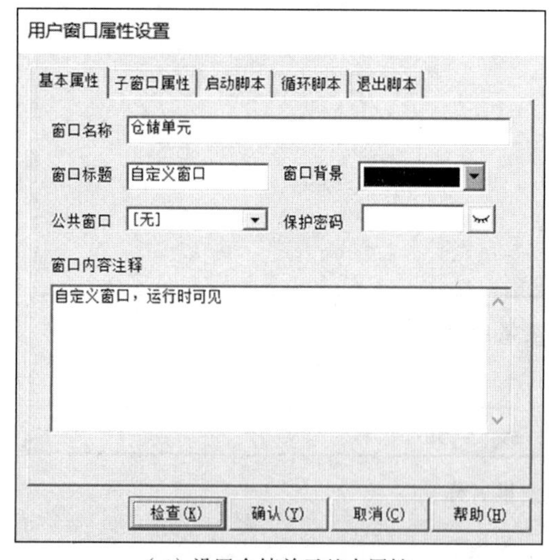

（d）设置仓储单元基本属性

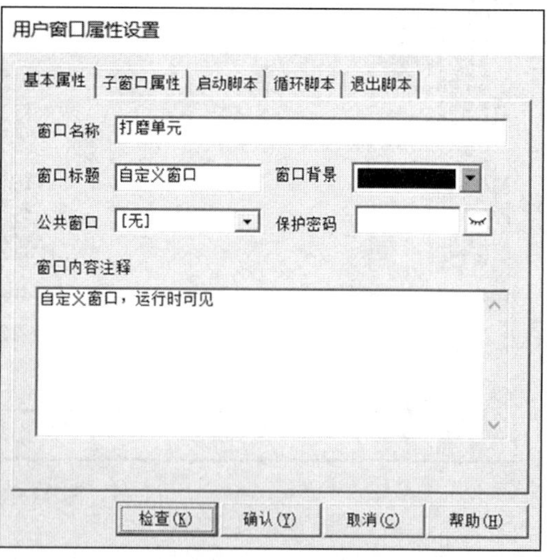

（e）设置打磨单元基本属性

图 11-20 用户窗口的属性设置

（f）设置检测单元基本属性

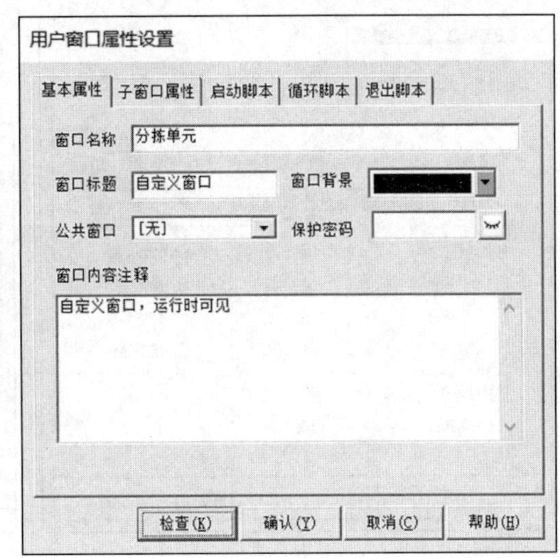

（g）设置分拣单元基本属性

图　11-20（续）

1）欢迎界面组态

打开欢迎界面，在空白处右击，选择“插入元件”选项，打开“元件图库管理”对话框，在图库管理中选择“标准风格”中的“首页图标”文件夹，选择想要的首页背景，将其打开。将背景调整到合适的位置，打开工具栏，选择其中的标签并添加到背景上，调整标签的大小。然后，双击标签打开“标签动画组态属性设置”对话框，在“属性设置”选项卡的“静态属性”框中将“填充颜色”改为“没有填充”，将“边线颜色”改为“没有边线”，将字符颜色改为黑色。单击打开字体窗口，“字体”选择宋体，“字形”选择粗体，“大小”改为一号，单击“确定”按钮完成基本设置。选择“扩展属性”选项卡，在文本输入框中输入“欢迎界面”，“水平对齐”选择“中对齐”，“垂直对齐”选择“中对齐”，单击“确定”按钮，完成标题的设置。接下来制作跳转到其他窗口的按钮。具体操作如图 11-21 所示。

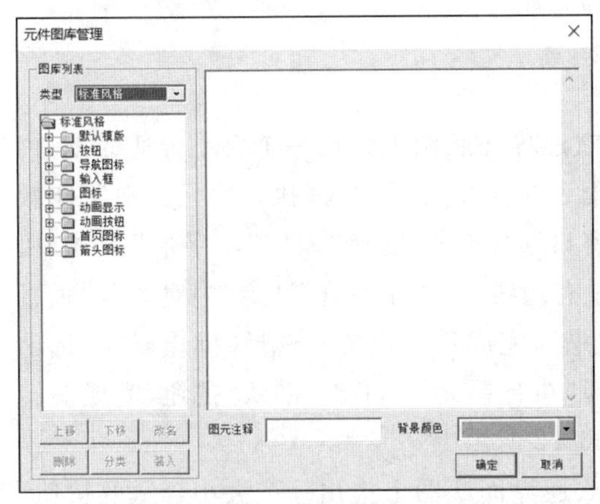

（a）元件图库管理界面

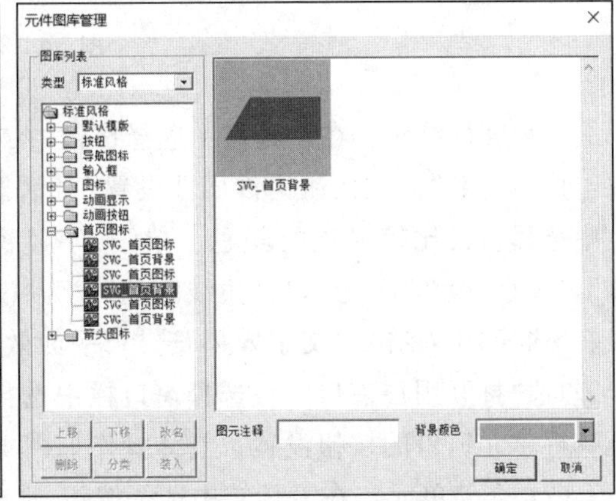

（b）选择欢迎界面的背景

图 11-21　标题制作

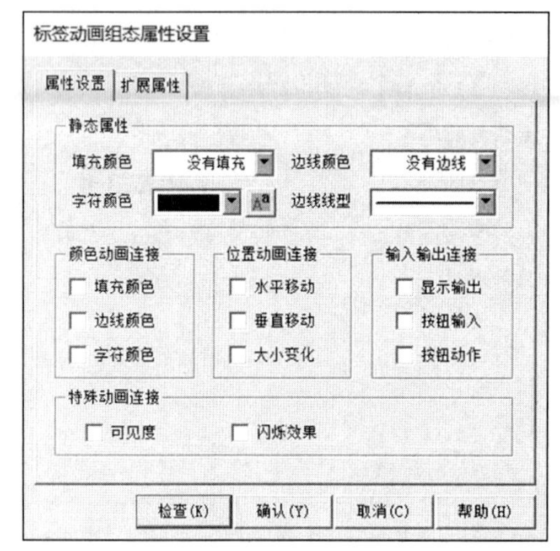

（c）设置标签动画组态属性

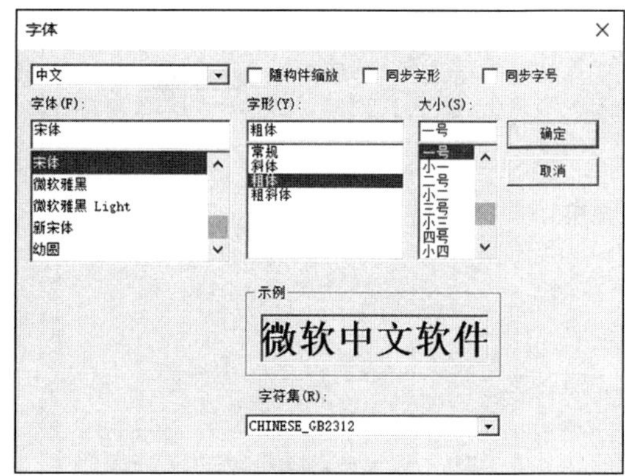

（d）设置字体

（e）设置扩展属性

图 11-21(续)

(1) 执行单元。在工具箱中选择按钮，在欢迎界面底图上拖出一个大小合适的按钮。双击按钮打开“标准按钮构件属性设置”对话框。在文本框内输入“执行单元”，在字体颜色中选择自己比较喜欢的颜色。单击“字体窗口”，“字体”选择“宋体”，“字形”选择“粗体”，“大小”改为“二号”，将“边线颜色”改为“没有边线”，“水平对齐”选择“中对齐”，“垂直对齐”选择“中对齐”，“文字效果”选择“平面效果”，完成基本设置。选择“操作属性”选项卡，勾选“打开用户窗口”，在选择窗口栏中选择“执行单元”。单击“确认”按钮，完成跳转至执行单元窗口的按钮设置。具体操作如图 11-22 所示。

(2) 仓储单元。在工具箱中选择按钮，在欢迎界面底图上拖出一个大小合适的按钮。双击按钮打开“标准按钮构件属性设置”对话框，在文本框内输入“仓储单元”，在字体颜色中选择自己比较喜欢的颜色。单击“字体窗口”，“字体”选择“宋体”，“字形”选择“粗体”，

“大小”改为“二号”,将“边线颜色”改为“没有边线”,“水平对齐”选择“中对齐”,“垂直对齐”选择“中对齐”,“文字效果”选择“平面效果”,完成基本设置。选择“操作属性”选项卡,勾选“打开用户窗口”,在选择窗口栏中选择“仓储单元”。单击“确认”按钮,完成跳转至仓储单元窗口的按钮设置。具体操作如图 11-23 所示。

(a) 执行单元按钮

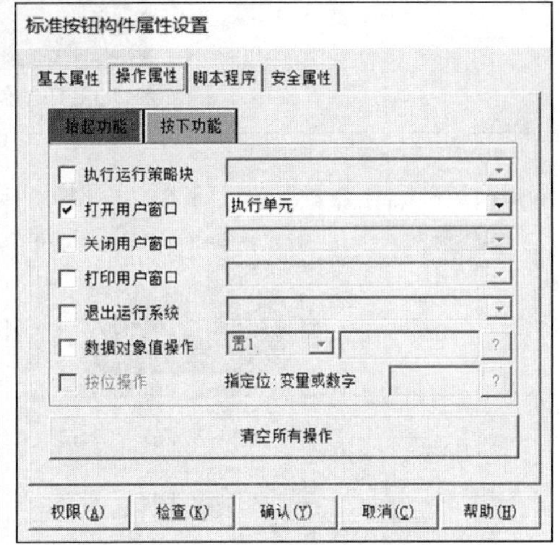

(b) 设置标准按钮构件的基本属性　　(c) 设置标准按钮构件的操作属性

图 11-22　执行单元跳转按钮的设置

(a) 仓储单元按钮

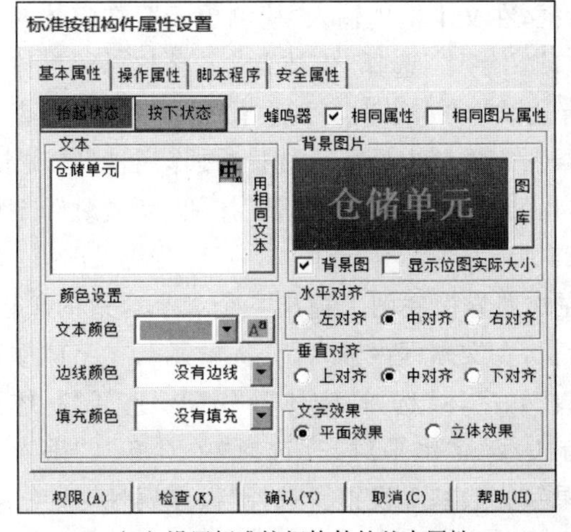

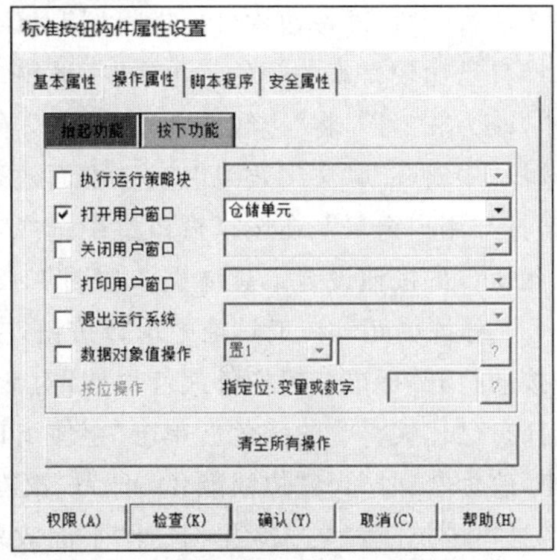

(b) 设置标准按钮构件的基本属性　　(c) 设置标准按钮构件的操作属性

图 11-23　仓储单元跳转按钮的设置

(3) 打磨单元。在工具箱中选择按钮,在欢迎界面底图上拖出一个大小合适的按钮。双击按钮打开"标准按钮构件属性设置"对话框,在文本框内输入"打磨单元",在字体颜色中选择自己比较喜欢的颜色。单击"字体窗口","字体"选择"宋体","字形"选择"粗体","大小"改为"二号",将"边线颜色"改为"没有边线","水平对齐"选择"中对齐","垂直对齐"选择"中对齐","文字效果"选择"平面效果",完成基本设置。选择"操作属性"选项卡,勾选"打开用户窗口",在选择窗口栏中选择"打磨单元"。单击"确认"按钮,完成跳转至打磨单元窗口的按钮设置。具体操作如图 11-24 所示。

(a) 打磨单元按钮

(b) 设置标准按钮构件的基本属性

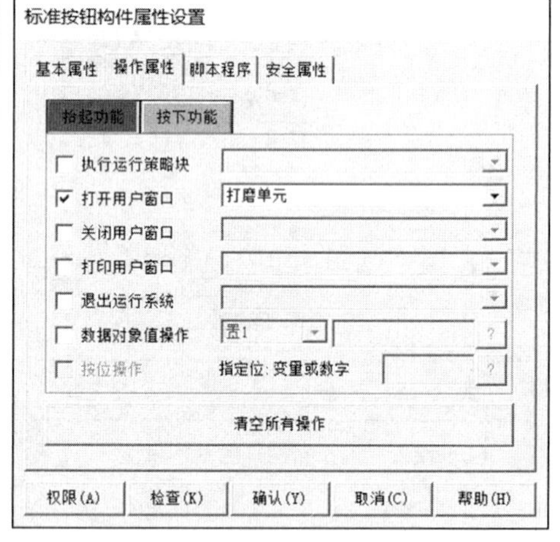

(c) 设置标准按钮构件的操作属性

图 11-24 打磨单元跳转按钮的设置

(4) 检测单元。在工具箱中选择按钮,在欢迎界面底图上拖出一个大小合适的按钮。双击按钮打开"标准按钮构件属性设置"对话框,在文本框内输入"检测单元",在字体颜色中选择自己比较喜欢的颜色。单击"字体窗口","字体"选择"宋体","字形"选择"粗体","大小"改为"二号",将"边线颜色"改为"没有边线","水平对齐"选择"中对齐","垂直对齐"选择"中对齐","文字效果"选择"平面效果",完成基本设置。选择"操作属性"选项卡,勾选"打开用户窗口",在选择窗口栏中选择"检测单元"。单击"确认"按钮,完成跳转至检测单元窗口的按钮设置。具体操作如图 11-25 所示。

(5) 分拣单元。在工具箱中选择按钮,在欢迎界面底图上拖出一个大小合适的按钮。双击按钮打开"标准按钮构件属性设置"对话框,在文本框内输入"分拣单元",在字体颜色中选择自己比较喜欢的颜色。单击"字体窗口","字体"选择"宋体","字形"选择"粗体","大小"改为"二号",将"边线颜色"改为"没有边线","水平对齐"选择"中对齐","垂直对齐"选择"中对齐","文字效果"选择"平面效果",完成基本设置。选择"操作属性"选项卡,勾选"打开用户窗口",在选择窗口栏中选择"分拣单元"。单击"确认"按钮,完成跳转至分拣单元窗口的按钮设置。具体操作如图 11-26 所示。

（a）检测单元按钮

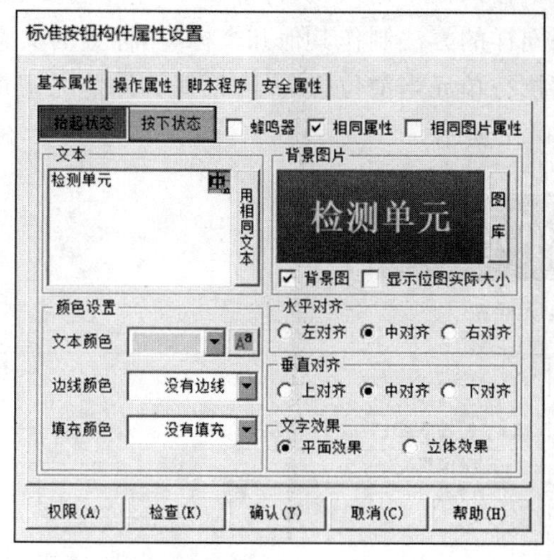

（b）设置标准按钮构件的基本属性　　（c）设置标准按钮构件的操作属性

图 11-25　检测单元跳转按钮的设置

（a）分拣单元按钮

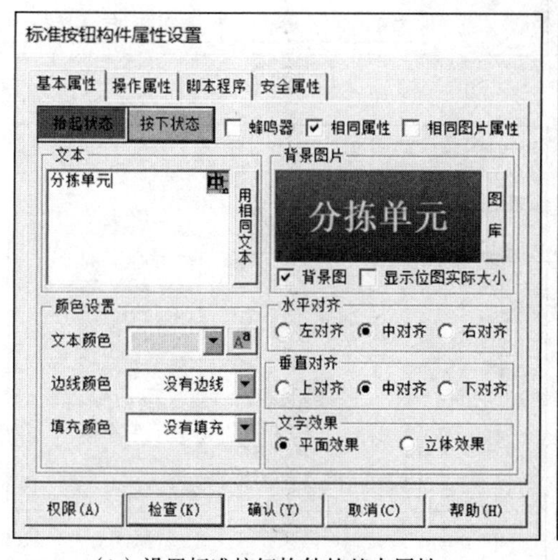

（b）设置标准按钮构件的基本属性　　（c）设置标准按钮构件的操作属性

图 11-26　分拣单元跳转按钮的设置

2）执行单元

打开工具栏，选择其中的标签，将其放置在背景上并调整大小，然后双击标签打开“标签动画组态属性设置”对话框。在“属性设置”选项卡的“静态属性”框中将“填充颜色”改为“没有填充”，将“边线颜色”改为“没有边线”，字符颜色改为黑色。单击按钮，打开“字体窗口”，“字体”选择“宋体”，“字形”选择“粗体”，“大小”改为“一号”。单击“确认”按钮，完成基本设置。选择“扩展属性”选项卡，在文本输入框中输入“执行单元”，“水平对齐”选择“中对齐”，“垂直对齐”选择“中对齐”。按照同样的方法制作其他几个标签，标签的文本为“执行单元手动运行”“执行单元停止运行”“执行单元当前位置”。可根据具体情况调整文字大小，单击“确定”按钮，完成设置，如图 11-27 所示。

执行单元

（a）执行单元标签

标签动画组态属性设置

属性设置 | 扩展属性

静态属性：填充颜色 没有填充；边线颜色 没有边线；字符颜色；边线线型

颜色动画连接：填充颜色、边线颜色、字符颜色

位置动画连接：水平移动、垂直移动、大小变化

输入输出连接：显示输出、按钮输入、按钮动作

特殊动画连接：可见度、闪烁效果

检查(K) 确认(Y) 取消(C) 帮助(H)

（b）属性设置

（c）扩展属性

执行单元手动运行

（d）执行单元手动运行

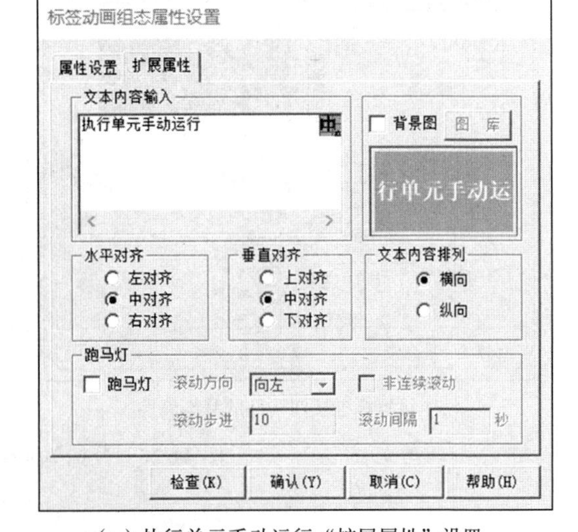

（e）执行单元手动运行“扩展属性”设置

图 11-27 执行单元标题设置

执行单元停止运行

(f) 执行单元停止运行

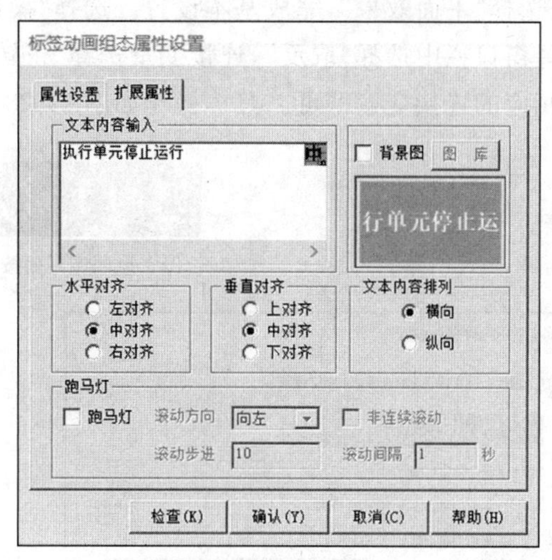

(g) 执行单元停止运行“扩展属性”设置

执行单元当前位置

(h) 执行单元当前位置

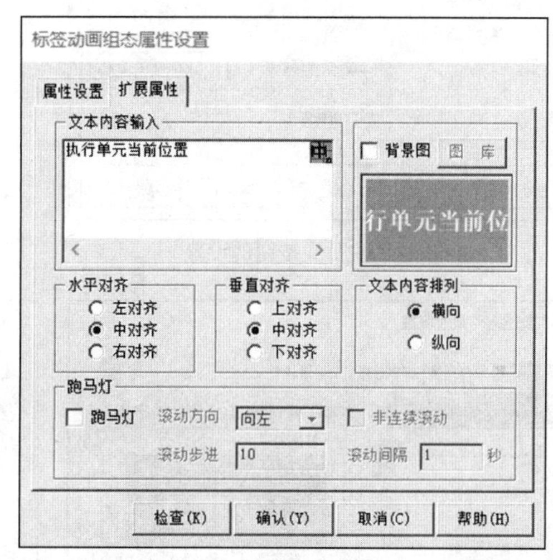

(i) 执行单元当前位置“扩展属性”设置

图　11-27(续)

下面介绍执行单元跳转至主窗口的按钮设置。在工具箱中选择按钮,在欢迎界面底图上拖出一个大小合适的按钮。双击按钮打开“标准按钮构件属性设置”对话框,在文本框内输入“返回主页面”,在字体颜色中选择自己比较喜欢的颜色。单击“字体窗口”,“字体”选择“宋体”,“字形”选择“粗体”,“大小”改为“二号”,将“边线颜色”改为“没有边线”,“水平对齐”选择“中对齐”,“垂直对齐”选择“中对齐”,“文字效果”选择“平面效果”,完成基本设置。选择“操作属性”选项卡,勾选“打开用户窗口”,在选择窗口栏中选择“返回主页面”。单击“确认”按钮,完成返回主页面窗口的按钮设置。在工具箱中选择相应按钮,在欢迎界面底图上拖出一个合适大小的按钮。双击按钮打开“标准按钮构件属性设置”对话框,在“属性设置”选项卡中的文本框内输入“正转”,在字体颜色中选择自己比较喜欢的颜色。单击“字体窗口”,“字体”选择“宋体”,“字形”选择“粗体”,“大小”改为“小三号”,将“边线颜色”改为“没有边线”,“水平对齐”选择“中对齐”,“垂直对齐”选择“中对齐”,“文字效果”选择“平面效果”，完成基本设置。选择“操作属性”选项卡，勾选“数据对象值操作”，在选择窗口栏中选择“取反”，连接变量选择“正转”。其他按钮的设置方法与此类似，只需选择相应的连接变量即可。具体操作如图 11-28 所示。

（a）返回主界面按钮

（b）返回主页面按钮的设置

（c）执行单元相关命令按钮

（d）设置执行单元正转按钮基本属性

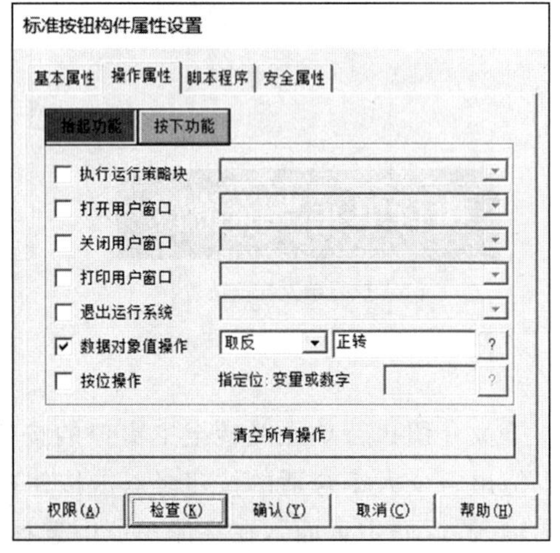

（e）设置执行单元正转按钮的操作属性

图 11-28　操作按钮的设置

打开工具栏，选择其中的标签，将其放置在背景上并调整大小，然后双击标签打开“标签动画组态属性设置”对话框，在“属性设置”选项卡的“静态属性”框中将“填充颜色”改为白色，将“边线颜色”改为白色，“字符颜色”改为黑色。单击“字体窗口”，“字体”选择“宋体”，“字形”选择“粗体”，“大小”改为“一号”。勾选“显示输出”，按“确认”按钮完成基本设置。选择“显示输出”选项卡，将“表达式”栏中设置连接水平移动变量，勾选“数值量输出”，将固定小数位改为 0，如图 11-29 所示。

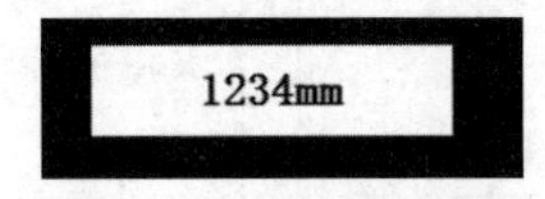

（a）执行单元当前位置

（b）输出栏的设置

（c）执行单元当前位置栏

图 11-29　执行单元

打开执行单元窗口，单击打开工具箱，当工具箱打开后单击位图在窗口中放置自定义图片，右击出现选择栏，单击装载位图，从计算机中选择自定义图片，将自定义图片装载到窗口中，将位图调整到合适大小，放置于窗口适当的位置处，然后双击位图打开动画组态属性设置，调整边线及颜色，完成一个位图的设置。移动位图则加上以下操作：在位置动画连接中勾选水平移动，勾选后出现水平移动设置窗口，选择“水平移动”选项卡，在表达式中单击问号跳转至变量选择窗口，在变量选择窗口中找到“水平移动”变量，选中变量并双击，将水平移动变量添加到表达式中，在“水平移动连接”中将“最小移动偏移量”改为 1，“最大移动偏移量”改为 240，将对应表达式的值改为 0 和 100。具体操作如图 11-30 所示。执行单元的整体效果如图 11-31 所示。

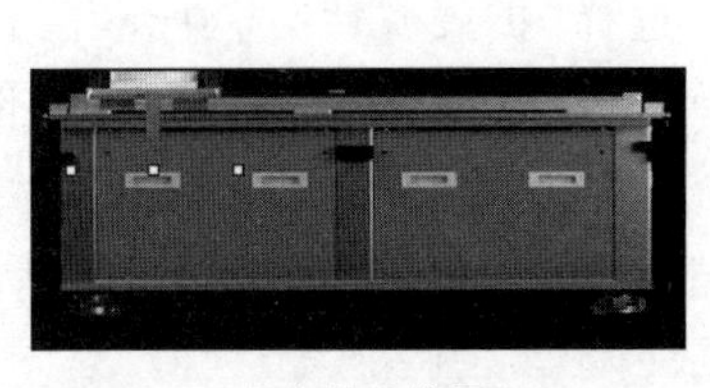

（a）静止位图

（b）移动位图

图 11-30　位图操作

动画组态属性设置
基本属性 水平移动
静态属性
填充颜色 边线颜色
字符颜色 边线线型
颜色动画连接 填充颜色 边线颜色 字符颜色
位置动画连接 水平移动 垂直移动 大小变化
输入输出连接 显示输出 按钮输入 按钮动作
特殊动画连接 可见度 闪烁效果
检查(K) 确认(Y) 取消(C) 帮助(H)

（c）设置位图的基本属性

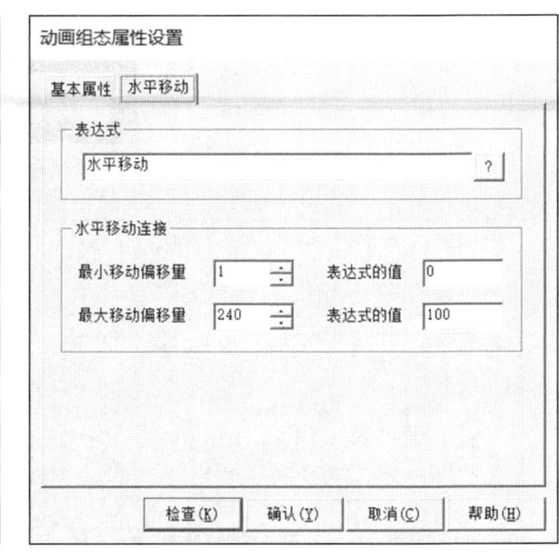

（d）设置位图水平移动属性

图 11-30（续）

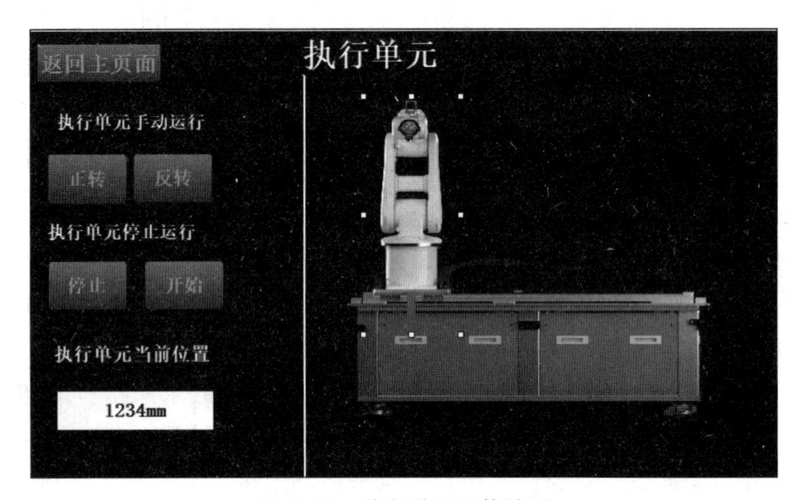

图 11-31 执行单元整体效果

3）仓储单元

打开工具栏，选中“标签”对象，绘制合适大小的标签，双击该标签，打开“标签动画组态属性设置”窗口，在基本属性设置窗口中，设置填充颜色为“没有填充”，边线颜色设置为“没有边线”，“字符颜色”设置为“黑色”，“字体”选择“宋体”，“字形”选择“粗体”，“字号”为“一号”，单击“确认”按钮，完成基本设置。选择“扩展属性”选项卡，在文本输入框中输入“仓储单元”，“水平对齐”选择“中对齐”，“垂直对齐”选择“中对齐”。如图 11-32 所示。按照同样的方法制作其他几个标题“仓储单元气缸 1”“仓储单元气缸 2”“仓储单元气缸 3”“仓储单元气缸 4”“仓储单元气缸 5”“仓储单元气缸 6”。可根据具体情况调整文字大小，单击“确认”按钮完成设置，如图 11-32 所示。

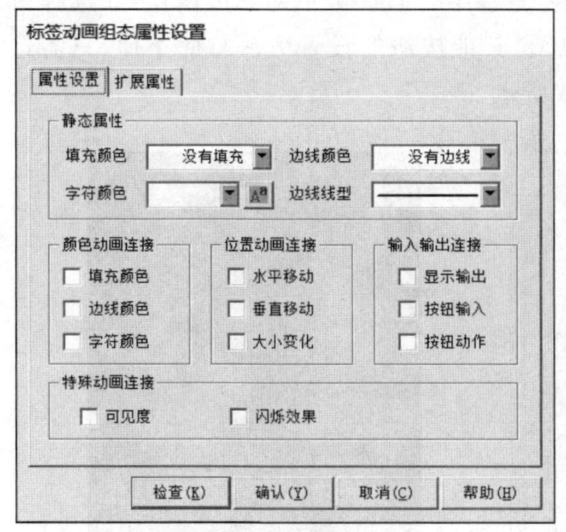

（a）设置标签属性

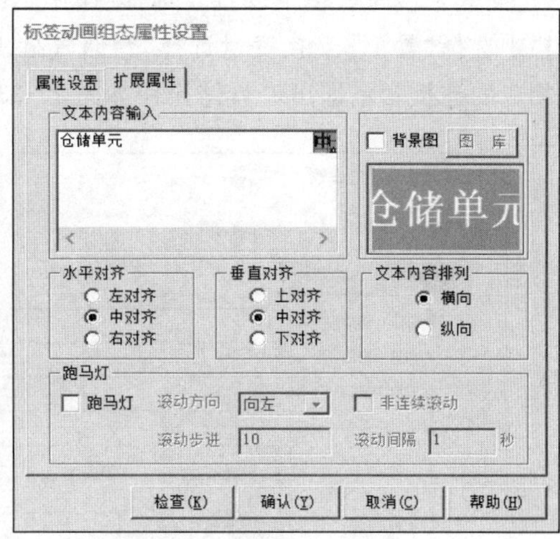

（b）设置标签扩展属性

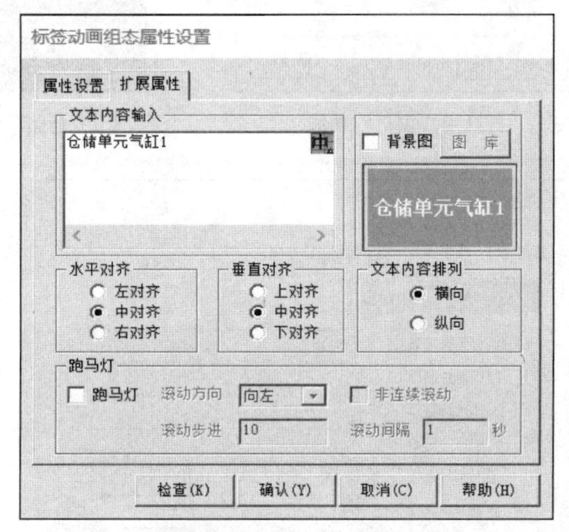

（c）仓储单元气缸1扩展属性设置

图 11-32　设置仓储单元标签

下面介绍执行单元跳转至主窗口的按钮设置。在工具箱中选择按钮，在欢迎界面底图上拖出一个大小合适的按钮。双击按钮打开“标准按钮构件属性设置”对话框，在文本框内输入“返回主页面”，在字体颜色中选择自己比较喜欢的颜色。单击“字体窗口”，“字体”选择“宋体”，“字形”选择“粗体”，“大小”改为“二号”，将“边线颜色”改为“没有边线”，“水平对齐”选择“中对齐”，“垂直对齐”选择“中对齐”，“文字效果”选择“水平效果”，完成基本设置。选择“操作属性”选项卡，勾选“打开用户窗口”，在选择窗口栏中选择“返回主页面”，单击“确认”按钮，完成返回主页面窗口的按钮设置。在工具箱中选择按钮，在欢迎界面底图上拖出一个合适大小的按钮。双击按钮打开“标准按钮构件属性设置”对话框，在“属性设置”选项卡中的文本框内输入“正转”，在字体颜色中选择自己比较喜欢的颜色。单击“字体窗口”，“字体”选择“宋体”，“字形”选择“粗体”，“大小”改为“小三号”，将“边线颜色”改为“没有边线”，“水平对齐”选择“中对齐”，“垂直对齐”选择“中对齐”，“文字效果”选择“平面效果”，完成基本设置。选择“操作属性”选项卡，勾选“数据对象值操作”在选择窗口栏中选择“置 1”，连接变量选择“仓储气缸 1”。其他按钮的设置方法与此类似，只需选择相应的连接变量即可。具体操作如图 11-33 所示。

（a）设置标准按钮“打开用户窗口”功能

（b）仓储单元气缸按钮效果

（c）设置标准按钮“数据对象值操作”功能

图 11-33　操作按钮

在工具箱中选择按钮，在欢迎界面底图上拖出一个合适大小的显示灯。双击按钮打开“标准按钮构件属性设置”对话框，选择“显示属性”选项卡，在显示变量框中选择“数值显示”，连接变量选择“仓储气缸 1”。其他显示灯的设置方法与此类似，只需选择相应的连接变量即可。具体操作如图 11-34 所示。

打开仓储单元窗口，单击打开工具箱，当工具箱打开后单击位图在窗口中放置自定义图片，右击出现选择栏，单击装载位图，从计算机中选择自定义图片，将自定义图片装载到窗口中，将位图调整到合适大小，放置于窗口适当的位置，然后双击位图打开动画组态属性设置，调整边线、颜色，完成一个位图的设置，显示位图则加上以下操作：在“特殊动画连接”中勾选“可见度”，勾选后出现可见度设置窗口。单击可见度窗口，在表达式中单击问号，跳转至变量选择窗口，在变量选择窗口中找到“轮毂气缸 1”变量，选中变量并双击，将轮毂气缸 1 变量添加到表达式中。其他几个轮毂的设置方法与此类似，只需根据需要设置相应的变量即可，具体操作如图 11-35 所示。仓储单元整体效果如图 11-36 所示。

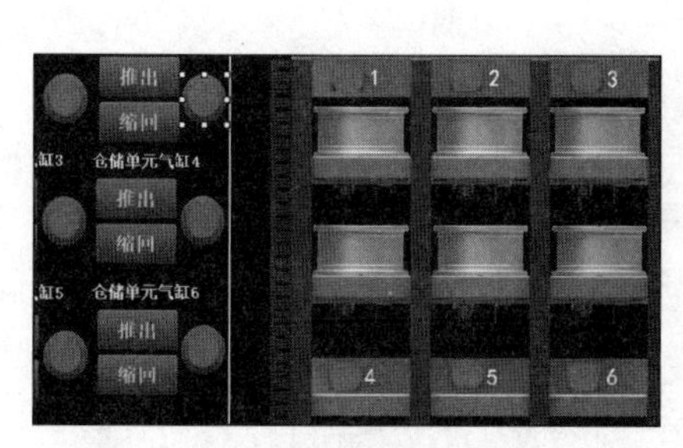

（a）仓储单元气缸的指示灯效果界面

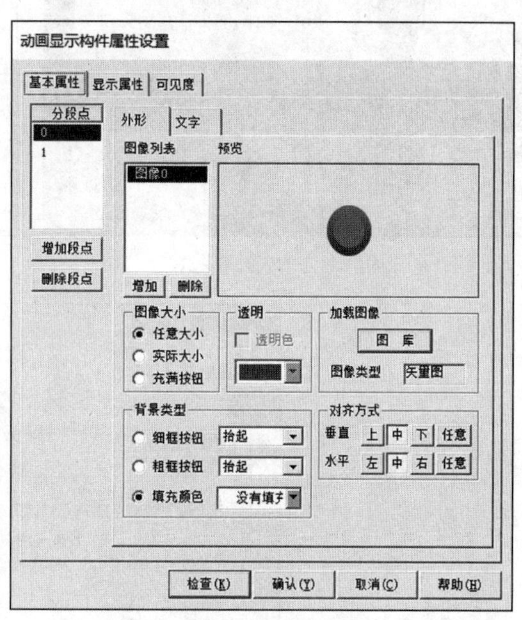

（b）设置指示灯基本属性

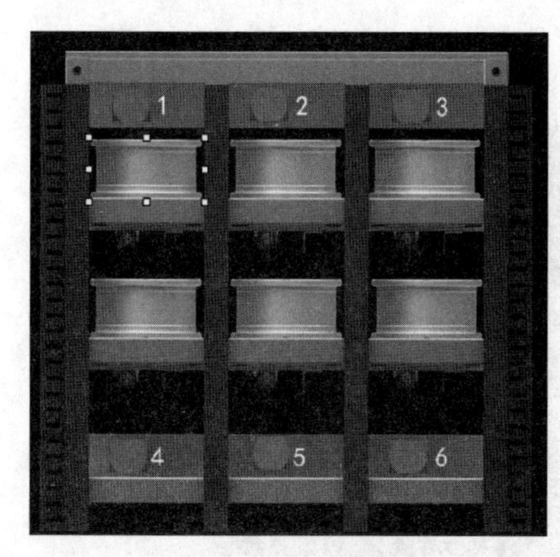

（c）设置指示灯显示属性

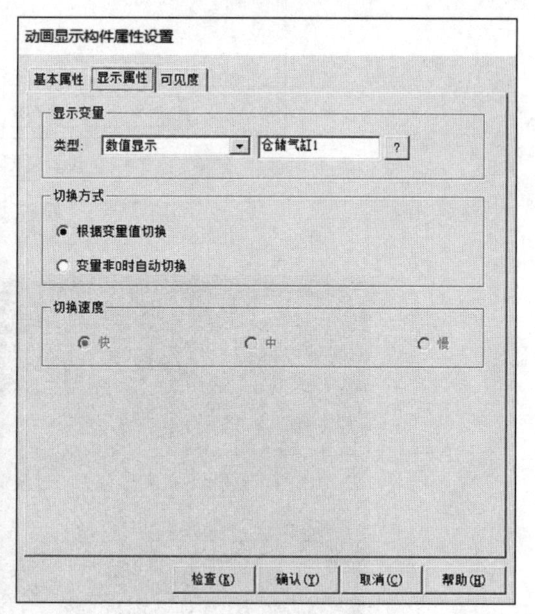

（d）属性设置示例

图 11-34　显示灯设置

(a) 由位图组态的气缸效果图

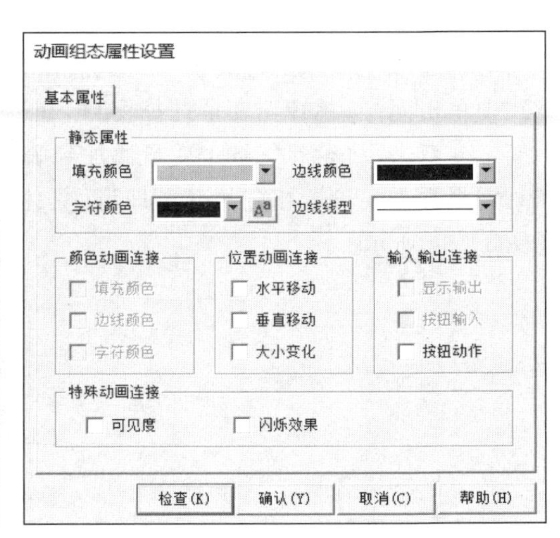

(b) 设置位图基本属性

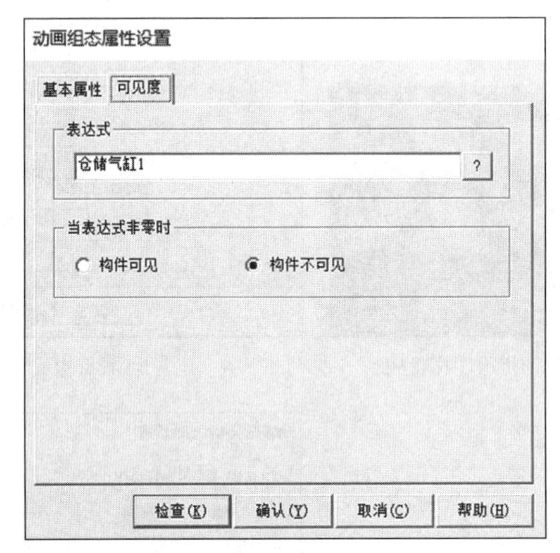

(c) 设置位图可见度

图 11-35 轮毂可见操作

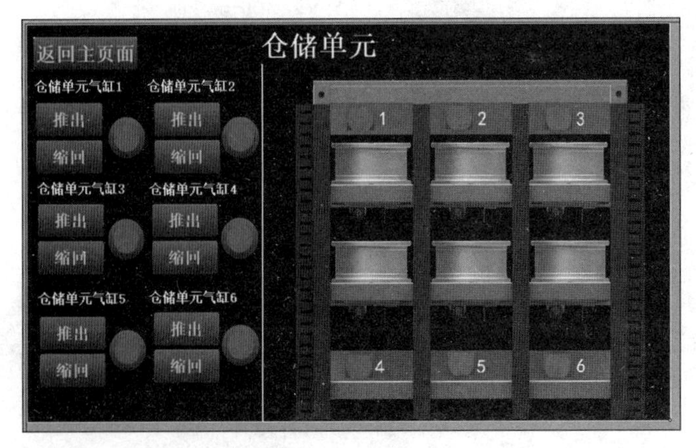

图 11-36 仓储单元整体展示

4）打磨单元

在工具栏中选择“标签”对象，绘制合适大小的标签，双击该标签，打开“标签动画组态属性设置”窗口，在基本属性设置窗口中，设置填充颜色为“没有填充”，边线颜色设置为“没有边线”，“字符颜色”设置为“黑色”，“字体”选择“宋体”，“字形”选择“粗体”，“字号”为“一号”，单击“确认”按钮，完成基本设置。单击“字体窗口”，“字体”选择“宋体”，“字形”选择“粗体”，“大小”改为“一号”。单击“确认”按钮，完成基本设置。选择“扩展属性”选项卡，在文本输入框中输入“打磨单元”，“水平对齐”选择“中对齐”，“垂直对齐”选择“中对齐”。按照同样的方法制作其他几个标题“打磨工位夹具气缸”“翻转工位翻转气缸”“旋转工位夹具气缸”“翻转工位夹具气缸”“翻转工位升降气缸”“旋转工位旋转气缸”。可根据具体情况调整文字大小，单击“确认”按钮，完成设置，如图11-37所示。

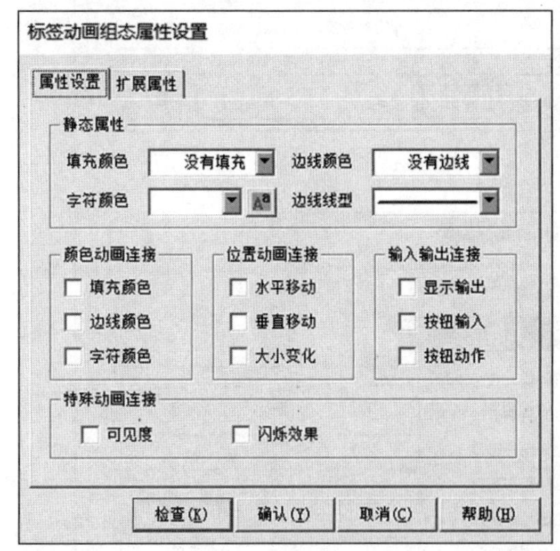

（a）设置标签属性

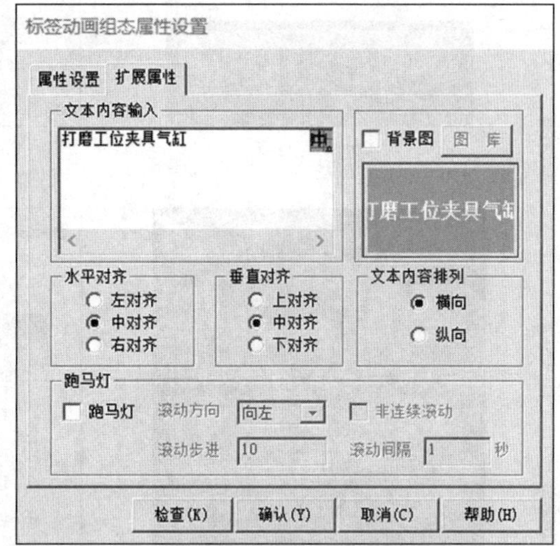

（b）设置标签扩展属性

图11-37　标题设置

下面介绍执行单元跳转至主窗口的按钮设置。在工具箱中选择按钮，在欢迎界面底图上拖出一个大小合适的按钮。双击按钮打开“标准按钮构件属性设置”对话框，在文本框内输入“返回主页面”，在“字体颜色”中选择自己比较喜欢的颜色。单击打开“字体窗口”，“字体”选择“宋体”，“字形”选择“粗体”，“大小”改为“二号”，将“边线颜色”改为“没有边线”，“水平对齐”选择“中对齐”，“垂直对齐”选择“中对齐”，“文字效果”选择“水平效果”，完成基本设置。选择“操作属性”选项卡，勾选“打开用户窗口”，在选择窗口栏中选择“返回主页面”，单击“确认”按钮，完成返回主页面窗口的按钮设置。在工具箱中选择按钮，在欢迎界面底图上拖出一个合适大小的按钮。双击按钮打开“标准按钮构件属性设置”对话框，在“属性设置”选项卡中的文本框内输入“正转”，在字体颜色中选择自己比较喜欢的颜色。单击“字体窗口”，“字体”选择“宋体”，“字形”选择“粗体”，“大小”改为“小三号”，将“边线颜色”改为“没有边线”，“水平对齐”选择“中对齐”，“垂直对齐”选择“中对齐”，“文字效果”选择“平面效果”，完成基本设置。选择“操作属性”选项卡，勾选“数据对象值操作”，在选择窗口中选择“清0”，连接变量选择“打磨工位夹具气缸”。其他按钮的设置方法与此类似，只需选择相应的连接变量即可。具体操作如图 11-38 所示。

(a) 返回主页按钮

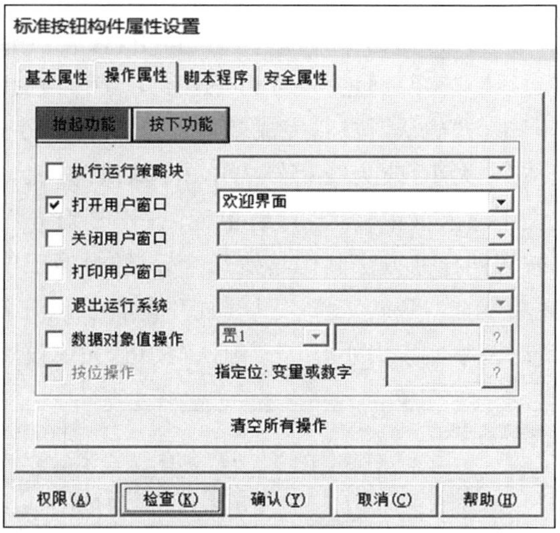

(b) 设置返回主页按钮操作属性

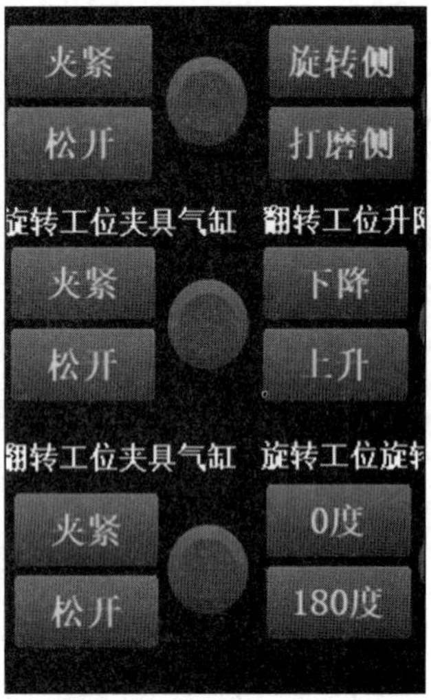

(c) 各个功能按钮效果界面

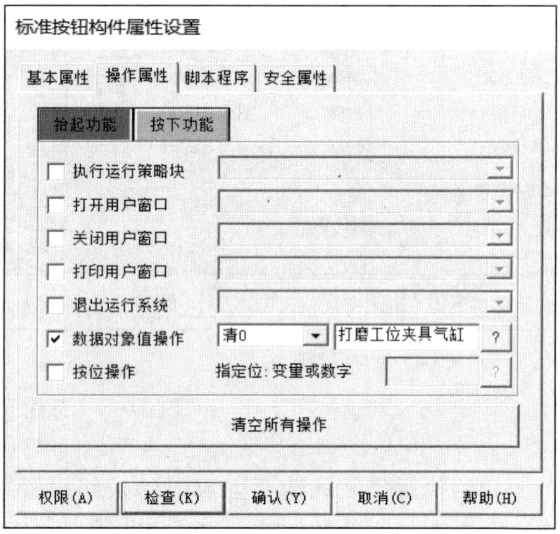

(d) 设置标准按钮操作属性

图 11-38 操作按钮

在工具箱中选择按钮，在欢迎界面底图上拉一个大小合适的显示灯。双击按钮打开“标准按钮构件属性设置”对话框，选择“显示属性”选项卡，在显示变量框中选择“数值显示”，连接变量选择“仓储气缸 1”。其他显示灯的设置方法与此类似，只需选择相应的连接变量即可。具体操作如图 11-39 所示。

单击打磨单元窗口，打开工具箱，当工具箱打开后单击位图在窗口中放置自定义图片，右击出现选择栏，单击装载位图，从计算机中选择自定义图片，将自定义图片装载到窗口中，将位图调整到合适大小，放置于窗口适当的位置，然后双击位图打开动画组态属性设置，调整边线、颜色，完成一个位图的设置，显示位图则加上以下操作：在位置动画连接中勾选“可见度”，勾选后出现可见度设置窗口，选择“可见度”选项卡，在表达式中单击问号跳转至变量选择窗口，在变量选择窗口中找到“翻转工位翻转气缸”变量，选中变量并双击，将翻转工位翻转气缸变量添加到表达式中。其他几个气缸的设置方法与此类似，只需根据需要设置相应的变量即可，具体操作如图 11-40 所示。打磨单元整体效果如图 11-41 所示。

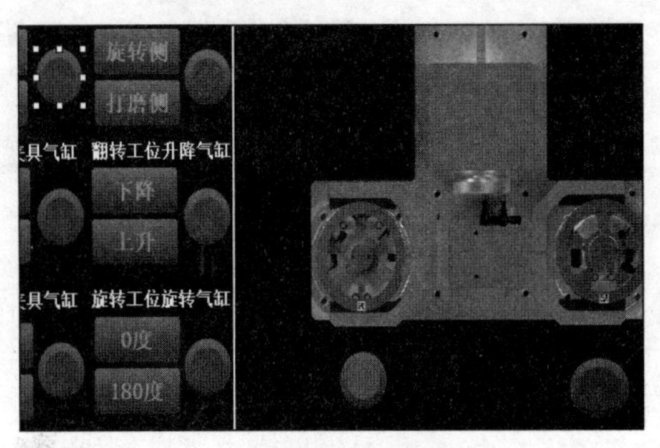

（a）显示灯组态效果

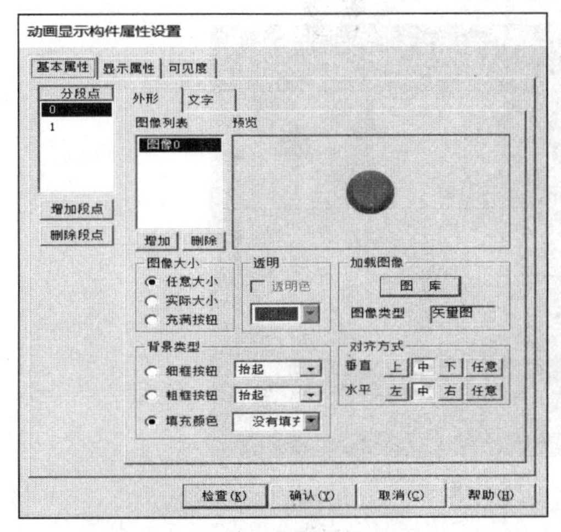

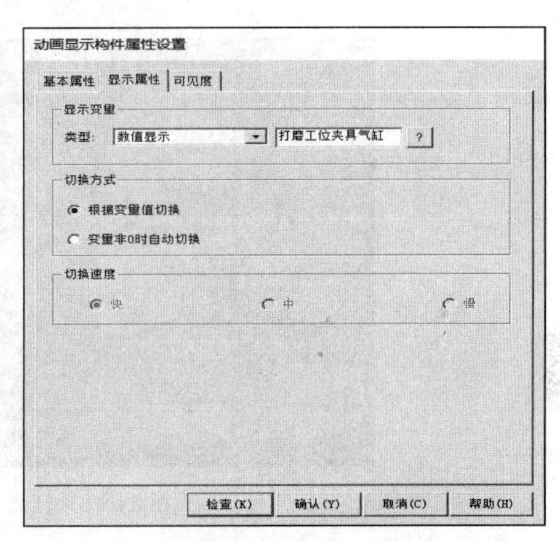

（b）设置标准按钮基本属性　　　　（c）设置标准按钮显示属性

图 11-39　显示灯设置

（a）位图装载效果

图 11-40　轮毂可见操作

动画组态属性设置
基本属性
静态属性
填充颜色 边线颜色
字符颜色 边线线型
颜色动画连接
填充颜色
边线颜色
字符颜色
位置动画连接
水平移动
垂直移动
大小变化
输入输出连接
显示输出
按钮输入
按钮动作
特殊动画连接
可见度 闪烁效果
检查(K) 确认(Y) 取消(C) 帮助(H)

（b）设置位图基本属性

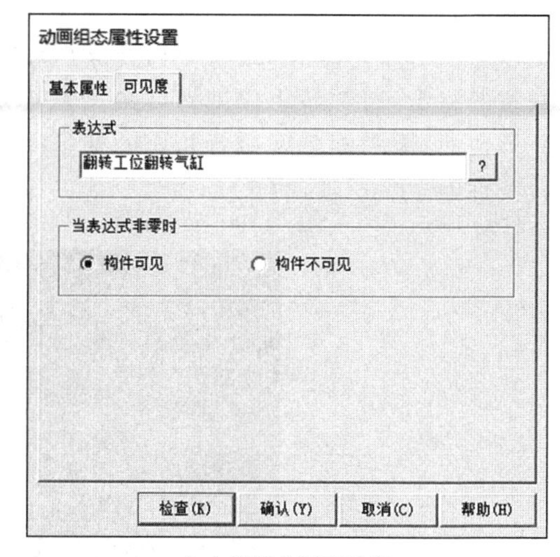

（c）设置位图可见度

图 11-40(续)

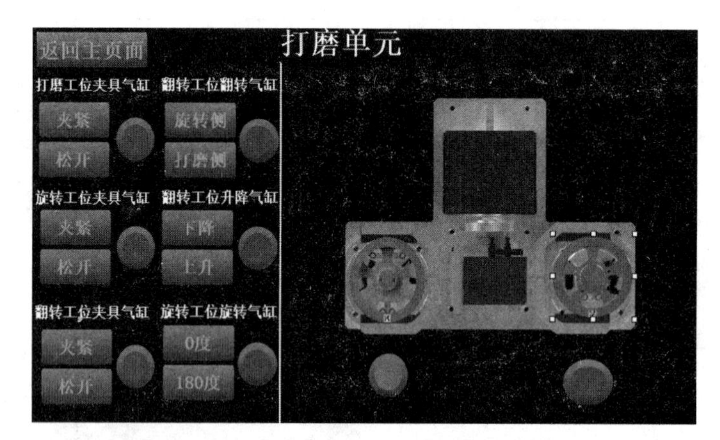

图 11-41 打磨单元整体展示

5）检测单元

打开工具栏，选择其中的标签，将其设置在背景上，并调整大小，然后双击标签打开“标签动画组态属性设置”对话框。在“属性设置”选项卡的“静态属性”框中将“填充颜色”改为“没有填充”，将“边线颜色”改为“没有边线”，“字符颜色”改为“黑色”。单击A^a按钮，打开“字体窗口”，“字体”选择“宋体”，“字形”选择“粗体”，“大小”改为“一号”。单击“确认”按钮，完成基本设置。选择“扩展属性”选项卡，在文本输入框中输入“检测单元”，“水平对齐”选择“中对齐”，“垂直对齐”选择“中对齐”，单击“确认”按钮完成设置，如图 11-42 所示。

下面介绍执行单元跳转至主窗口的按钮设置。在工具箱中选择按钮，在欢迎界面底图上拖出一个大小合适的按钮。双击按钮打开“标准按钮构件属性设置”对话框，在文本框内输入“返回主页面”，在字体颜色中选择自己比较喜欢的颜色。单击“字体窗口”，“字体”选择“宋体”，“字形”选择“粗体”，“大小”改为“二号”，将“边线颜色”改为“没有边线”，“水平对齐”选择“中对齐”，“垂直对齐”选择“中对齐”，“文字效果”选择“水平效果”，完成基本设置。选择"操作属性"选项卡，勾选"打开用户窗口"，在选择窗口栏中选择"返回主页面"，单击"确认"按钮，完成返回主页面窗口的按钮设置。只需根据需要设置相应的连接变量即可。具体操作如图 11-43 所示。

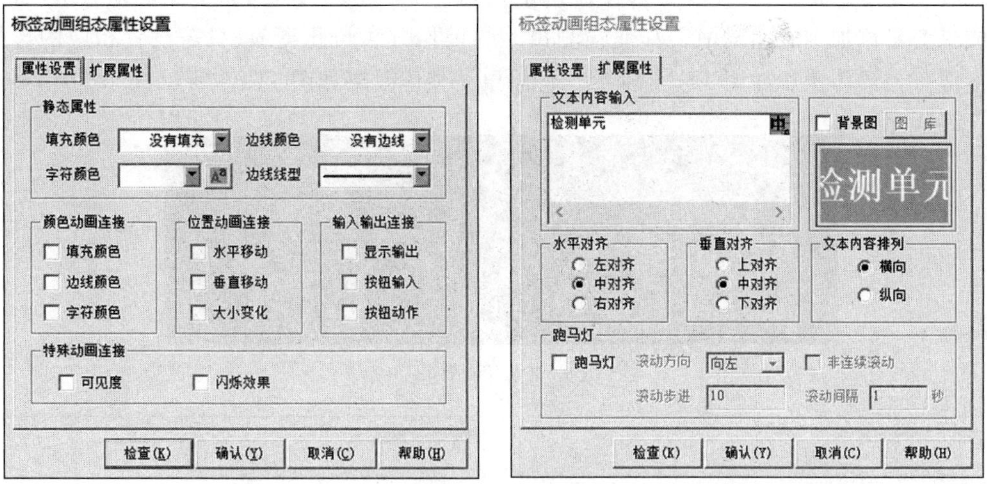

标签动画组态属性设置
属性设置
扩展属性
静态属性
填充颜色
没有填充
边线颜色
没有边线
字符颜色
边线线型
颜色动画连接
填充颜色
边线颜色
字符颜色
位置动画连接
水平移动
垂直移动
大小变化
输入输出连接
显示输出
按钮输入
按钮动作
特殊动画连接
可见度
闪烁效果
检查(K)
确认(Y)
取消(C)
帮助(H)
标签动画组态属性设置
属性设置
扩展属性
文本内容输入
检测单元
背景图
图库
检测单元
水平对齐
左对齐
中对齐
右对齐
垂直对齐
上对齐
中对齐
下对齐
文本内容排列
横向
纵向
跑马灯
跑马灯
滚动方向
向左
非连续滚动
滚动步进
10
滚动间隔
1
秒
检查(K)
确认(Y)
取消(C)
帮助(H)

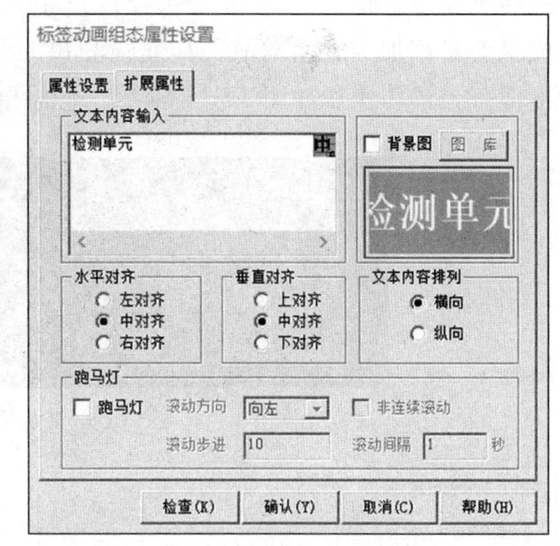

（a）设置标签属性　　（b）设置标签扩展属性

图 11-42　标题设置

返回主页面

（a）返回主页按钮

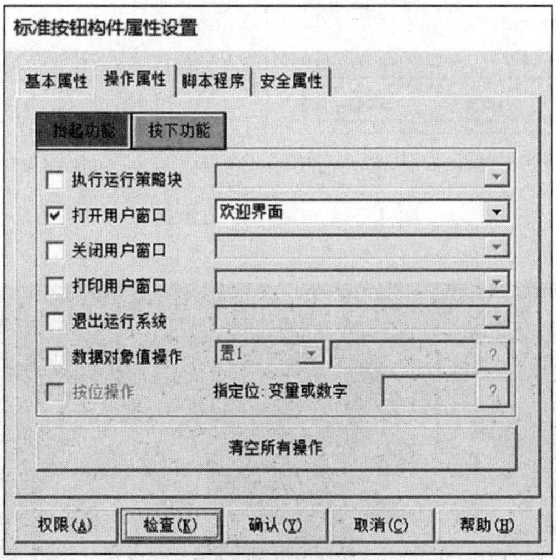
标准按钮构件属性设置
基本属性
操作属性
脚本程序
安全属性
抬起功能
按下功能
执行运行策略块
打开用户窗口
欢迎界面
关闭用户窗口
打印用户窗口
退出运行系统
数据对象值操作
置1
按位操作
指定位：变量或数字
清空所有操作
权限(A)
检查(K)
确认(Y)
取消(C)
帮助(H)

（b）设置按钮操作属性

图 11-43　标准按钮构件属性设置

打开检测单元窗口，单击打开工具箱，当工具箱打开后单击位图在窗口中放置自定义图片，右击出现选择栏，单击装载位图，从计算机中选择自定义图片，将自定义图片装载到窗口中，将位图调整到合适大小，放置于窗口适当的位置，然后双击位图打开动画组态属性设置，调整边线、颜色，完成一个位图的设置，显示位图则加上以下操作：在位置动画连接中勾选可见度，勾选后出现可见度设置窗口，选择“可见度”选项卡，在表达式中单击问号跳转至变量选择窗口，在变量选择窗口中找到“检测成果”变量，选中变量并双击，将检测成果变量添加到表达式中。其他检测单元的操作方法与此类似，只需设置相应的连接变量即可。具体操作如图 11-44 所示。仓储单元整体效果如图 11-45 所示。

（a）轮毂位图效果

动画组态属性设置
基本属性 水平移动
静态属性
填充颜色 边线颜色
字符颜色 边线线型
颜色动画连接 位置动画连接 输入输出连接
填充颜色 水平移动 显示输出
边线颜色 垂直移动 按钮输入
字符颜色 大小变化 按钮动作
特殊动画连接
可见度 闪烁效果
检查(K) 确认(Y) 取消(C) 帮助(H)

（b）设置位图基本属性

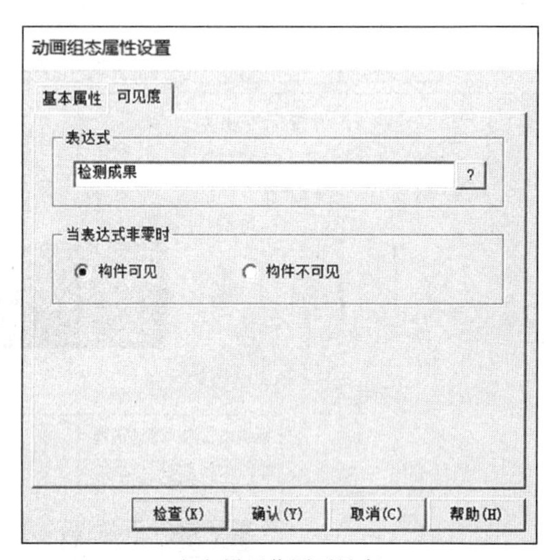

（c）设置位图可见度

图 11-44 轮毂可见操作

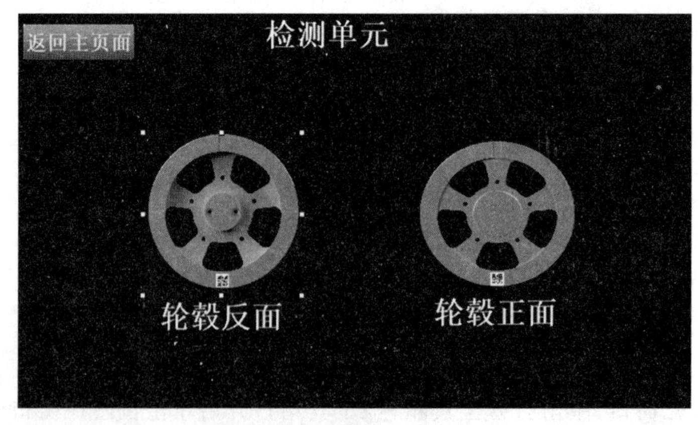

图 11-45 仓储单元整体展示

6）分拣单元

打开工具栏，选择其中的标签，将其设置在背景上，并调整大小，然后双击标签打开“标签动画组态属性设置”对话框。在“属性设置”选项卡的“静态属性”框中将“填充颜色”改为“没有填充”，将“边线颜色”改为“没有边线”，“字符颜色”改为黑色。单击按钮，打开“字体窗口”，“字体”选择“宋体”，“字形”选择“粗体”，“大小”改为“一号”。单击“确认”按钮，完成基本设置。选择“扩展属性”选项卡，在文本输入框中输入“分拣单元”，“水平对齐”选择“中对齐”，“垂直对齐”选择“中对齐”，按照同样的方法制作其他几个标题“分拣单元1挡料气缸1”“分拣单元2挡料气缸2”“分拣单元3挡料气缸3”“分拣单元1推料气缸1”“分拣单元2推料气缸2”“分拣单元3推料气缸3”。可根据具体情况调整文字大小，单击“确认”按钮完成设置，如图11-46所示。

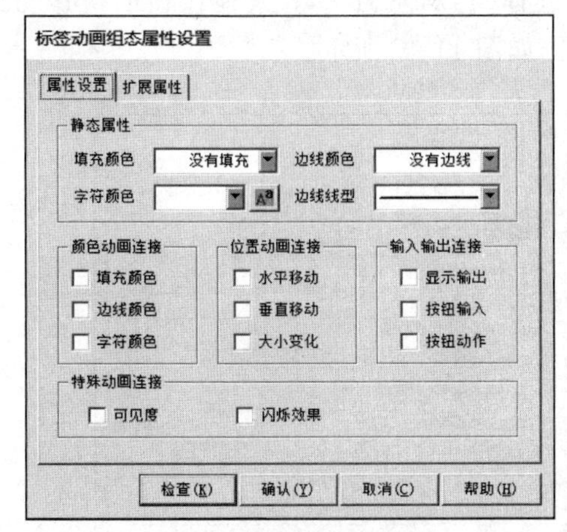

（a）设置标签属性

（b）设置标签扩展属性

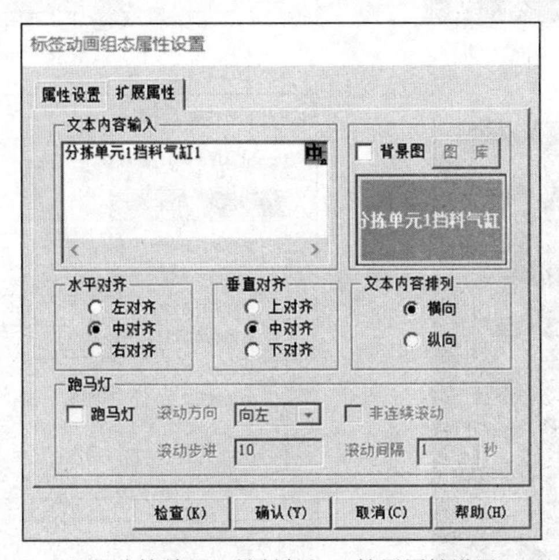

（c）分拣单元1挡料气缸1扩展属性设置

图11-46　标题设置

下面介绍执行单元跳转至主窗口的按钮设置。在工具箱中选择按钮，在欢迎界面底图上拖出一个大小合适的按钮。双击按钮打开“标准按钮构件属性设置”对话框，在文本框内输入“返回主页面”，在字体颜色中选择自己比较喜欢的颜色。单击“字体窗口”，“字体”选择“宋体”，“字形”选择“粗体”，“大小”改为“二号”，将“边线颜色”改为“没有边线”，“水平对齐”选择“中对齐”，“垂直对齐”选择“中对齐”，“文字效果”选择“水平效果”，完成基本设置。选择“操作属性”选项卡，勾选“打开用户窗口”，在选择窗口栏中选择“返回主页面”，单击“确认”按钮，完成返回主页面窗口的按钮设置。在工具箱中选择按钮，在欢迎界面底图上拖出一个合适大小的按钮。双击按钮打开“标准按钮构件属性设置”对话框，在“属性设置”选项卡中的文本框内输入“正转”，在字体颜色中选择自己比较喜欢的颜色。单击打开“字体窗口”，“字体”选择“宋体”，“字形”选择“粗体”，“大小”改为“小三号”，将“边线颜色”改为“没有边线”，“水平对齐”选择“中对齐”，“垂直对齐”选择“中对齐”，“文字效果”选择“平面效果”，完成基本设置。选择“操作属性”选项卡，勾选“数据对象值操作”，在选择窗口栏中选择“按 1 松 0”，连接变量选择“挡料气缸 1”。其他按钮的操作与此类似，只需选择相应的连接变量即可。具体操作如图 11-47 所示。

(a) 返回主页面按钮

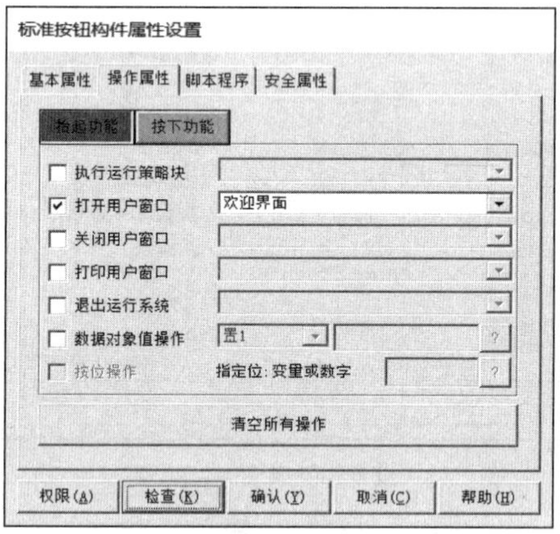

(b) 设置按钮属性

(c) 分拣单元功能按钮效果

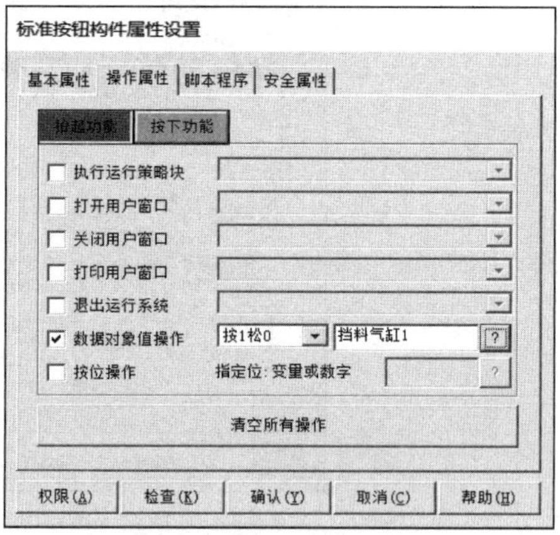

(d) 设置按钮操作属性

图 11-47　操作按钮

在工具箱中选择按钮在欢迎界面底图上拉一个大小合适的显示灯。双击按钮打开“标准按钮构件属性设置”对话框，选择“显示属性”选项卡，在显示变量框中选择“数值显示”，连接变量选择“挡料气缸 1”。其他显示灯的设置方法与此类似，只需选择相应的连接变量即可。具体操作如图 11-48 所示。

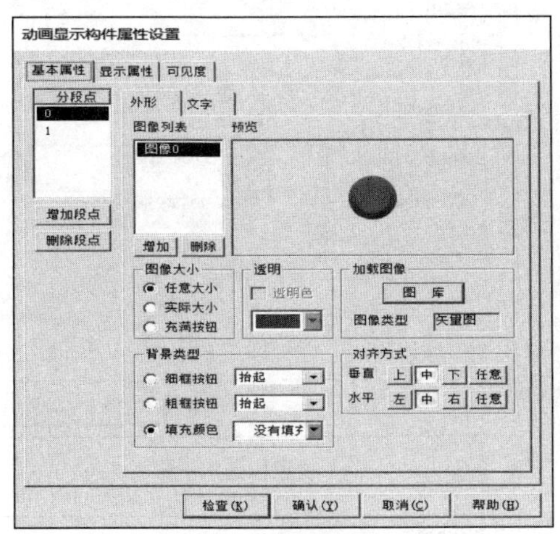

（a）设置按钮基本属性

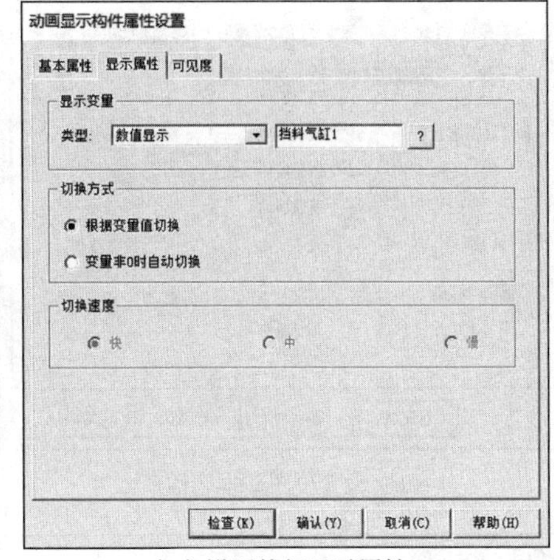

（b）设置按钮显示属性

图 11-48　显示灯设置

打开分拣单元窗口，单击打开工具箱，当工具箱打开后单击位图在窗口中放置自定义图片，右击出现选择栏，单击装载位图，从计算机中选择自定义图片，将自定义图片装载到窗口中，将位图调整到合适大小，放置于窗口适当的位置，然后双击位图打开“动画组态属性”设置，调整边线、颜色，完成一个位图的设置，移动位图则加上以下操作：在位置动画连接中勾选水平移动，勾选后出现水平移动设置窗口，选择“水平移动”选项卡，在表达式中单击问号跳转至变量选择窗口，在变量选择窗口中找到“分拣水平移动”变量，选中变量并双击，将分拣水平移动变量添加到表达式中，在“水平移动连接”中将“最小移动偏移量”改为 1，将“最大移动偏移量”改为 200，将表达式值改为 0 和 100。在位置动画连接中勾选“垂直移动”，勾选后出现垂直移动设置窗口单击垂直移动窗口在表达式中单击问号跳转至变量选择窗口，在变量选择窗口中找到“分拣垂直移动”变量，选中变量并双击，将分拣垂直移动变量添加到表达式中，在“垂直移动连接”中将“最小移动偏移量”改为 1，将“最大移动偏移量”改为 200，将对应表达式值改为 0 和 100。选择“可见度”选项卡，在可见度的表达式中选择“轮毂消失”，设置完成。具体操作如图 11-49 所示。仓储单元整体效果如图 11-50 所示。

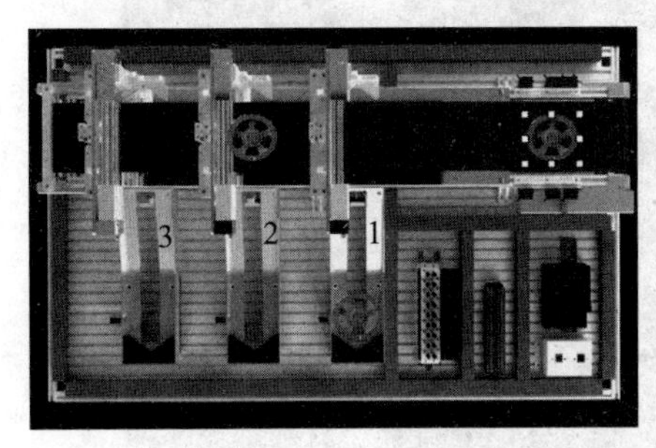

（a）分拣单元位图效果

图 11-49　轮毂可见操作

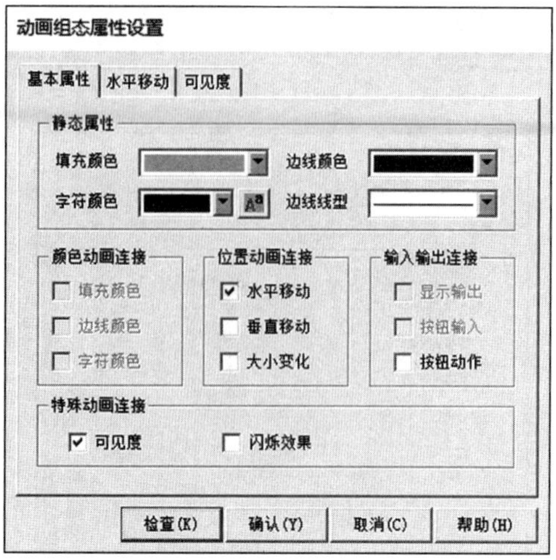

动画组态属性设置
基本属性 | 水平移动 | 可见度
静态属性
填充颜色　边线颜色
字符颜色　边线线型
颜色动画连接　填充颜色　边线颜色　字符颜色
位置动画连接　☑水平移动　垂直移动　大小变化
输入输出连接　显示输出　按钮输入　按钮动作
特殊动画连接　☑可见度　闪烁效果
检查(K)　确认(Y)　取消(C)　帮助(H)

（b）设置位图基本属性

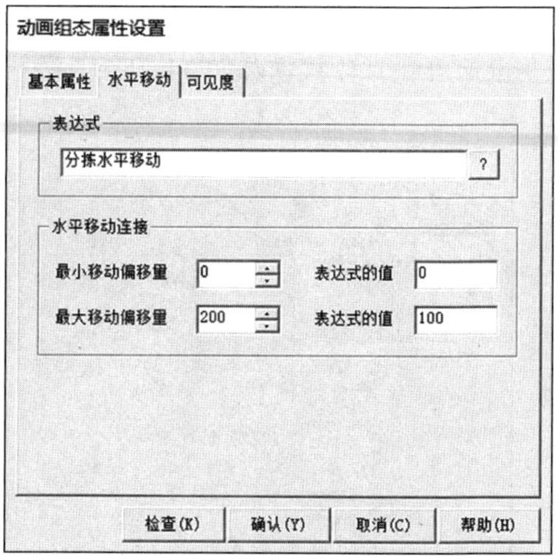

动画组态属性设置
基本属性 | 水平移动 | 可见度
表达式
分拣水平移动　?
水平移动连接
最小移动偏移量　0　表达式的值　0
最大移动偏移量　200　表达式的值　100
检查(K)　确认(Y)　取消(C)　帮助(H)

（c）设置位图水平移动

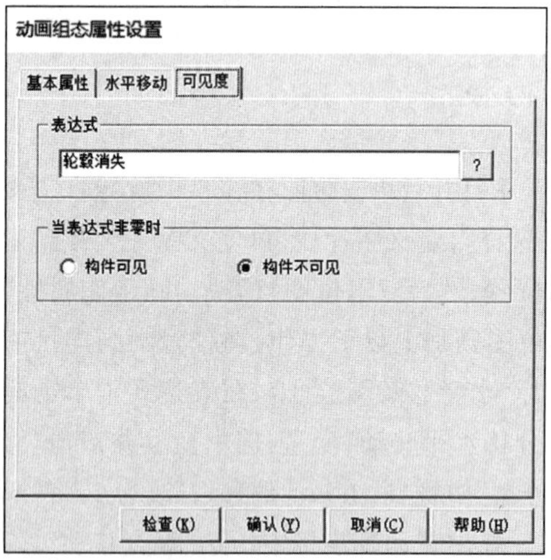

动画组态属性设置
基本属性 | 水平移动 | 可见度
表达式
轮毂消失　?
当表达式非零时
构件可见　构件不可见
检查(K)　确认(Y)　取消(C)　帮助(H)

（d）设置位图可见度

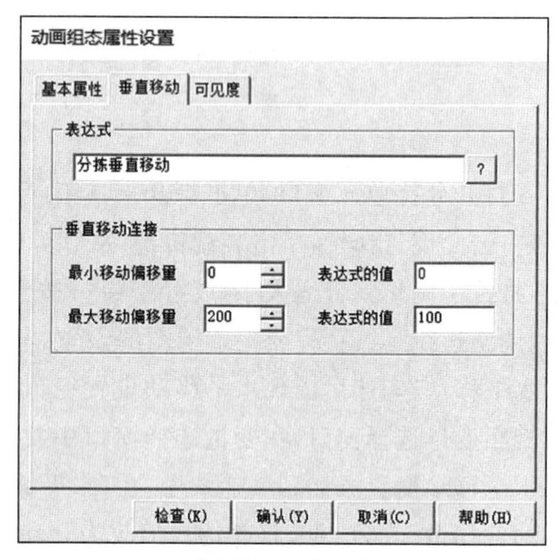

（e）设置位图垂直移动属性

图　11-49(续)

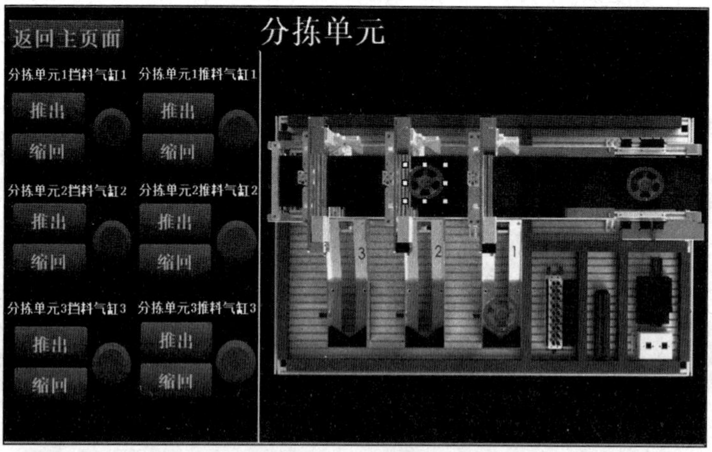

返回主页面　分拣单元
分拣单元1挡料气缸1　分拣单元1推料气缸1
推出　缩回　推出　缩回
分拣单元2挡料气缸2　分拣单元2推料气缸2
推出　缩回　推出　缩回
分拣单元3挡料气缸3　分拣单元3推料气缸3
推出　缩回　推出　缩回

图 11-50　仓储单元整体效果

7）脚本程序

（1）执行单元。

```
IF 正转 = 1 THEN
    IF 水平移动< = 100 THEN
      水平移动 = 水平移动 + 2
      反转 = 0
      ENDIF
ENDIF
IF 正转 = 0 THEN
    水平移动 = 水平移动
ENDIF
IF 反转 = 1 THEN
    IF 水平移动> = 0 THEN
      水平移动 = 水平移动 - 2
      正转 = 0
      ENDIF
ENDIF
IF 反转 = 0 THEN
    水平移动 = 水平移动
ENDIF
IF 停止 = 1 THEN
    反转 = 0
    正转 = 0
ENDIF
IF 开始 = 1 THEN
    正转 = 1
IF 水平移动 = 20 THEN
    水平移动 = 水平移动
    用户窗口. 执行单元. Close( )
    用户窗口. 仓储单元. Open( )
    正转 = 0
    !Sleep(1000)
ENDIF
IF 仓储气缸 2 = 1 THEN
    水平移动 = 水平移动 + 2
ENDIF
IF 水平移动 = 40 THEN
    水平移动 = 水平移动
    仓储气缸 2 = 0
    用户窗口. 执行单元. Close( )
    用户窗口. 打磨单元 .Open( )
    正转 = 0
```

```
    !Sleep(1000)
ENDIF
IF 翻转工位翻转气缸 = 1 THEN
    水平移动 = 水平移动 + 2
ENDIF
IF 水平移动 = 60 THEN
    水平移动 = 水平移动
    翻转工位翻转气缸 = 0
    用户窗口.执行单元.Close( )
    用户窗口.检测单元.Open( )
    正转 = 0
    !Sleep(1000)
ENDIF
IF 检测成果 = 1 THEN
    水平移动 = 水平移动 + 2
ENDIF
IF 水平移动 = 80 THEN
    水平移动 = 水平移动
    检测成果 = 2
    用户窗口.执行单元.Close( )
    用户窗口.分拣单元.Open( )
    正转 = 0
    ENDIF
ENDIF
```

(2) 仓储单元。

```
IF 水平移动 = 20 THEN
    仓储气缸 2 = 1
ENDIF
IF 仓储气缸 2 = 1 THEN
    轮毂 2 = 1
ENDIF
IF 轮毂 2 = 1 THEN
    用户窗口.打磨单元.Close( )
    用户窗口.执行单元.Open( )
ENDIF
```

(3) 打磨单元。

```
IF 水平移动 = 40 THEN
    !Sleep(1000)
    翻转工位翻转气缸 = 1
ENDIF
IF 翻转工位翻转气缸 = 1 THEN
    !Sleep(1000)
    用户窗口.打磨单元.Close( )
```

```
    用户窗口. 执行单元. Open( )
ENDIF
```

(4) 检测单元。

```
IF 水平移动 = 60 THEN
    !Sleep(1000)
    检测成果 = 1
ENDIF
IF 检测成果 = 1 THEN
    !Sleep(1000)
    用户窗口. 检测单元. Close( )
    用户窗口. 执行单元. Open( )
ENDIF
```

(5) 分拣单元。

```
IF 检测成果 = 2 THEN
    开始分拣 = 1
    检测成果 = 0
ENDIF
IF 开始分拣 = 1 THEN
    IF 分拣水平移动 >= -120 THEN
      分拣水平移动 = 分拣水平移动 - 2
    ENDIF
ENDIF
IF 分拣水平移动 = -120 THEN
    轮毂消失 = 1
ENDIF
IF 轮毂消失 = 1 THEN
    IF 分拣垂直移动 <= 70 THEN
      分拣垂直移动 = 分拣垂直移动 + 2
    ENDIF
ENDIF
```

本章要点总结及评价

1. 本章要点总结

本章项目以国家职业技能竞赛赛题为依托，以“机器人系统集成应用技术”赛项为例，详细讲解 MCGS 在机器人系统集成中的应用。实现了工程项目中对不同类别用户的管理，实现触摸屏、西门子 PLC、变频器、ABB 工业机器人等组网，联合对电机的驱动控制。

本章内容完成后需要撰写 MCGS 触摸屏在“机器人系统集成应用技术”赛项上的应用项目总结报告。撰写项目总结报告是工程技术人员在项目开发过程中必须具备的能力。项目总结报告应包括摘要、目录、正文、附录等。其中，正文部分一般包括总体设计思路、硬件需求、程序设计思路、仿真结果、系统综合运行结果、调试及结果分析等。

2. 本章知识学习效果评价

本章的评价指标及评价内容在评价体系中所占分值、自评、互评及教师评价在本章考核成绩中的比例如表 11-2 所示。

表 11-2 考核评价体系表

序号	评价指标	评价内容	分值	自评(30%)	互评(30%)	教师评价(40%)
1	理论知识	MCGS 嵌入版组态软件用户管理	10			
2		西门子 PLC 特点及应用	10			
3		工业机器人基础知识	10			
4	项目实施	能实现对执行单元的控制	10			
5		能实现对仓储单元的控制	10			
6		能实现对打磨单元的控制	10			
7		能实现对检测单元的控制	10			
8		能实现对分拣单元的控制	10			
9	答辩汇报	撰写项目总结报告,熟练掌握项目所涵盖的知识点	20			

知识能力拓展

在自动控制系统中,触摸屏、上位机监控软件和 PLC 一般是配合使用的。触摸屏和 PLC 位于控制柜,上位机监控软件位于监控室,实现现场和远距离监控。扫描右侧二维码,查看“机器人系统集成”赛项某年实现任务要求的轮毂在全部加工工序流程中的生产信息、状态信息、流程信息、库存信息及检测信息等数据的功能组态与信息集成(节选)。

比赛真题:轮毂生产组态设计

课后习题

1. 简述机器人系统集成轮毂工作过程。
2. 简述执行单元操作步骤。

参考文献

[1] 刘长国,黄俊强. MCGS 嵌入版组态应用技术[M]. 北京:机械工业出版社,2017.

[2] 陈志文. 组态控制实用技术[M]. 2 版. 北京:机械工业出版社,2015.

[3] 李庆海,王成安. 触摸屏组态控制技术[M]. 北京:电子工业出版社,2015.

[4] 王永红. MCGS 组态控制技术[M]. 北京:电子工业出版社,2020.

[5] 陈乾. 触摸屏控制技术与应用[M]. 北京:机械工业出版社,2022.

[6] 李庆海. 触摸屏组态控制技术简要教程[M]. 北京:电子工业出版社,2021.

[7] 刘长国,黄俊强. MCGS 嵌入版组态应用技术[M]. 北京:机械工业出版社,2017.